U0502731

河南省
优秀软科学研究成果选

（第一辑）

王黎春　尚照辉　宋先锋　胡　炜　主　编

郑州大学出版社

图书在版编目(CIP)数据

河南省优秀软科学研究成果选. 第一辑 / 王黎春等主编. — 郑州 : 郑州大学出版社, 2023.9

ISBN 978-7-5645-9766-5

Ⅰ. ①河… Ⅱ. ①王… Ⅲ. ①软科学 - 研究成果 - 汇编 - 河南 Ⅳ. ①G322.761

中国国家版本馆 CIP 数据核字(2023)第 101559 号

河南省优秀软科学研究成果选(第一辑)

HENANSHENG YOUXIU RUANKEXUE YANJIU CHENGGUOXUAN(DI-YI JI)

策划编辑	胥丽光	封面设计	王　微
责任编辑	王晓鸽	版式设计	王　微
责任校对	孙精精	责任监制	李瑞卿

出版发行	郑州大学出版社	地　　址	郑州市大学路 40 号(450052)
出 版 人	孙保营	网　　址	http://www.zzup.cn
经　　销	全国新华书店	发行电话	0371-66966070
印　　刷	郑州市今日文教印制有限公司		
开　　本	787 mm×1 092 mm　1 / 16		
印　　张	19	字　　数	371 千字
版　　次	2023 年 9 月第 1 版	印　　次	2023 年 9 月第 1 次印刷

书　　号	ISBN 978-7-5645-9766-5	定　　价	68.00 元

《河南省优秀软科学研究成果选编（第一辑）》
编　委　会

编者简介

王黎春 女，河南《创新科技》杂志社科研部主任。工程硕士，毕业于西南石油大学，高级职称，科技部21世纪议程中心创新方法二级培训师。从事创新方法和专利写作培训10年，主持或参与完成省级知识产权软科学项目4项、省级专利导航试验区建设项目1项、科技部基地与人才计划项目2项、省级科技计划项目6项、民进河南省委重大调研计划项目2项；参与编写《知识产权简明问答》等图书的出版。

尚照辉 男，河南《创新科技》杂志社副社长、副总编辑。博士，毕业于浙江大学，中级职称，科技部21世纪议程中心创新方法二级培训师、三级C-TRIZ创新工程师，从事科技政策研究和编辑出版工作。主要负责《河南科技》《乡村科技》期刊编校出版工作。先后发表学术论文15篇，含SCI收录论文4篇，EI论文2篇，中文核心期刊论文3篇；拥有发明专利5项，实用新型专利8项，软著1项；参与完成国家自然基金课题1项、国际合作（韩国）项目1项，浙江省自然基金课题1项，校企合作项目4项；荣获浙江大学2016年实践报告优秀奖，2023年度河南省科学技术厅系统科学技术奖软科学一等奖，参与编写《知识产权简明问答》等图书的出版。

宋先锋 女，河南《创新科技》杂志社总编辑。毕业于郑州大学，教授级高级工程师、编审，河南省政府特殊津贴专家、河南省"巾帼建功标兵"、全国民革优秀党员、荣获2022年度河南省优秀出版人物奖；先后主持参与完成省级以上科技计划项目15项，其中国家级3项；发表文章30余篇，其中独著15篇，国内学术会议论文3篇；出版专著1部，文集7部，编辑发表文章多次被《新华文摘》《中国人大复印报刊资料》等全文或摘要刊发；主编的《河南科技》（知识产权版）杂志多次荣获"河南省一级期刊"。

胡　炜 男，河南《创新科技》杂志社社长、书记。毕业于郑州大学，教授级高级工程师，国务院政府特殊津贴专家、第八批河南省优秀专家、河南省科技先进工作者、河南省知识产权专家咨询委员会委员。从事知识产权政策研究和信息服务工作，先后主持或参与完成河南省知识产权重要政策文件、发展规划、重大专题研究课题、省级知识产权软科学项目30余项。

前　言

2021年，全省开启了“十四五”科技创新和一流创新生态建设，按照党中央、国务院对科技工作的要求，科技部，中共河南省委、省政府对科技工作的部署，河南《创新科技》杂志社的编辑们，以多重视角，从多个方面，对全省软科学计划项目研究成果进行了深入细致的认真研读，以“研究报告”的形式报送各级领导，为河南省科技宏观决策和管理提供参考。为了满足科技工作者和社会各界人士的需要，根据重要性、指导性、学术性和可公开性的原则，我们从2021年度《研究报告》中选择了部分优秀报告编辑成书，以飨读者。所收录的研究报告是承担“河南省软科学计划项目”课题组成员共同努力、潜心研究的成果，在此我们非常感谢他们的辛勤劳动，并向多年来支持我们编辑出版《研究报告》的领导和学术界的朋友表示最衷心的感谢。

在本书的编辑过程中，我们注重反映重大题材、指导性和创新性强的研究报告，也兼顾政策多样性、学术理论和研究方法的推陈出新，以期进一步推动河南省软科学研究。

本书内容集成的原则按照科技政策与管理、科技与社会发展、科技成果转化、产业科技创新等为版块一起编成。

由于编者水平有限，错误和疏漏在所难免，敬请读者批评指正。

编者

2022年3月7日

目　　录

世界一流学科建设战略定位的理论视点与价值选择(上)*

——扎根大地与一流学科建设战略定位的理论视点

张务农　李爱骥

摘要:

一所大学的成功可以归功于其卓越的战略规划,而学科发展规划是这一规划的基本组成部分。然而,并不存在一个普适的一流学科内涵与衡量框架,因而需要为具体学科寻找一个适合的战略发展方向;并不奢望一所高校在一流建设中平衡所有的价值,因而需要为具体学科寻求一个适且的价值引领方向;不能指望仅从外部为一流学科建设规划蓝图,而是需要从内部为学科发展寻求持续推动的力量。基于这一认识,一流学科建设战略规划定位应以"特色优势论"和"学科生命论"为理论视点。前者可以为学科发展提供一个平等的竞争平台,避免学科建设陷入金字塔式的等级结构;后者根据学科的"生命属性"和"生命阶段"进行学科规划,关照学科发展的全生命过程,而不是只关注那些已经成熟的优势学科。基于上述认识以及高等教育哲学的基本理念,一流学科建设规划应以"知识活动"为基本起点,以"特色规划"为价值取向,以"学科生命"为实施依据。

由于文化多元化和价值取向的不同,什么是一流学科、一流大学一直是一个可论争的话题,它并不存在一个恒定的内涵,也不存在一个普适的概念框架体系。既然高等教育系统中大学的特色是各有千秋的、一流学科的衡量标准是多元的,甚至是可创造的,我们可以把学科建设的重心放在具体学科及其相应的组织自身能动性、创造性的发挥上。

---

* 项目介绍:河南省软科学研究计划项目(编号:202400410294)。作者简介:张务农,男,河南鲁山人,河南大学教育科学学院教授,硕士生导师,研究方向为教育原理、高等教育管理等;李爱骥,男,山西汾阳人,中国地质大学(北京)讲师,研究方向为高等教育管理。本文原载《西北工业大学学报(社会科学版)》2021 年第 4 期,是《世界一流学科建设战略定位的理论视点与价值选择》的前半部分,副标题为收入本书时作者所加。

这也说明,在“双一流”建设的背景下,为一流学科的发展进行战略发展定位不仅是可行的,也是必需的。通过这样的探索,我们认识到世界一流学科建设不仅仅是已经在某一国家或地区占据了优势的精英大学的盛宴,也可能是每一所行业特色高校可以达成的梦想。

一、概念论争与一流学科建设战略定位问题的凸显

一所大学的成功可以归功于其卓越的战略规划。同时,学科发展又与学校战略规划密不可分,学科的发展状况不仅决定了大学的层次、也决定了一所大学的类型和结构。因此,一所大学的战略规划必然落实到学科的战略规划上来,一流学科建设的战略规划就成为大学战略规划的实施性命题。但前提是找到一个合适的关于什么是一流学科的概念作为其定位基础是关键。然而遗憾的是,通过研读相关文献并不能找到一个统一的关于一流学科的理解,反而是为一流学科建设打开了另外的致思空间。

(一)并不存在一个普适的一流学科内涵与衡量框架,因而需要为具体学科寻找一个适合的战略发展方向

一般认为,在国际上著名学科排名机构那里可以找到一流学科内涵的权威解释,进而为我国高校一流学科建设提供指引,然而,通过分析可以发现,国际上几大排名机构对一流学科内涵的阐释和具体衡量指标的设置有很大差异。我国高校一流学科建设仍需在研究这些衡量指标的同时,寻找适合自身的定位。

例如,在 QS(世界高等教育研究机构)、US News(美国新闻)、THE(泰晤士高等教育世界大学排名)、ARWU(软科世界大学学术排名)四大学科排名机构的指标体系中,ARWU 的学科排名指标体系是最强调学术研究指标的一个。ARWU 的六项衡量指标包括获奖校友、获奖教师、高被引科学家、论文数、高质量论文比例、科研经费,几乎全部指向了科学研究,而且均采用可衡量的客观指标来计算。而在 QS 的学科排名指标体系中,学术声誉和雇主声誉均为主观评价指标,此两项的权重根据学科不同可达 70%~100%,剩余权重则分配给了“篇均被引”“H 指数”两项指标。在四项指标中,学术声誉包含有宽泛的内容,是对学科(包括教学质量)的整体性评价,而雇主声誉则直接指向了“人才质量”。US News 则是一个更为均衡的评价指标系统,所有的评价权重平均分配在全球学术声誉(根据学科不同权重最高为 20%)、区域学术声誉(根据学科不同最高为 15%)、论文总数、书刊总数、会议论文、标准化论文影响力、论文总被引数、论文高被引数、高被引论文百分比、国际论文合作指数十项指标中。而 THE 的评价指标体系,不仅赋予了教学最高达 37.5% 的权重,而且将“创新性产业收入”(最高赋值 5.0%)纳入进来。

应当说,这些排名机构指标体系指标分配的多样化恰恰说明了高等教育系统中大学的多样性,以及世界一流学科标准的差异性,甚至也说明了一流学科标准的“可创造性”:一流学科既可以是研究型为主要特色的,亦可是以社会服务为主要导向的,亦可是以知识转化为特色的“创业型大学”。因此,世界一流学科建设最关键的并非是在国家层面建立一个行政化、制度化的评价指标体系,而是要通过政策引领各高校在学科建设中进行精准的战略定位,最终成为各具特色的世界一流学科。

(二)并不奢望一所高校在一流建设中平衡所有的价值,因而需要为具体学科寻求一个适且的价值引领方向

价值是指具有特定属性的客体对于主体需要的意义,也是评价人的行为正当性的基本原则。学科的价值也是以满足人的需要、人类社会发展的需要为其存在的合法性基础。但是,我们显然无法指望特定客体能够满足人的所有需求,因此,一个学科如果能够满足人的特定方面的需求,并且在这个方面做到极具特色,在行业里面排名世界前列,“每当有国际学术会议的时候,如果我们相关学科的老师会被邀请去做专题演讲,全国各地甚至世界各国的学生都希望来上这门课,那个学科就可以说是世界一流的学科”。

在这方面,欧林工学院显然是一个成功的典范。成立于 1997 年的欧林工学院,每年平均只招生 80 多名学生,其年轻的历史、数量有限的师资,使其无论如何都无法在 QS、US News、THE、ARWU 四大学科排名机构的学科排名体系中名列前茅,然而仅凭其独立的办学精神和独具特色的教学模式,全球的工程教育权威专家把欧林工学院排在了麻省理工、斯坦福等名校前,并被写进了《全球一流工程教育发展现状》(“The global state of the art in engineering education”)的报告中。

因此,就学科的具体特点而言,一门学科无须在科学研究、教育教学、服务社会和知识转化方面样样出色,而是要根据其内外部条件选择一个合适的价值突破点。因此,从价值取向来看,一流学科可以是科学研究型的,能够取得一流的学术研究成果;也可以是教学特色型的,像欧林工学院那样在教学改革领域探索出了举世关注的成就;也可以是社会服务型的,在服务地方发展、传播地方文化、引领社会价值方面取得了举世公认的成就;还可是创新创业型的,在知识转化、创新创收方面达到行业一流水平。如此,学科建设就无须陷入等级化的竞争阶梯里,也无须陷入求大求全的发展困境里,而是在多元化的竞争环境中绽放异彩,从而使学科发展逃离壁垒森严的高等教育等级系统,融入百家争鸣的高等教育生态结构中。

（三）不能指望仅从外部为一流学科建设规划蓝图，而是需要从内部为学科发展寻求持续推动的力量

从我国一流学科建设的推动力看，有两个不可忽视的力量：一个是教育主管部门的推动，一个是世界高校排名机构的有力牵引。

教育主管部门最直接的影响就是遴选了一定数量的世界一流建设高校和建设学科，不仅通过财政公共预算进行支持，而且动用国家的力量对这些学科的建设情况进行评估。但是，国家对一流学科发展的战略规划对于具体学科的发展而言只是一种外部的力量，其对一流学科的建设至多是一种宏观的指引，而且过度依赖国家的引领容易导致一流学科建设模式的趋同，而同质化的一流学科群并不是一个国家高等教育系统的理想状况。而对世界高校排名机构的亦步亦趋只能是在追求世界一流学科的"形"，而不能通达世界一流学科建设的"魂"。因此，在世界一流学科的建设过程中，尽管不能忽视国家政策的引导和规制，也无法完全忽视世界大学权威排名机构的风向标，但关键的还是从学科内部视野出发寻求发展的突破口。因为一流学科并不是一组外在的指标体系的达成，而是"具有鲜明的文化浸入性，投入要素之间相互耦合且与学科软件环境充分融合"。因而，基于学科本身的战略发展规划就成为世界一流学科建设的基础和根基。一流学科发展的战略规划与管理不仅遵从一般组织战略管理的长远性、指导性、协调性、全局性、竞争性等特点，而且更应突出战略管理的动态性、创新性两个维度。而且后两者是一流学科战略规划的精髓所在。而这种动态性和创新性就是一流学科建设如何扎根中国大地、创造性地与国家和地方经济社会发展密切结合起来的一流学科建设思路。而在这一过程中，不仅要协调大学内外部环境的关系、协调学科建设与经济社会发展的关系，还要协调学科组织结构的调整与完善、优化有限教育资源配置、完善学科内部管理制度。一流学科建设的生命力和价值就存在于这一动态的、充满创造性的战略规划过程和战略实施过程中。

二、扎根大地与一流学科建设战略定位的理论视点

习近平总书记提出："广大科技工作者要把论文写在祖国的大地上，把科技成果应用在实现现代化的伟大事业中。"这句话有着更为广泛的辐射意义：在学科建设的战略定位中，最根本的就是让学科发展深植于现实的土壤，以构建学科发展的生态群落。基于这一认识，一流学科进行战略发展规划的理论基础至少应当包括"特色优势理论"和"学科组织生态理论"两个理论视点。

（一）特色优势理论：创建不一样的世界一流学科

对于世界一流学科建设分析的维度，周光礼曾经提出了内、外两个合法性维度。其中，内在的合法性维度是指学术维度，既包括产出世界一流的学术成果，也包括拥有世界一流的教学、培养世界一流的人才；外在的合法性则是实践标准，即面向“国家和区域创新体系”，具体包括促进当地经济发展、引领价值文化方向，甚至要为当地生态文明做出贡献。

这一分析应当说全面概括了大学学科作为一个总体应当具有的功能和价值，即教学、科研和社会服务，为一流学科建设的战略定位提供了一个很好的分析框架。但是，并不能指望一个特定学科在所谓的“内外合法性上”都达到世界一流。一所高校是可以只在一个合法性维度上达到世界一流的。因此，上述合法性理论虽是一个“完美”的分析框架，但并不是一个“合理”的框架。也有学者提出，一流学科建设的逻辑应当包括“学术逻辑”和“社会逻辑”，在两者权衡取其重的过程中，更应当重视“社会逻辑”。这种分法略显粗犷，但根本的问题是存在着非此即彼的嫌疑，在基本的认识论上陷入了将学术逻辑和社会逻辑进行排序的困境。而我们的看法是，一流学科建设在进行战略发展定位时，可以根据具体情况自由选择更重视学术逻辑还是社会逻辑，这种选择只是学科办学定位的差异，而不是学术逻辑和社会逻辑孰轻孰重的衡量。

另外，我们是否可以用一个金字塔式的结构，来确认世界一流学科呢？一般会认为，一流学科这个概念必然对应着“非一流学科”，一流学科是同类学科中金字塔的塔尖，是众多非一流学科衬托出来的，即在同类学科中存在着一个鲜明的等级结构。于是，国家层面的一流学科高于地方层面的一流学科，地方层面的一流学科高于地方非一流学科，在同类学科群中形成了一个“尊卑”的秩序结构。由此，非地方一流的学科想按照地方政府的评价标准进入地方一流学科的建设体系，地方一流本科学校想按照国家的评价指标进入国家层面一流学科建设的方阵。于是，在教育主管部门层面统一的评价指标体系面前，本应丰富多彩的一流学科建设工程，沦入了高度趋同化的激烈竞争之中。我们认为，这并不是一个理想的学科生态，而是会加剧一流学科建设过程中的马太效应，使强者恒强，弱者更弱，丧失自己应有的特色。这样的学科生态，也只能让一流学科在强力政府的襁褓中孵化，而不会在地方的田野中自由生成；只能让诸如高职院校的一流学科只能局限在高职教育的系统中，而不能与985高校的一流学科同台争锋；也无法让诸如欧林工学院那样的世界一流学科脱颖而出。

因此，一流学科建设的战略定位应当是以“特色优势”论为主要理论依据。所谓学科建设的特色就是“人无我有”“人有我强”“人强我新”。如此理解，一流学科和特色优势学科两个概念就存在着紧密的关联,虽然特色优势学科未必都能达到世界一流的水平,但世界一流学科都是特色优势学科。如此认识,可以为各级各类高校的学科发展打开空间,让任何学校的每一个学科都有机会在特色中突围,成为独一无二的学科。同时,学科发展的特色优势论也允许一流学科建设在战略定位上可以把教学改革、科学研究和社会服务任何一方面作为自己的主要突破方向,甚至是唯一突破方向。世界一流学科既可以是在教学改革领域做到像欧林工学院那样,抑或是在科学研究领域做到像中国科学技术大学那样,拥有一人即可在人工智能这一研究领域排名全国三甲;也可以是在社会服务、公益项目方面引起全国乃至世界的关注,成为同领域学人向往的圣地。一旦如此,便可以弱化那些僵化的评估指标,在某一学科领域巍然屹立;也可以让任何一个不起眼的学校和不起眼的学科心怀梦想,依靠自己的创造力成就一流学科传奇。

(二)组织生命理论:尊重一流学科的生命属性与生命周期

学科的组织生命理论来自组织学中的种群生态理论,意指学科有自身的生命诉求和成长规律。学科的组织生命理论至少包含两层内涵:学科是有生命的自组织、学科发展有一个生命周期。

尽管外部力量规制了学科的发展样态和发展空间,来自外部的权力能够“诱导”“推动”“制约”学科的发展,使得“大学学科制度的运作模式与运作过程中蕴含着诸多权力控制因素”,从而把学科发展纳入权力博弈的框架,甚至使学科的发展在“政府的服务导向、高校的排名导向和学者的成果导向”三方面呈现出价值冲突,但是学科根本的成长和发展来自组织生命的力量。自组织才是学科健康发展的根本前提,决定了学科发展的可能和限度,决定了学科发展的“行动空间、生长过程、生态系统、生长方向”。具体而言,学科发展的战略定位根本来看应当就是政府、高校和学者、学生、家长、社区综合因素影响的一个结果,应当避免外部行政权力过度介入而导致的学科间持久、无序博弈,按照自身生长规律规划学科发展。

换言之,成就一流学科的不应当是政府相对僵化的评价指标体系,也不应是排名机构基于各自不同立场的排名指标体系,而是学科自然发展的结果。排名指标体系和政府考核指标只是对学科发展的一种诊断,而且不一定是适切的诊断,并不是目的。我们更应该根据学科的发展特色调整指标体系,而不是根据特定指标体系改变原有的发展特色。这也契合国际上学科评估的未来走势,即“由外部强制性评估机制转向大学自愿问责机制”。

从学科发展的生命周期来看,一流学科发展的战略规划则面临着更为复杂的考量。但总的来看,考量一个组织在其生命周期不同阶段的状况,是对组织进行战略规划的前提。徐操志曾归纳了考量组织发展阶段和状况的三个分析框架：第一个框架是以阶段划分为主要特征的组织生命理论，主要研究组织的生命周期，分析生命周期各阶段的特点以及各个阶段之间跃变的条件；第二个理论框架是以问题为特征的生命周期理论，旨在分析组织发展中遇到的问题、问题的分类，以及各类问题在组织不同发展阶段的表现以及应对策略；第三个分析框架是“以文化为特征”的生命周期理论，把文化分析作为组织生命发展的焦点，因而非常关注组织在不同发展阶段的文化变革。这一认识，为我们对学科战略规划至少提供了三点启示。

首先，学科发展同有机生命体的发展一样，可以划分为“生成期”“成长期”“成熟期”“蜕变期”几个阶段，这些阶段是自然连续的，是自然生长的，虽然不同的学科在具体表现上可能不尽相同。因此，大学一流学科发展的战略规划，首先要对学科发展的阶段进行诊断，了解学科发展现状，从实际出发进行学科发展战略规划，同时分析学科发展每个阶段的具体特征，针对性进行规划，进而创造条件使得学科能够在不同阶段之间顺利跃变。

其次，突出问题导向，澄清学科发展中遇到的和可能遇到的问题，对问题进行分析、分类，预判学科在不同发展阶段遇到的问题及这些问题的表现，并制定出解决思路甚至具体方案。

最后，文化是学科发展的灵魂所在，在一流学科的发展指标、制度建设和文化建设三方面，学科文化是最基础也最重要的部分。因此，要把文化分析作为一流学科建设战略规划的基本任务，制定一流学科在不同发展阶段的学科文化建设策略，以文化变革推动一流学科建设的深层次蜕变。

参考文献

[1]钱佩忠，宣勇. 学科发展：大学战略规划的基点[J]. 教育发展研究，2006(23)：54-58.

[2]刘小强，彭颖晖. 一流学科建设的三种导向：价值的冲突与统一[J]. 研究生教育研究，2019(1)：64-68.

世界一流学科建设战略定位的理论视点与价值选择(下)*

——价值取舍与一流学科建设战略定位的框架探索

张务农　李爱骥

摘要:

一所大学的成功可以归功于其卓越的战略规划,而学科发展规划是这一规划的基本组成部分。然而,并不存在一个普适的一流学科内涵与衡量框架,因而需要为具体学科寻找一个适合的战略发展方向;并不奢望一所高校在一流建设中平衡所有的价值,因而需要为具体学科寻求一个适且的价值引领方向;不能指望仅从外部为一流学科建设规划蓝图,而是需要从内部为学科发展寻求持续推动的力量。基于这一认识,一流学科建设战略规划定位应以"特色优势论"和"学科生命论"为理论视点。前者可以为学科发展提供一个平等的竞争平台,避免学科建设陷入金字塔式的等级结构;后者根据学科的"生命属性"和"生命阶段"进行学科规划,关照学科发展的全生命过程,而不是只关注那些已经成熟的优势学科。基于上述认识以及高等教育哲学的基本理念,一流学科建设规划应以"知识活动"为基本起点,以"特色规划"为价值取向,以"学科生命"为实施依据。

一流学科建设的战略定位同企业组织的战略定位一样,要有牵引学科发展的组织愿景,进行学科发展的战略分析、制定出具体的学科发展战略、进行战略实施必要的保障措施和战略发展控制。在具体的定位原则上要遵从分类定位原则、服务面向原则、功能效益原则、市场竞争原则和比较优势原则等。但是一流学科建设又有自身特殊性,我们根

---

* 项目介绍:河南省软科学研究计划项目(编号:202400410294)。作者简介:张务农,男,河南鲁山人,河南大学教育科学学院教授,硕士生导师,研究方向为教育原理、高等教育管理等;李爱骥,山西汾阳人,中国地质大学(北京)讲师,研究方向为高等教育管理。本文原载《西北工业大学学报(社会科学版)》2021 年第 4 期,是《世界一流学科建设战略定位的理论视点与价值选择》的后半部分,副标题为收入本书时作者所加。

据既有认识、结合组织定位的一般原则和技术,以及一流学科建设自身的规律和特点,提出了下列一流学科建设战略定位的框架和具体策略。

一、以"知识活动"为起点进行一流学科发展战略规划

尽管大学必须面向社会的需求和政府的意志,但知识活动始终是大学最基本的存在合法性基础。以至于伯顿·克拉克在论及大学的知识活动时说:"当我们把目光投向高等教育的'生产车间'时,我们所看到的是一群群研究一门门知识的专业学者,这种一门门的知识称作'学科',而组织正是围绕这些学科确立起来的。"学科建设既不是政府主导的结果,也不是随波逐流的产物,前者可能导致政府的要求与学科自身的能力条件不匹配,后者则会使学科建设进入盲目攀比的恶性螺旋,造成学科因为重复性建设而在短期内达到同质性过剩。同时,学科发展的战略规划既不是"校长或董事会董事的个人愿景",也不是数字指标的设定,将学科发展等同于办学指标和具体数字的实现。学科的发展与规划是以知识生产活动为核心的,而学科的服务面向、人才培养均由此生发而来。有了正确的知识生产方式和有竞争力的知识活动,不仅能够保证学科更好地服务社会,也能够培养出有竞争力全面发展的人。同时,保证了学科建设的知识活动,也就使一流大学建设拥有了健康的"细胞",因为这是大学(学科)这个组织与其他营利性和非营利组织的重要区别。

当然,学科组织不能仅仅停留于"知识活动",否则它就和专门的研究机构无法区分,它必须以知识活动为基础,然后去服务社会、创造价值、培养人才。这儿方面是和谐统一的:学科的知识生产活动质量和水平决定了学科以及学科所在的高校能够服务社会的程度和力度;脱离知识活动的质量和水平要求学科的服务面向是不可能达成的。

因此,一流学科建设的具体规划顺序依次为:知识活动规划、人才培养规划、社会服务规划。知识活动放在社会服务之前,是因为在不能履行培养合格人才的基础上,一味强调产学研结合和知识转化的学术资本主义都是无法在伦理上自洽的。同时,我们也无法将人才培养放在学科规划的最基础起点,虽然可以将它设置在整个链条的核心;因为没有一流的知识活动,就不可能有一流的教学。因此,近年来一些声音呼吁高校应该把教学放在第一位,试图将重科研轻教学的伦理选择转换为重教学、轻科研,这种非此即彼的看法是不可取的。而且知识活动本身既包括原创性的知识生产也包括教学过程中的知识活动,两者紧密联系。没有高质量的知识生产活动,只靠知识的传递无法支撑其大学人才培养的合法性根基,这样的教学迟早被人工智能彻底取代;而那些无可取代的创新性知识活动恰恰是教学以及人才培养的精髓。

二、以“特色规划”作为一流学科战略规划的价值取向

特色规划是大学学科发展规划的应有之意,是因为当前有两种力量在消解大学学科的特色。其一是“政治论的高等教育哲学”的不断扩张。这种教育哲学主张从消费者的视角规划学科的发展,以致经济社会的需求正在越来越深刻地塑造大学的形态、影响具体学科设置,那些不能带来直接经济效益、社会利益的学科不断被挤压甚至淘汰。总之,追求高深学问的大学以及作为其细胞的学科不断受到学术资本主义的浸染。虽然迎合社会需求的学科建设也可以做到“异彩纷呈”,但那些不能带来直接经济收益的学科正在黯然失色。其二是大学排名指标体系和评价指标体系的影响。世界一流学科排名中对ESI高被引学科、诺奖等著名奖项的获得、科研转化资金的衡量方式正在将学科发展的自由边角镶嵌上整齐的篱笆,让学科发展转化为一系列同质化数字的达成,让学科建设“盯着指标体系,缺什么补什么”,以至于原本参差不齐但丰富多彩的学科发展样态转化为一组指标体系修剪后的整齐队列。

因此,在“政治论的高等教育哲学”影响不断扩张背景下,有必要强调“认识论的高等教育哲学”,即强调“遵循内部学术的驱动方式开展教学和科研”。这要求学科的知识活动不局限于从社会需求演绎而来的知识探究活动,而且能够保持独立的自由探索领域;同时让学科发展不再依附于各类排名机构的指标体系和政府的评估考核指标体系,即一流学科的发展,既要去满足社会需求,也要满足基础研究学科和自由人文学科等。所以从方法论上来看,“特色规划”应当是高校学科发展规划的基本原则,“特色学科是与大学学术传统、文化、战略、声誉、区位等并存的大学核心战略资源之一,是大学核心竞争力之所在”。

因此,在具体的学科建设规划中可通过“教学知识活动”和“科学研究活动”两个维度的分析来实现某一学科的特色规划。首先根据这两个维度可以把高校的所有学科分入十字坐标的四个象限:教学强和科学研究强的一流学科(分布在A区学科);教学强和科学研究相对弱的学科(分布在D区学科);教学弱和科学研究强的学科(分布在B区学科);教学弱和科学研究弱的学科(分布在C区学科)。而一流学科定位可以是A、B、D区域学科的任何一类学科。这种定位的选择不仅基于学科的发展环境条件,也基于学科自身的发展特点。一方面,由于不同的学科处于不同的地域环境、经济社会发展条件,不能指望一个学科在所有方面均衡发展,而是结合实际条件突出自己的特色。另一方面,学科本身有自己的特点,比如社工类的学科就比较强调社会服务,其一流水平主要体现在学生社会服务意识、服务能力和服务精神的塑造上;而基础数学和天体物理学的一流水平更多体现在其研究成果的水平上。因此,一流学科的战略定位,在初步确定学科在哪

个区域(象限)定位之后,进行 SWOT 分析,具体分析内外部条件、自身的优势和劣势等,必要时采用 SWOT 矩阵量化分析来确定更好的选项。

学科发展的特色定位需要一系列制度上的保障。一般大众对高等教育水平的认知比较看重大学的综合排名而不是具体学科,导致高考学生在选择志愿时更看重大学的排名,而对具体学科排名的观念较弱。这说明大学总体排名的社会影响力远远超过了学科排名的影响,以至于人们把好大学等同于好学科。诚然,好的大学有好的平台,为具体学科发展提供了有利条件,但不尽然。转变这种状况需要在制度安排上更多宣传学科特色优势的价值,并对民众普及相关知识,扩大具体学科的影响力。

三、以"学科生命"作为一流学科战略规划的实施依据

上述关于一流学科战略定位中特色规划的论述涉及的只是一个相对静止的学科定位内外部环境分析,是一个切片分析。同时也说明了学科的发展环境是基于一个平台的竞争结构,而不是一个等级秩序分明的金字塔结构。即一个学科办出特色可以一步从普通学科跃变为世界一流学科,就像欧林工学院的发展路径一样;而不需要在制度的设置下,一步步从金字塔的低端往塔尖迈进。由此,一流学科也就不是少数的塔尖上的幸运者,而是一个更大的空间和平台。但是上述分析更多的是从物质条件来分析,并没有考虑到学科发展的历时性特点,也没有考虑到把学科作为一个生命体在不同阶段的发展特点。但两者也存在内在联系,学科的特色规划是学科这个生命体这一命题成立的前提。学科的生命只能是建立在"特色的基础上",学科的生命也只能从丰富多彩的学科群落中汲取营养。因此,把"学科生命"作为一流学科战略规划的实施依据就要把学科作为唯一的、独特的、有不同发展路径的生命体来对待。对学科发展进行规划,首先要判定学科发展的阶段,然后根据不同的阶段制定合适的实施战略。尤其是要判定学科发展的关键期,抓住机遇进行跃变式发展,做到事半功倍。

当前,在依据学科生命周期对学科进行战略规划方面,一些学者也作出了不同视角的探索。从宏观的层面看,有研究指出我国学科建设总体经历了"学科发展的战略扩张期""学科发展的战略维持期""学科发展的战略收缩期""学科发展的战略跃升期"四个阶段。这构成了具体学科进行战略规划最为直接的宏观背景。从微观的层面看,有研究表明,一个学科凝练出研究方向并成为国家重点学科的周期平均为 20 年,经历形成期、成长期、成熟期和蜕变期四个阶段。而学科成熟的标志则是"研究领域、方向的不可替代性;标志性的研究成果;可持续的知识产出;稳定的资源获取;明晰的组织结构;规范的学科制度;良好的学科传统和较高的国际化程度"。因而在学科形成期采取资源集聚策略,在学科成长期采取特色发展策略,在学科成熟期采取产出为主和文化建设策略,在学科

蜕变期采取战略调整与变革策略。故而在进行具体学科发展的战略规划时,不仅要考虑具体学科这个微观生命体的发展状态、发展阶段,抓住关键期进行战略规划和发展,还要处理好具体学科生命与宏观学科发展生态环境之间的有机交流。

然而值得注意的是,要真正把学科作为一个发展的生命体来对待,仍需要做一些观念和管理层面的调整。即一流学科的建设和发展应主要依靠内生性力量,而不是靠外部行政性力量的遴选。通过教育主管部门遴选来建设一流高校的悖论是:一个学科若没有通过这个筛选机制,就无法建设"一流高校"。根据教育部、财政部、国家发展改革委关于印发《统筹推进世界一流大学和一流学科建设实施办法(暂行)》的通知,"一流学科建设高校应具有居于国内前列或国际前沿的高水平学科,学科水平在有影响力的第三方评价中进入前列,或者国家急需、具有重大的行业或区域影响、学科优势突出、具有不可替代性"。事实上该文件关涉世界一流学科建设的定位是对一个处于"成熟期"的学科的要求,旨在从那些已经发展成熟的学科群体中遴选重点学科进行建设,并没有观照到学科的发展前期。因而这种行政性的遴选措施有其不完善的地方。因而,如果将一流学科建设作为一个发展的生命体来看,就不应当仅仅关注那些已经成熟壮大的学科,而是要关注所有的学科,在制度上为学科创造自由生长空间。这就需要淡化遴选机制,强化学科动态评价,尤其是通过形成性评价激励学科健康快速发展,而不是通过强化遴选机制,制造一个学科精英俱乐部,将更多的学科排斥在外;也不是主观和客观地(一流学科遴选体系带有浓厚的排名竞争色彩)制造一个学科的排名体系,让有望和无望的学科在学科金字塔的阶梯上拼命挣扎。另外,就是突出学科建设特色甄别,淡化各类排名指标体系牵引,将学科建设的外部指标体系固化转变为特色生命的绽放。这可能需要进一步下放办学自主权和变革高校管理体制,改变一流学科建设中央高校一家独大的局面。

参考文献

[1]李志峰,梁言. 文化浸入与要素耦合:世界一流学科组织化建设策略:以中美两所大学材料学科为比较案例[J]. 江苏高教,2019(3):113-118.

[4]李梦楠. 中西部地方高校建设"世界一流学科"研究:以河南大学生物学科为例[D]. 开封:河南大学,2020.

郑洛新国家自创区产业集群协同发展的问题、原因与对策研究*

周阳敏　侯　燕

摘要：

产业集群的协同发展，是包含了科技创新、制度创新、金融创新、体制创新等众多创新内容和产业链协同、产业间协同、产业外协同等众多协同方式，以及企业、政府、高校科研院所、行业协会商会、社会中介组织、社会服务平台等众多协同机构主体的系统协同创新的复杂问题。产业集群是自主创新企业主体吸收各种技术外溢、政策红利、制度资本以提升创新能力的高效载体，是产业部门体系内部丰富联系、协同演化的优质土壤，也是创新生态中不同机构类型主体交流创新、协同共进的最佳舞台。

国家自主创新示范区的设立是我国以自主创新能力推动区域经济增长的重要布局，基本上是在高新区的基础上择优设立的先行先试的示范区域，目前全国已有国家自创区21个。打造战略性新兴产业和高技术产业的集群是提升自创区自主创新能力的重要手段。产业集群的协同发展，是包含了科技创新、制度创新、金融创新、体制创新等众多创新内容和产业链协同、产业间协同、产业外协同等众多协同方式，以及企业、政府、高校科研院所、行业协会商会、社会中介组织、社会服务平台等众多协同机构主体的系统协同创新的复杂问题。产业集群是自主创新企业主体吸收各种技术外溢、政策红利、制度资本以提升创新能力的高效载体，是产业部门体系内部丰富联系、协同演化的优质土壤，也是创新生态中不同机构类型主体交流创新、协同共进的最佳舞台。实践证明，自主创新能

---

* 项目介绍：河南省软科学研究计划项目（编号：182400410003）。作者简介：周阳敏，男，重庆人，博士，郑州大学商学院教授，博士生导师；研究方向为新制度经济学与企业管理理论等；侯燕，女，郑州大学商学院学生。本文为内部资料。

力强的产业集群都通过协同发展积累了丰富的制度资本，同时，自主创新能力和产业集群又促进了区域创新和区域经济增长，而且产业集群发展是我国提升自主创新能力的丰厚土壤，也是国家自主创新示范区发挥先行先试、创新示范引领作用的重要抓手。2021年是郑洛新自创区成立的第5年，也是郑洛新自创区制度成熟、体制健全的关键时期，厘清产业集群协同发展中的关键问题、原因，有助于在今后更有力地促进郑洛新自创区产业集群的又好又快发展，进而推动中部创新和经济发展。因此，国家自主创新示范区应更加注重产业集群的协同发展，以进一步提升自我创新能力，并促进区域创新和区域经济增长。

一、郑洛新自创区产业集群协同存在的问题

（一）创新资源分散、协同难度大

郑洛新自创区的区域协同、政策协同、功能协同、产业协同面临更高成本。国家自创区的组织形式大致可以分为“一区多园”（如北京中关村、上海张江等）、“独立成区”（武汉东湖等）、“一区多地”（苏南五市等）等，其中尤其以跨市的“一区多地”形式受到行政地域分割的制约协同难度较大。不同城市群的发育成熟度不同，经济联系的紧密程度不同，因此在政策协调、知识技术溢出等方面交易成本更高。产业集群协同发展作为创新协同的高级阶段，短期内无法在“一区多地”自创区中充分发挥产业集聚的优势。再者，即使同一城市群也面临城市竞争，进而导致创新资源竞争、创新人才抢夺，进一步弱化了创新优势的累积效应。

（二）郑洛新自创区发展存在“路径锁定”

郑洛新自创区是在郑州、洛阳、新乡三地的高新区的基础上发展而来，大致从20世纪80年代就开始了高新区的建设，因此，一些关于高新区发展的陈旧性认识，如行政束缚多、政策变动大、政策落实难等，可能会抑制现有企业的创新行为，并进一步造成企业对现有自创区的创新支持政策的漠视。简言之，旧的体制机制可能从观念上、行为上、成果上对创新产生负面影响，并进一步抑制创新协同。

（三）行政管理方面的“卡脖子”问题长期存在

荥阳高山阀门产业集群土地问题和集体企业改制问题长期制约企业发展，有90%的阀门企业都不同形式地存在土地问题。土地确权的滞后严重制约了企业的发展，企业的

改建、扩建不能自主，使一些企业在20世纪90年代和新世纪的前十年错失了发展良机。土地问题影响企业成功改制，这一点在集体所有制的规模企业中表现很突出。河南高山阀门有限公司是高山村集体企业，虽然公司每年产值近亿元，但企业的土地是集体土地，企业的所有权是高山村，每年要拿出相当一部分利润来给村民分红。企业不改制，企业家的奋斗动力主要来自乡情亲情，为乡亲们谋幸福、为乡里做贡献。

河南通航产业集群同样面临"卡脖子"问题，就是河南省低空空域的开放问题。空域开放是一个复杂缓慢的过程，目前主要由空军负责实施飞行管制，是通航产业发展最大的障碍。

（四）产业集群发展水平整体低下

产业集群的数量并不是衡量产业集群发展状况的主要指标，更为重要的是产业集群的规模、组织形式与数量级。与其他发达地区自创区的发展成效相比，郑洛新自创区的产业集群发展水平仍有待提升。荥阳高山阀门产业集群，从20世纪70年代至今经过近50年的发展，企业数量在40个左右，全市阀门企业数量在相对鼎盛时期也就200家左右；新乡过滤产业集群，企业数量上百家，企业数量过千、规模过百亿的产业集群非常少。集群企业数量少，就无法充分发挥产业集群在协作创新上的优势。

（五）产业集群内部分工不细、缺乏协作

自发式产业集群常常呈现内部结构的无序化。以荥阳高山阀门产业集群为例，高山镇阀门产业集群的企业基本上除了铸造由铸造厂完成，其他的工序、阀门组件都由一家企业完成，结果是集群内部企业之间形成了竞争关系。也有企业把组装等简单环节外包给个体户，但分工还是过于粗放。

企业之间的协作可以大幅降低企业的生产和经营成本，但高山阀门产业集群内的企业协作数量不多，协作程度不深。研发新产品方面，企业一般都是找外地的科研、工程师或技术人员协作；生产工艺方面，群内企业很少主动交流，都是通过购买对方的产品自己研究；销售方面，每个企业各找各的门路，各建各的网络，基本不共享，除非代理商自愿同时代理几家的阀门产品。阀门企业单打独斗的结果是小企业在利润越来越低、竞争越来越激烈的通用阀门领域生存艰难，小企业的数量只减不增。

高山现有的40家左右阀门企业，其中有一些已经面临停产，而众多的个体户、家庭作坊，前途也不乐观。调研一位个体经营者，谈及是否愿意被整合，回答愿意；谈及发展前景，则认为自己的企业也是迟早要被淘汰的对象。小企业在通用阀门行业现状下普遍呈现悲观情绪。关于企业整合，高山阀门产业集群相对缺乏经验。同时，许多小企业生

产设备落后,产品质量一般,对大企业而言整合价值不大,但对整个产业集群来讲,整合是不浪费行业资源的最佳选择。整合的最大意义在于发挥小企业在个别工序、个别组件生产的优势,引导其专业化、标准化,避免行业人才资源的流失,同时有利于产业的转型升级。就整合时机而言,通用阀门行业当前处于竞争白热化阶段,整合有利于小企业,但对大企业而言则进一步加剧了经营风险,因此企业整合中缺乏主导力量。

(六)产业集群内企业缺乏研发新产品

高山阀门产业集群的主要产品是通用阀门,材质主要是铸铁,主要集中在中低压传统产品上,实际上近20年产品改变都不大。大企业靠品牌进行差异化,小企业只能以低价赢得市场,因此容易造成无序竞争、恶意低价、仿冒名牌的行业乱象,对整个产业的健康发展带来危害。小企业基本上没有能力进行新产品研发,有能力研发的主要集中在规模以上企业。以新乡过滤产业集群为例,其技术大都来源于上游军工企业新航集团,过滤技术由军用转民用,衍生出来如工程机械过滤器、食品过滤器、医用过滤等十个子行业,许多工人辞职下海,当年陆续在新乡出现200多家过滤公司。研发的费用太高,一个实验便宜的都要几百万,而好一点的企业年总产值也就一两千万,根本做不起。

(七)产业链完整性存在重大"瓶颈"

产业链的完整性成为产业集群发展中的瓶颈问题。以荥阳阀门产业集群为例,上游铸造企业本来有6~7家,后来随着市场竞争,加剧市场占有率下降,只剩下2家。郑州精工蝶阀的负责人提到,本来准备上新产品,但铸造企业因为污染排放问题频频减产,因此企业的新产品研发停滞。整个高山镇阀门产业集群40多家企业生产都受到铸造企业减产的制约。

(八)产业集群发展中人才短缺问题突出

调研的多个产业集群都面临人才短缺问题,人才老龄化和乡村空心化带来的人口外迁严重。以河南高山阀门有限公司为例,员工平均年龄在47岁,车间员工工资在3000多元。总经理李长江说,大学毕业生引不进来,即便给人一月5000元,在这个高山镇也待不下去。现在的年轻人,一是嫌车间干活又脏又累,二是农村生活不丰富不方便,即便来了也待不住。对于整个高山阀门产业集群而言,最大的问题不是没有人才,而是人越来越少。2002年,高山镇有3万多人,小学8所,中学2所。现在的高山全镇只有1万多人,只有1所初中,1所小学,有点经济能力的都去荥阳市里读书了。因此,尽管河南高山阀门有限公司对内建了集资小洋楼,郑州高压阀门有限公司也建了员工公寓楼,但是阀门企业对于高山人的吸引力还是整体在下降。

（九）自创区产业政策呈现出“新代老”而非“新带老”

自创区产业政策更注重发展战略性新兴产业，一定程度上会对传统产业集群产生挤出效应。产业格局的优化升级路径不能一蹴而就。战略性新兴产业作为自创区发展的重点，本身应呈现出“新带老”或传统产业更新的协作创新局面，但是过于强调发展战略新兴产业，忽视传统优势产业的更新转型，也可能造成资源错配，由“新带老”变成“新代老”。战略性新兴产业在资金支持、项目落地、税收、补贴等方面有较多的政策优势，相对而言传统优势产业的竞争压力更大、支持政策不足。《郑洛新国家自主创新示范区条例》作为地方性法规，在第二章“规划建设”中只提到发展战略性新兴产业和高新技术产业，调整现有产业，未提及传统优势产业集群的支持政策。在郑洛新自创区郑州片区的四大产业集群发展重点中，也未提及郑州当地原生产业集群如荥阳泵阀产业集群、荥阳建筑机械产业集群和巩义耐火材料产业集群等传统优势产业集群，这体现出本身政策设计者在产业导向问题上的“割裂”观。新老产业集群也应当注重协作，不能偏离国家自创区发展战略性新兴产业的初衷，战略性新兴产业是新的发展契机，但传统优势产业是稳定发展根基，应当正确处理战略性新兴产业集群与传统产业集群的协作并进关系。

实证研究发现，企业创新会受到制度环境的影响，并进一步影响区域经济增长，因此，产业政策中的“喜新厌旧”可能对传统产业集群的创新不利。就现实情况而言，产业政策的效果难以确定，政府补贴与产业发展也并不是线性关系。

（十）产业集群的创新生态质量低、协作能力差

产业集群创新生态，主要包含行业协会商会、科研院所、中介机构、服务平台、政府管理部门等。产业集群的协作受制于产业集群创新生态的发育程度和活跃程度。荥阳高山阀门产业集群的行业协会成立于2006年，目前工作内容仅限于每年开一两次会，很难发挥行业协调作用。相比之下，温州永嘉县有四个阀门行业协会，协会之间已经形成功能错位互补。事实上，行业协会可以承担产业调研、技术培训、产业协作以及园区建设规划等许多关键职能。

河南的产学研合作有个奇怪的现象，就是本地企业较少找本地高校和科研院所开展合作。高山的阀门企业与河南当地高校机械专业没有科研合作，个别企业曾与兰州理工大学特别是杜兆年教授有技术交流和培训的合作经历。但是温州永嘉的超达阀门却与河南省的开封大学校企合作，还开设了“超达班”。这说明，并不是本地高校实力不够，而是企业与高校缺少交流、观念陈旧，中介机构缺乏。

政府管理部门的作为也是创新生态重要组成部分。高山镇的阀门产业集群为当地贡献了80%的税收,政府也曾经对效益好、纳税多的企业进行奖励。在阀门产业集群面临村组办企业和小个体"倒闭潮"时,政府部门也曾通过技术培训、调研等多种方式稳住大局。但是与阀门行业的一些"后起之秀"如温州永嘉县相比,政府的服务观念,甚至角色转换还是较为落后。永嘉县政府为了扶植阀门产业发展,特在瓯北镇建了阀门产业园,短短几年时间,这里大小阀门厂家已发展到3000余家,而且一开始政府就引导企业错位竞争。永嘉的阀门配套如模具制作、铸造和物流业也发展很快,很快就形成了分工协作的局面。河北的远大阀门,当地县委县政府组织人员到荥阳参观学习,回去之后,政府安排一名副县长专门负责这个企业,划出800亩地、投入8000万元建起了远大工业园区,当地政府还积极协调银行往该企业放贷,当年银行为该企业提供资金2亿多元,帮助其发展。短短几年,远大阀门集团已经发展成为集研发、制造、销售为一体的中国最大的高中低压阀门集团,下设五个分公司,核心企业占地面积40万平方米,有员工3000余人,年产值10亿元,是中石油、中石化集团以及国家重点项目的一级供应商。

二、原因分析

(一)郑洛新自创区仍处于发展初级阶段

多年来,郑洛新自创区在制度创新和创新成果方面成效显著,然而作为"一区多地"形式的城市群基础的自创区,其区域协同、产业协同、功能协同、政策协同由于地域分割会面临更高的地理成本、时间成本和探索成本。而我国最早的城市群自创区苏南自创区成立于2014年11月,只比郑洛新自创区早了一年半左右,可学习的经验有限。因此郑洛新自创区的三地区域协同和政策推进与落实仍需要假以时日方能看到实效。郑洛新自创区可制定近中远期发展重点清单,循序渐进从政策推广到政策落实再到政策创新,围绕产业集群和自主创新开局谋篇。

(二)对企业面临的"卡脖子"问题没有解决动力

制度创新不能只围绕政绩工程和数字,而应当围绕企业最关心的卡脖子问题。表面看"卡脖子"问题不会置企业于死地,却大大束缚了企业发展的活力和自主性。

(三)对产业集群的发展演化规律认识不足

自发性产业集群在野蛮生长后会进入淘汰低谷期。产品的同质化、恶性价格竞争之下，有实力的企业会渡过行业的震荡期，通过产品研发升级换代进入新一轮的行业生命周期。自发性产业集群内的种种问题，如分工不细、缺乏协作、产业链缺失、人才短缺等都已经超出了某一个企业能解决的范围，需要一只“看得见”的手进行产业集群辅导。遗憾的是，相关管理部门对于产业集群的种种问题往往是既意识不到自己应转变角色、积极作为又缺乏有效干预手段。相比之下，温州永嘉和河北远大所在地政府已经把工作积极深入产业集群的成长规划中去。

（四）对产业集群协作网络建设既缺看法又缺办法

现有创新生态的质量低、协作差等问题归根结底在于对产业集群协作网络建设既缺看法又缺方法。

（1）缺支持协作创新的体制机制。现实中，产业集群内部的协同尚不充分，更不用说产业间与产业外协同。究其原因，不是没有协同意愿，而是缺乏有效的体制机制创造机会增加协同合作。例如，高校与高科技企业的协同创新，本身是双赢的，但牵绊于人才定价、成果分配等非系统性问题，大大打击了协同的积极性和创造力。应认真研究促进产学研用一体化的体制机制，合理合法解决协同中的机制障碍，为跨机构协同保驾护航。

（2）协同创新缺经验。郑洛新自创区的优势就是制度创新，而制度的形成方式是多样的，不一定是先有制度后有实践，也可以边干边完善制度。事实上，经过疫情、抗洪等突发应急事件，好多制度就是在实践中提出和完善的，比如“线上教学”等。协同创新，就技术创新、科研攻关本身来说是有可行性的，可以先做起来再说，不做就永远没有经验。

（3）协同创新缺机构。目前，我国自创区发展中，协同创新的职能往往由行业协会、平台、政府承担，并没有专门的机构推进。协同创新的主体是企业，推动者应当有专门机构。不同国家的产业集群协同推进方式不同。德国由联邦政府和地方政府共同推进，产业集群组织以公司型组织为主。美国由总统亲自领导产业集群工作组，多个联邦部门共同推进，产业集群组织一般是产业集群的挂靠机构如 NGO（非政府组织）、大学或小公司等。日本为每个产业集群设立集群总部，由总经理、计划主管、首席科学家、科技协调员共同组成。可见，我国自创区同样有必要为每个产业集群设立协同创新机构，负责产业集群的培育和辅导。

三、对策建议

（一）优化郑洛新自创区产业集群协同创新的整体与长远筹划

郑洛新自创区应注重产业集群协同创新的整体与长远筹划，以克服其“一区三地”和处于初级阶段的时空劣势。

整体布局方面。郑州片区当前聚焦"智能传感器、网络空间安全、大数据及智联网、北斗及应用"等四大产业集群;洛阳片区发展以多晶硅为基础、以光伏产业为主体的产业集群,钛(钨钼)材料研发型产业集群,特种轴承研发产业集群和先进装备制造业研发产业集群;新乡片区主要是动力电池与新能源汽车,生命科学与生物技术,航空航天军民融合,电子信息与大数据四大产业集群。目前郑州与新乡已经出台《郑新产业带发展规划(2021—2035年)》,明确了郑州与新乡在高端装备制造、现代纺织服装、新能源汽车、生物新医药等领域有广泛的产业协作空间。同理,郑州、洛阳与新乡三个片区的产业布局应当统筹优化,加强协作。

长远筹划方面。郑洛新自创区的初级阶段应注重各种政策的出台与推广宣传,掌握区内创新资源与要素基本情况,了解影响创新协同的体制机制障碍与空白点,借鉴其他自创区创新政策和体制机制经验等作为工作重点。值此5周年之际,应出台郑洛新自创区下一个五年规划和中长期规划,着力于打造中部国家级创新高地和提升国际竞争力,面向世界和未来调整自创区发展定位。

(二)实施国家自创示范区的"链主"战略

实施国家自创示范区的"链主"战略,通过我国的"双周期"顶层设计实现协调发展。基于郑洛新自创区重点发展的战略性新兴产业集群和优势产业集群,统筹规划产业链、创新链、要素链和制度链。围绕产业集群协作组织部署协作网络,涵盖政府、大学、科研机构、金融机构、大中小企业和其他主体。同时以开放协作姿态与其他产业集群形成创新链和制度链。

协调和整合自创区的创新和企业家资源,促进自创区内外资源的合理流动和有效利用,并加速建立协作和优质的创新体系。互补优势和互惠互利;该区工业集聚的成长需要主要试点和鲜明撑持功能的主要科技设施的规划和构建,使技术元素市场变得更加开放和明了,促进重大创新平台构筑和运营等。国家技术转让中心,在资源自主流动、互操作性、共享性的自主区合作创新模式中形成各种技术创新。构筑并拟订郑洛新自创区的工业集聚体系和长期规划。一方面,增强产业关联性,以自主创新区的创新技术企业为龙头,鼓励产业链中企业间的科研技术人员和企业家交流,加强产业内企业的协作。另一方面,优惠策略指导工业集聚发展的根底设施构筑,提升产业和城市的一体化度。制定政策引导和鼓励产业集群。科学筹划自主创造地域的工业集聚,所有创造域的物质基础和策略布局都不尽相同。首要工业集聚的选拔上根据自身优势、具体问题具体分析、探索优势成长道路。①各自的创造区将结合自身的区位优势、创新基础和能力、发展阶段等因素，发展具有地方优势和竞争力的主导特色产业，加强产业空间关联，缔造领先的创新型和高新公司、科技企业、具有创新能力的产业集群。②加强彼此之间的交流与合作，促进创新资源的充分自由流动和最优使用配置，加快缔造强弱支出辅助，共享效益的合作创新建制，让自创区发挥作用，其辐射的首要作用将会影响工业布局使产业得到晋级。

（三）围绕产业链部署创新链，实现主导产业、主要企业研发机构全覆盖

推进产业链、供应链、创新链、要素链、制度链的深度耦合。围绕产业链部署创新链，而不是围绕创新链发展产业链，不能本末倒置。在创新链建设方面，应积极引用和充分利用现有创新要素，建立各类产业研究院、研发联盟、创新中心等机构，争取实现主导产业、主要企业研发机构全覆盖。进一步推动科研成果的工程化和产业化，不能让科研成果仅仅停留在字面上。

（四）优化郑洛新自创区产业布局，兼顾战略性新兴产业与传统优势产业发展

为了吸引先进制造业、战略性新兴产业在自创区空间的集聚，推动这些产业集群的合理布局，提高自创区的核心竞争力和产业集群层次，郑洛新自创区可以将发力点集中在以下几个方面：①注重先进制造业的成长趋势，逐步增强郑洛新自创区制造业的首要竞争力。坚持工业集群的链式发展，同时从自身的产业基础、资源禀赋等实际情况，因地制宜布局高端制造业，以高新技术改造提升传统产业，推动先进制造业集聚，为区域创新活动提供牢靠的产业根柢支撑。例如，以多个国家公园为核心区域的郑州市，重点发展智能终端、屏蔽设备、超硬材料等先进制造业，以促进新一代信息的深度整合，缔造有影响力的高级制造业集聚区，加强工业创新支持。②缩减规划郑洛新自创区的现代服务业。生产性服务业集聚对区域创新效率的促进作用已经得到印证，要带动生产性服务业向价值链高层次延长，加快现代服务业与优质制造业和现代农业的融合发展，积极培育新的形式、新的模式和新的载体。特别是围绕制造业的创新需要，提升电子商务、现代运输、科技服务等的成长，提升其服务创新活动的能力和效率；大力促进现代金融、技术服务和咨询等知识密集型服务业，建设文旅业，促进服务业的数字化、规范化和形象化，充分利用智力密集、水平高的人才。科技含量为了增加附加值等优势，须引导技术服务业的集聚和成长，逐步实现与制造业和韬略性新兴产业的融合规划。坚持数字化工业化和产业化数字化，发展经济平台，共享经济平台，加强数字社会和数字政府的建设，并提高公共服务和社会治理中的数字智能水平。③要合理节制传统工业的集聚程度。逐步裁

汰传统产业的落后产出力,保持合理规模,避免资源无理由消耗和环境恶化,真正在多级增长、多级附加值的工业中利用有限的资源,逐步让区域创新能力得到晋级。

(五)完成优势传统产业集群清单,围绕产业集群设立专门辅导组织

现有优势产业集群是区域经济发展根基,也是协同创新的重要主体和源动力,应完善现有优势产业集群清单并设立专门辅导组织。产业集群辅导组织应包含政府相关人员、业内知名企业家、高校及科研院所相关专家等行业重点人物,对产业集群的转型升级、协作、人才培养、行业协调等方面开展工作。鼓励相关机构和企业申报产业集群辅导机构。产业集群辅导组织属于半公益性质,权威性上高于协会、中介等,类似服务平台组织。

(六)扩大科研人员经费自主权

鼓励高校、科研院所的科研人员参与企业协同创新,最关键的就是给科研人员松绑,扩大科研经费使用自主权。围绕简化科研项目经费预算编制、赋予科研人员职务科技成果所有权等方面,郑洛新自创区可以进行大胆尝试。要相信科研人员,赋予科研人员更大的自主权和尊重,其中包括经费自主权,也包括成果的个人所有权等方面。科研人员参与企业技术改造等经历可以在评职称时适当加以体现。落实科研人员对科研项目的自主选择权、科研经费的使用权、科研活动过程中的独立权、科研成果的收益权等“四权”。

(七)积极推进郑洛新自创区人才管理改革

为促进郑洛新自创区工业集聚的协调优质创新成长,须建立起基础雄厚、布局科学、综合素养水准高的人才团队,构筑创新引领地位。首先,我们必须吸收和孕育高素养的人才。采纳多种路径,我们将重点吸收和孕育一批高层级领导和技术型人才,招引一批有前途的创业队伍在自创区里安家,构筑起高层次协作的人才队伍,撑持自创区工业集聚的优质创新;吸引海外高素养人才,招引 TOP 级别水准的海外创新创业人才进驻本地区。其次,改善人才成长氛围,改良人才激劝建制。逐步落实高校、公司开发组织等科技成效的股权分红激励谋划,构筑出各种各样表现方式的人才激劝建制,使科技创新与每个个体的统一由理论变为实践。同时,激劝科创学者采纳专利和技术的方式参与占股收益划分,让创新成效的果实转化为生产力的时间旅程缩短。使人才服务建制得到更加合理科学的执行方式,思索契合人才成长轨迹的人事治理建制,促进各研发平台之间的人才流动。最后,加强国家公共服务水准,实时察觉和管理本区人才问题。解决由于诊疗、住宅和儿童上学等的障碍,使得自创区的各种人才得以长期留驻。加强高素质人才的孕

育，引进创新型人才，让自主创新能力得到增强。

为了实现自创区的创新，有必要培养和壮大高层次人才和高素质的创新团队，加强应用型和技能型人才的培养，深入推进国家技能振兴计划，用高素质的人才队伍带动创新链的扩展和升级，加强创业团队的培养，实施创业质量提升工程，大力弘扬创业精神。首先是引进创新型人才和推进人才激励政策，积极引进和储备国内外高端技术领导者和企业家人才，为自主创造区的创新发展提供坚实的智力支持；同时，鼓励企业和科研平台等各种人才的流动，充分发挥人力资金的创新源泉潜力。其次是营造促进创新和企业家精神，追求卓越，完善容错机制，鼓励创新和冒险的环境和氛围，特别是制度企业家在优质创新中存在着巨大的功效，并吸引大量有前途的人才团队和企业家团队扎根，充分释放整个社会的创新潜力。最后是积极推动创新成效转换，积极推动多方共同实行的高收益比的科技创新成效转换和交易机构建设，建立金融支持、信息化等多层次服务系统。共享自主创造领域的创新成果转换，让科技资源生产转换比值得到晋级。

高科技人才一直是创新活动的主体，实践经验已经证实了科学技术从业人员在促进区域创新效率方面的作用。因此，郑洛新自创区亟须加强科技型人才团队的构筑，改革相关的人才保障建制。为了让创新水平和创新效率得到晋级，可以重点从以下几点下功夫：

(1)更好地发挥招引高水平人才等平台的作用，让“全职+柔性”的人才招引机制得到改善，实施高层次人才招引和培养政策，有必要加大与本土与世界的闻名大学和高层次科研平台的稳定联合关系的建立。

(2)完善竞争性人才政策体系，完善人才服务管理机制，建立和改善该地区创新人才工作所需的生活环境，建立完善的教育和医疗支持服务，消除本地区人才对创新和创业的后顾之忧。同时，根据地区差异化人才发展的需要，继续完善人才招聘政策和措施，吸引大量创新人才落户本地区。

(3)完善以要素市场决定的报酬机制、可探索性的实施技术入股等措施，充分激发科技者们的创新热情以及产业集群的溢出效应。建立完善畅通的创新成果转化渠道，以一系列切实可行的政策引导和吸引高素质人才的聚集，一步步提高自创区内从事创新人员的整体受教育水平，形成区域创新资源高地。

(八)完善郑洛新自创区科技创新体制

让郑洛新自创区的科技创新治理体制改变所需要的时间尽可能地减少，然后也要致力于公司、高校、新型研发组织等参与者的共同缔造的创新动力，缔造创新参与者的各种各样的人才有序地流动，缔造出一种合作型优质创新成果，能对产业发展效益的布局，密切跟踪监管新产业和新业态,发扬科学与工匠氛围,打造鼓励探索、追求创新和容忍失败的氛围。

(1)完善科技管理体制。依据自创区组建范式特质,改良跨区域、层级、部门筹划和合作创新组建范式,构筑自创区的主导模范团队,让沟通调度和工作联动建制变得更加完备,为每种科技创新策略具体实行和观测落实保驾护航。努力让创新果实转化为强大的生产力的作用得到充实的发挥。实现有政府作为坚强后盾的科创体系,让科技转化为物质生产力的力量得到提升;改良科技创新评判审核建制,针对科技项目从开始到结束的审核,需扩大市场评判的占比,同时对科研者评判审核要冲破原先的“只文凭”等理念,扩大科技开放协作,进一步深化自创区与院所、科研平台以及高新公司的协同,完善知识所有权的庇护措施,发展新的科研机构,从而提升科技成效的转换效率。

(2)构筑合作优质创新危害庇护建制。改善信息双向交流建制,实现合作创新参与者在信任的基础上落实技术、信息等资源的共同使用,实时处理队伍各关联参与者的摩擦和险阻,削减合作创新危害;建立由政府主办,指引金融平台一起构筑危害抵偿基金等形式的危害赔偿建制,将使自创区合作创新研发内容的损失得到赔偿,维护合作创新项目的顺遂运作。

(3)积极推进区域协同融合创新。要鼓励企业重视专利申请质量和后期应用水平等,而非制定刻板的专利申请量为考核标准。构建并完备区域创新合作体制,扩大区域交流范围,积极展开与区域成长策略的沟通。带动自创区开放创新成长,构筑联合多个模块区域以及产业链的创新生态体系,使创新元素相互自由流动的水准得到跃升。

组建政产学研多元化的参与者以及高投入收益比的创新组织让知识技术在创新参与者之间的流动变大,完备合作创新风险管理和控制以及风险亏损后给予一定的赔偿规定,让自创区各种各样的市场主体的创新空间得到最大水准的开发。通过对郑洛新自创区的建设及郑开科创走廊的建设,布局国家级重大创新平台,与国内优势地区甚至国际创新资源接轨。

(九)完善产业集群协同高质量创新服务体系

以现阶段高质量发展需求为导向,构建结构合理、层次多元、效率便捷的创新服务体系,完善财政税收政策支持体系。郑洛新自创区应继续加强和落实好高新技术企业所得税减免、小微企业普惠性税收减免等政策,以及对企业的研发资金补贴等,以激发企业创新活力。建立和完善协作创新平台等基础设施,加强科技资源的开放和共享,鼓励园区内各类企业加强开放创新,促进企业之间的信息交流和技术共享,减少内部和外部交易成本。

同时，要着力解决企业创新活动所需的融资需求，建立健全的金融中介机构服务网络，为企业提供良好的融资环境。降低企业资本市场的交易成本，促进企业间良性市场竞争。坚持推动重点产业、人才、基地及资金的整体配置，加强科技体制改革，建立完善的科技创新治理体制。加大对重点行业前沿技术研究和基础研究，促进产学研科学技术成果的财政投入，夯实技术基础和协作基础；同时，充分发挥税收在科研人员股权激励中研发支出的调节作用等，完善自主创新区的税收政策，降低协作创新的成本。积极吸引各融资平台向自创区的聚集，开展创新融资试点，降低融资成本，融合各种社会金融资本资源为协同创新提供金融支撑；建立完善的金融支撑体系，推动创新成果的产业化和规模化。整合各类金融资源，建立健全自创区创新金融服务体系，建立和完善协同创新服务平台以及中介机构，规范各种服务机构和平台的服务质量；加大政府资金支持，用于建立一系列高端研发机构。完善自创区有关保护知识产权的法律法规，以及产权纠纷解决机制，加强对知识产权的保护，激励自创区的创新活力，提高创新成果的转化效率。加强对高质量创新理论基础的研究力度，激励制度企业家发挥自身优势助力高质量创新，实现制度资本—制度创新—技术创新—高质量创新，最后到创新成果在实践中转化应用的转变。完善科技创新评价和奖励机制，稳定提升科技创新的财政投入，以政府投入为主，结合社会多渠道投入，为科技创新前沿研究提供支持。

（十）发挥郑洛新自创区企业家制度资本对区域经济增长的作用

企业家通过在能积累更多地缘资本的地区建立企业，以获取更多有利于企业经营和创新的信息来提高企业的创新能力，良好的制度资本可以使企业家更容易地搜寻企业所需的信息，为企业的投资决策投入更多精力。企业家的专业水平越高，学习能力越强，就越有利于企业的创新性投资决策，进而促进企业进行各项研发和创新活动。

因此，企业家应该树立持续学习的意识，提高自身的专业素养，提高企业的创新能力。企业家教育水平越高，他们在知识结构和层次上的认知水平就越高，接受过高等教育的企业家往往更加具有创新意愿，更愿意通过增加企业创新来改善企业的经营状况。

因此，基于企业家特征的企业家认知资本对企业创新投资具有积极影响。这就要求企业在重新聘用管理人员时，必须将管理人员的受教育程度和以往的工作经验作为重要因素。随着企业家不断积累社会资本，社会关系网络的逐步嵌入，企业家对企业的未来发展具有了一定的判断力，加之企业家借助社会关系网络获取的大量信息和资源，都会促使企业家加大创新投入来提高企业创新水平。因此，企业家应当借助行业协会来拓宽自己的社会关系网络，从中获取行业信息，吸引创新资源，为企业创新投资提供信息和资源支持，同时企业家也要丰富社会网络的结构洞，避免信息的同质化。经济转型发展中，对制度的需求将远远大于实际中的制度供给,需要不断地进行多方位创新。政府、企业、高校和科研机构应积极打破“路径依赖”和“锁入效应”的影响,改变以往的创新思路,加强沟通协作;打破传统的交流和创新观念,加强创新知识交流和产权保护制度;加强创新服务理念,增强企业、大学与科研机构之间的创新协同作用,促进高质量的协同创新,发展高质量的经济。

(十一)不断提高郑洛新自创区服务质量,从“前面给政策”到“退后建平台”

借鉴深圳自创区经验,十大服务平台最为引人注目。平台在促进产业集群协作创新中能发挥更为长效的关键作用。产业集群协作,应当以企业为主体,“政策供给”仅仅是自创区初级阶段的重点职能,随着自创区步入成长期、成熟期,平台将以政策、信息、协调等诸多职能成为产业集群协作的长效机制。

当前的主要任务是深入推进自创区制度改革。在区域创新活动中建立完善健全、职责清晰的法律治理体系,政府的作用不可或缺。政府通过对自身体制和服务的改革,施行简化审批等政策,可以从根本上深化自创区的创新制度改革。实施与企业有关的营业执照清单管理,加强活动前后的监督,加强“互联网+监督”的应用,建立新型的信用监督机制。完善重大政策的预评估和后评估制度,提高科学决策、民主决策和法律决策水平。深化政府事务公开性,促进政府服务的标准化、规范化和便利化,提供更加优质的创新服务。政府要参与完善科技创新孵化体系,保障创新主体在从事基础研究、应用开发和成果转化及产业化等创新活动的顺利衔接;也要加大科技创新服务投资,建立完善的科技创新服务机构和平台,建设一流的创新创业载体;还要不断完善知识产权体系,实施知识产权强省战略。必须深化知识产权制度和机制的改革,完善专利市场定价机制,建立以知识产权为动力的激励机制。政府积极推进产学研合作创新活动,为中小企业搭建合作创新平台,积极寻找创新活动的合作伙伴,形成有效的长期合作创新联盟,并积极倡导建立创新合作伙伴关系,减少知识资本流失,增加协同创新联盟的知识存量,同时减少中小企业在生产过程中的创新成本,降低中小企业的生产成本,为企业的发展创造条件,有效减少中小企业生产成本,不断扩大中小企业发展,为该地区提供更多工作机会和政府税收。政府将其收入积极改善区域基础设施建设,吸引更多人才和企业加入该区域经济生产活动中。政府主导下的协同创新行为,能够有效地促进区域间的制度溢出效应,同时能够有效地打破区域间协同创新在高门槛部门的协作,应建立良好的制度,将政府的权力限制在制度的笼子里,加快速度构建在制度层面上的政府主导行为规范,使得政府在各区域间主导的资源整合能够得到民众的监督与信任,为区域发展提供新的动力。政府间的制度溢出效应在经济转型发展中将发挥极大的作用,各区域政府应积极整理区域内资源要素的优势与劣势，达到对区域内企业、高校和科研机构创新能力的汇总，同时对市场和企业的创新需求有较为明确的了解，搭建区域内和跨区域的协同创新平台，同时加强向周边区域和跨区间的学习和资源的引进，促进创新人才在区域间的流动，融合各区域的创新资源。

（十二）加大郑洛新自创区“新基建”建设拉动科技创新基础设施

在继续增加郑洛新自创区的交通基础设施投资的同时要完善科技基础设施的建设，协同优化自创区内的科技资源，打造完备、高效、实用、绿色、安全的科技基础设施体系。一方面，郑洛新自创区未来要在“新基建”上发力，加快脚步建设大数据中心、产业互联网、第五代移动通信等新型基础设施建设进度，加快提高郑州国家级超级计算中心效率，为抢占未来科技创新资源提供基本保障。另一方面，要在郑洛新自创区区域内推动重大科技基础设施建设，支持建设重大创新平台建设，夯实科技创新基础。构建郑洛新自创区便捷畅通的综合交通体系和低碳高效的能源支撑体系，推进能源革命。

（十三）加大郑洛新自创区“大学科”体系与“新商科”建设

“区域发展，教育先行”，借助郑州大学打造世界一流大学、河南大学打造国内一流大学的契机，郑洛新自创区涉及的大学科体系，推进学科集群与产业集群协同，推进新商科建设，尤其是要发展与郑洛新自创区产业一致的新商科，将“软科学硬化，硬科学软化”，例如郑洛新的高端装备制造产业集群要软化成“高端装备制造+数值化+物联网化+应用管理化”，电子信息产业集群要软化成“电子信息+管理信息系统+掌式管理模式+应用经济学”，新材料产业集群与新能源产业集群和生物医药产业集群等也要通过应用经济学、应用管理学、应用社会学与应用心理学等软化，形成新材料的意识系统、新能源智控系统与管理信息系统等，尤其是大数据云计算的管理学、社会管理与社会创新的计算科学等都将成为未来占领制高点的重大战略。

参考文献

[1]马雁，李金保. 郑洛新自创区汽车产业集群发展对策研究[J]. 河南科技，2021，40(20)：156-158.

[2]卢爽. 郑洛新自主创新示范区高新技术行业创新发展研究[J]. 现代商贸工业，2020，41(30)：6-8.

[3]李新安，李慧. 国家自创区深化体制机制模式创新研究：以郑洛新国家自主创新示范

区为例[J]. 创新科技,2023,23(4):52-60.

[4]郭婧. 推动创新发展的制度性供给研究:基于郑洛新国家自主创新示范区建设的分析[J]. 经济研究导刊,2020(12):137-138.

[5]梁红军. 围绕战略定位加快国家自主创新示范区建设:以郑洛新自主创新示范区为例[J]. 学习论坛,2018(3):47-53.

[6]周特友. 研发投入、经营绩效与融资能力:以郑洛新、东湖、长株潭自创区为例[J]. 河北企业,2019(8):73-75.

河南省高质量发展研究:评估、问题及动力转换机制*

张永恒

摘要:

从绝对规模上看,河南省经济发展水平一直以来都处于全国第一梯队,但从人均产值或发展效率上看,却处于全国中下游水平,这说明河南省经济发展质量亟待提升,与全国总体的发展水平存在较大差距。在当前我国向高质量发展阶段转变的重要时期,本文对河南省高质量发展水平进行评估并与发达地区作对比,对河南省向高质量发展转变存在的问题进行深入分析,并提出实现高质量发展动力转换的相关建议。

一、河南省高质量发展水平的评估与地区对比

(一)基于“五大发展理念”的高质量发展指标体系

1. 创新发展

创新本身是一种经济活动而非最终目标,其主要目的是提升经济效率,因此对创新的衡量应当包含两个层面:①将创新本身作为一种结果来衡量其有效性,即创新的驱动力;②将创新当作一种投入要素,并衡量其对其他生产要素使用效率的影响,即创新的效率提升能力。

2. 协调发展

经济发展不仅指物质财富总量的增加,更重要的是在结构上的协调耦合。从供给结

---

* 项目介绍:河南省软科学研究计划项目(编号:192400410050)。作者简介:张永恒,男,河南济源人,博士,河南理工大学太行发展研究院兼职副研究员,副教授,研究方向为经济增长。本文为内部资料。

构来看,不同产业之间的相互替代和组合是关键;从需求结构来看,投资消费之间的协调是关键;从空间结构来看,城乡协调是关键。因此,可以从供给、需求和空间三个方面来表征我国经济的协调发展水平。

3. 绿色发展

对于经济发展来说,如果只看重经济效益,那必然出现西方国家所经历的"先污染后治理"的局面;但如果按照自然规律行事,那么人与自然的和谐共生将成为现实,从而资源节约型、环境友好型社会的建立也就水到渠成。经济发展会产生一定的环境污染,但由于自然环境拥有自我净化的能力,因此,只要一方面控制排污量,另一方面加大对污染的治理强度就一定能实现建设美丽中国的总目标。

4. 开放发展

开放包容是经济发展跳出既有范式、获取新动力并向新阶段迈进的必然选择,也是突破生产投入边际收益递减、规模报酬递减的条件。开放包括两个层面含义:①对内开放;②对外开放。对内开放的本质就是市场化,这是从内部要素视角的认识;对外开放,即国内开放和国际开放。

5. 共享发展

共享发展是经济高质量发展的最终目标和归宿,是衡量所建成的小康社会是否"全面"的主要指标。对共享水平的衡量不仅应当包含人们对社会发展福利的获取程度上,还应当从生产上、可持续性上对人们参与经济建设,获取经济收益的平等性作出考虑。

(二)河南省高质量发展水平的实证测度

基于"五大发展理念"的河南省高质量发展测度体系,根据 2017 年的测度结果对河南省各地级市的经济发展质量进行空间对比分析。

(1)创新驱动水平。创新驱动水平得分分布由最低的 0.180(商丘)到最高的 0.820(郑州),后者是前者的 4.56 倍,表明河南省创新驱动水平的地区差异较大。郑州市作为河南的省会,创新驱动水平占据绝对优势。洛阳、许昌、济源和新乡的创新能力也较强,创新驱动水平分别是 0.578、0.471、0.450 和 0.449,在河南省属于创新能力领先的地区。

(2)协调发展水平。协调发展水平最高的是郑州,达到 0.923,最低的是周口市,仅有 0.223。协调发展水平高于 0.5 的城市有济源、鹤壁、焦作、新乡、洛阳和安阳,相应的发展指数分别是 0.669、0.607、0.586、0.511 和 0.507。这些城市都处于豫北地区。说明河南省区域之间的协调水平不高。

(3)绿色发展水平。绿色发展水平最高的是商丘,但仅有 0.660,和第二、三名的南阳

(0.642)、郑州(0.632)之间的差距并不像创新驱动水平和协调发展水平一样具有绝对领先的优势。总体上，河南省各地市的绿色发展水平差异并不是很大，豫北工业发展强的城市在绿色发展水平上比较靠后。

(4)开放发展水平。开放发展水平最高的是开封，达到0.532；最低的是信阳，仅有0.136。开放发展水平处于前五的城市都是在某些个别指标上拥有绝对优势。省会郑州虽然在外贸依存度上有绝对强度，但在市场开放度上非公有经济占比较低，在实际利用省外资金和旅游创收上的优势也不明显。

(5)共享发展水平。共享发展水平最高的是郑州，指数达到0.886，郑州在收入共享、教育共享、医疗共享和信息共享上都处于全省第一的位置。共享发展水平最弱的是商丘，仅有0.171。

二、河南省向高质量发展转变的问题探析

(一)需求侧高质量发展的问题探析

1.消费需求

河南省最终消费支出从总量上看呈现持续增长的态势，平均增速达到14.99%，1998年之前的消费增长速度较快，之后略有下降，且增速都比较平稳。20世纪90年代初中期是河南省消费增速最快的时期，在1998年达到最低点后开始回升，增速基本稳定在14%左右，但最近几年的增速下降较为明显，2014年甚至低于10%，之后虽然有所回升，但增幅仍然较小。

2.投资需求

河南省资本形成总额呈现出单调上升的趋势。1978年河南省资本形成总额为52.49亿元，2017年达到31 047.72亿元，39年间增加了30 995.23亿元，平均每年增加794.75亿元，增长了590.50倍。

3.进出口需求

河南省的进出口总额在1978—2017年都保持上升的趋势，进出口总额从1.98亿元增加到5 232.79亿元，增加了5 230.80亿元，年均增长134.12亿元，增长了2 626.05倍。

(二)供给侧高质量发展的问题探析

1. 要素升级

首先,从劳动力的数量上来看,1978—2017 年间河南省从业人员呈现了持续增加的趋势,共计增加了 3 959.86 万人,增长了 1.41 倍,但是从增长速度上看,2000 年之前明显强于 2000 年之后,尤其是到 2011 年达到增速的阶段性高点之后,呈现了增速持续下滑的态势,2017 年的增速仅剩下 0.6%,已非常接近于零。这说明,从数量上追求河南省劳动力投入的增加已经难以再现,河南省的数量型劳动力红利已经消失殆尽,需要从质量上挖掘河南省的人才资源潜力和红利。

2. 结构优化

首先,从广义的产业结构来分析,测度产业结构优化的程度可以从产业结构高级化和产业结构合理化两个层面来看,基本可以分为三个阶段:①1978—1998 年,基本呈现的是产业结构高级化和合理化的内在一致性,即产业结构高级化的同时也是产业结构合理化的过程;②1998—2008 年,呈现出产业结构偏离度保持基本稳定;③2008—2017 年,呈现出产业结构不断合理化的同时,产业结构的高级化程度不断提升,产业结构优化升级趋势明显。其次,区域结构优化包含城镇化以及区域经济一体化等,河南省城镇化率从 1978 年的 13.63%增加到 2017 年的 50.16%,呈现整体上升的趋势,增加比例也较大,但该水平和全国相比仍然较低。最后,收入分配结构优化主要从收入在政府、企业和居民之间的分配进行研究。从收入分配的资金流量表来看,2005—2017 年,政府部门、非金融部门和金融部门在 GDP 中的占比是上升的,只有居民部门的占比是下降的,在一定程度上体现了不同所有制经济的发展差异。

3. 制度优化

市场化程度可以认为是当前各地制度变革及其优化程度的重要标准,是从政府和市场关系、非国有经济发展程度、产品市场的发育程度、要素市场的发育程度、市场中介组织发育和法律制度环境五个方面综合所得到的市场化指数。河南省的市场化水平在不断提升,但从截面对比来看,河南省的市场化水平排序一直在 12 名左右,仍有较大的上升空间。

三、河南省实现高质量发展的动力转换分析

(一)高质量发展的必然性与内涵

从投入角度看,由于数量型增长处于经济增长的早期阶段,此时各种生产要素的投入都极其匮乏,从而大部分生产要素都处于生产的边际报酬递增阶段。但是,边际报酬递增需要持续的技术进步予以支撑,如果技术进步速度不够快,那么边际报酬递减阶段的来临将成为必然趋势,此时也就进入了高质量发展阶段,所以高质量发展阶段的要素投入或类型是多元的,只要能够实现原有要素生产效率的提升,都可以被纳入高质量发展所需要的生产要素。

从产出角度看,一般来讲,数量型增长更加强调国内生产总值的增加,目标较为单一,而高质量发展所涵盖的内容则更加广泛,因此目标产出也更加多样化。高质量发展就需要在数量型增长基础上,生产出更多产品以满足人类日益多元化的需求,或者是以更加有效的方式生产和分配所需要的各种产品。

(二)高质量发展的逻辑体系及动力转换方向

从研究方法来看,经济学大都是研究在既定约束条件下,如何实现目标最优化的问题,所以,经济学视角下高质量发展的逻辑体系需要从目标和约束两个层面分析。

对于目标来说,高质量无疑是当前经济发展的终极目标,但这一目标是战略层面的考量,属于宏观目标。从微观层面看,就是要素禀赋的不断优化,同时也是着力点。从中观层面来看,产业的优化是高质量发展得以实现的支撑。从产业发展的组合来看,需要从合理化、高级化以及多元化三个方面对产业结构进行调整,即产业合理化、产业高级化以及产业多元化。

对于约束条件来说,一方面,高质量发展强调经济增长的可持续性;另一方面,经济发展是一个区域性的问题,即如何在有限空间内实现最大的产出效率。生态环境和空间利用就成为高质量发展所必须面对的两个约束。

将上述不同视角下的目标与约束条件进行整合后,可以总结出四个关键词,即要素、产业、空间和生态。河南省的高质量发展应当结合该逻辑架构,从要素、产业、空间和生态四个方面的发展现状进行挖掘,并提出基于这四个维度的新动力培育路径。

(三)河南省实现高质量发展的新动力培育

1. 要素新动力

提升既有要素品质,充分挖掘并拓展新要素的使用空间。无论是数量型增长还是高质量发展,生产要素的投入无疑是最根本的因素。

从劳动力规模上看,根据国家统计局公布的结果显示,虽然2019年河南省拥有9 640万人口,仅次于广东和山东两省,但是,老年人口和儿童的比例过高,河南省高素质劳动力极其匮乏。因此,提升既有生产要素的品质,尤其是劳动力的素质是促进河南实现高质量发展的根本。

另外,第四次科技革命的到来催生了很多新的要素,其中,以信息技术和互联网技术为代表的数字经济最为典型,数字不仅仅成为一种独立的生产要素,而且在提升经济效率,促进经济高质量发展上发挥的作用越来越重要。但是,这一新的要素在河南省的普及率却非常低,从而所产生的贡献也极为有限。另外,全省2018年软件业务收入为336.43亿元,全国排名第17名,而排名第一的广东省软件业务收入达到10 687.43亿元,是河南的30多倍。虽然关于河南"互联网+"的提法很多,包括"互联网+农业""互联网+制造业"等,但从现实来看,数字这一新的要素并未在河南的经济发展中发挥出应有的贡献,应当加大河南省数字经济的普及和发展强度。

2. 产业新动力

优化产业结构的同时还要通过产业链的延伸来提升经济发展质量。产业的不断转型升级是提升经济发展质量,实现高质量发展的关键。产业优化视角下的高质量发展路径主要包含两条:①基于结构视角的产业优化;②基于价值链视角的产业链延伸。

对基于结构视角的产业优化来说,产业结构高级化的内涵即产业结构高级化是在前次产业高质量、高效率的基础上形成的。服务业产值和就业比重的加大,必须以实体产业的优质高效为基础。另外,除了向产业结构高级化转变,各细分产业内部及其之间的配比也变得非常重要,传统的产业优化理论重点关注三次产业之间的次序更迭,而发展到工业化后期以及后工业时期以后,关于制造业升级以及生产性服务业和制造业配比的作用则成为提升经济发展质量的关键。从河南省的现状来看,无论在哪个层面都不具备优势。从另一个视角看,这也正是河南省实现高质量发展的重要路径。

从基于价值链视角的产业链延伸来看,根据微笑曲线可以得出,只有处于产业链两段时,企业所能获得的价值才更大,反之仅重视简单的粗加工环节所能获取的生产价值是很少的,并且效率也较为低下。从现状来看,河南省最重要的一个支柱产业是食品行业，农产品加工业的营业收入占全国的十分之一。根据河南省人民政府下发的《河南省绿色食品业转型升级行动方案（2017—2020年）》可以发现，农产品加工业中规模以下企业数量占85%，这些中小型企业也大都处于产业价值链低端的领域，它们对产品的精深加工占比极低，仅占全部加工产业的20%。由此可见，河南省在产业链延伸上也存在着较大的优化空间。

3.空间新动力

以经济集聚度的提升促使空间布局的优化。经济集聚水平的提升是规模报酬递增并产生集聚经济的一个重要来源，同时也是区域经济高质量发展的重要基础。提升经济集聚程度会带来生产效率的提升，进而提升经济发展质量。国家批准了《中原城市群发展规划》，并批复郑州建设国家中心城市，其目的就是以郑州为集聚中心，依托郑州便利的交通运输条件，并通过郑汴洛一体化以及中原城市群的建设来辐射和带动河南以及中西部地区经济发展水平的提升。同时，通过城市群的建设也能够推动不同等级城市在集聚水平以及分工上的优化来提升经济发展质量。但从现实来看，河南省的经济集聚程度并不够高，并且地级市之间也并未呈现因城市等级差异而带来的集聚程度差异。

人均GDP和地均GDP是衡量一个地区经济集聚程度比较常用的两个指标，但河南省地级市之间人均GDP和地均GDP的差异并不大。这说明河南省经济集聚程度较为分散，并且从地均GDP来看，集聚程度更弱，换句话说就是河南经济的空间布局不够合理。但是从地均GDP来看，最高的城市是周口，达到35.96亿元/平方千米，而省会城市郑州仅有19.98亿/平方千米，排名仅为第14位，和第一名差距极大。说明河南省在经济发展的空间优化上仍存在较大差距，同时也就成为河南实现高质量发展的一条重要路径。

4.生态新动力

加大生态环境保护并使绿色产业成为高质量发展的方向。环境与经济协调发展是实现社会可持续的重要保障，同时也是提升人民生活质量的重点。我们应该从高层次消费品的视角充分挖掘生态环境的经济价值，并以此来推动河南省绿色产业的发展，使其成为河南实现高质量发展的新动力。

通过加大生态环境保护并大力发展绿色产业来实现高质量发展的路径主要可以基于生产和生活两个方面来分析。从生产角度看，高质量发展的一个关键是各地区要充分利用各种生产要素，重点是要利用好以往未被纳入企业成本考量的生态环境要素，因此高质量发展的一个必然结果就是会增加企业的生产成本，但这种成本的增加还会催生出有更大需求的绿色技术市场，并产生更加强劲的经济增长动力。从生活角度来看，消费升级已经成为我国经济发展中的普遍现象，休闲、旅游和娱乐产业是消费升级的标志性产业之一,而这类产业的一个突出特点就是其“亲自然”性,即生态环境越好的地区,该类产业将会越有发展潜力,并进而成为地区经济发展的重要动力。

事实上,河南省也正在加大对生态环境的重视力度,2017 年河南省万元 GDP 能耗下降幅度为全国第一,达到-7.9%,并且在《河南省 2018 年节能低碳发展工作要点》中又把全省单位 GDP 能耗下降目标确定为 5% 左右。河南省从工业、建筑业、交通业等多个产业都提出了大量降耗节能的具体举措和方向。从生态旅游来看,河南省对此也提出了发展方向,到 2020 年力争创建 10 个国家级生态旅游示范区;全省建成 400 个乡村旅游特色村,推出 200 个乡村旅游精品民宿,打造 30 个乡村旅游创客示范基地,乡村旅游年接待游客达到 3 亿人次。基于保护生态环境的这一系列举措一定能够成为河南省实现高质量发展的新动力和重要路径。

参考文献

[1]魏杰,刘丽娜,马云霞,等. 黄河中下游河南省高质量发展与生态环境耦合协调度时空格局研究[J]. 河南师范大学学报(自然科学版),2022,50(2):48-57.

[2]曾迎霄. 河南省民营畜牧企业高质量发展研究:基于乡村振兴背景[J]. 农业经济,2022(5):31-33.

[3]李斌. 数字经济推动河南省经济高质量发展机制研究[J]. 焦作大学学报,2023,37(1):61-65.

[4]杨传喜.“后扶贫时代”以乡村振兴为导向的河南省信阳市乡村旅游高质量发展研究[J]. 西部旅游,2023(6):60-62.

[5]于善甫. 河南省应对人口变动推动经济高质量发展路径研究[J]. 当代经济,2023,40(5):75-84.

[6]白金明. 河南省高校众创空间高质量发展路径研究[J]. 职业,2022(18):26-29.

[7]李斌. 中西部地区创新要素与产业要素融合模式与路径研究[J]. 创新科技,2019,19(5):9-15.

基于横纵技术溢出的创新联合体合作研发生态建设*

周 岩 赵希男 冯 超

摘要：

基于创新联合体结构特征，构建多寡头三阶段研发博弈模型分析纵向技术溢出无协同决策、横纵技术溢出无协同决策、横纵技术溢出有协同决策三种合作研发策略。结果表明，提高纵向技术溢出程度，是创新联合体改善中小企业研发绩效，以及领军企业均衡利润的基础手段。增加横纵双向技术溢出，能够进一步提高中小企业研发绩效和领军企业利润水平。对于需求价格弹性较大行业，横纵技术溢出有协同决策研发策略则可以提高创新联合体的整体利润。

一、创新联合体研发生态背景

企业主导产学研合作从事研发创新活动，是世界各国促进技术创新及推动科学进步的常用手段。进入 21 世纪以来，全球已经出现新一轮科技革命和产业变革，科技创新对经济社会高质量发展的基础性贡献更加凸显。我国正处于科技强国建设的跨越性转折当口，为了实现"从 0 到 1"原始创新与"从 1 到 100"的应用创新的贯通融合，《中共中央关于制定国民经济和社会发展第十四个五年规划和二〇三五年远景目标的建议》（下称《建议》）明确提出推进产学研深度融合，支持企业牵头组建创新联合体，承担国家重大科技项目。2020 年 12 月中央经济工作会议再次强调，要发挥企业在科技创新中的主体作

---

* 项目介绍：河南省软科学研究计划项目（编号：212400410121）。作者简介：周岩，男，河南洛阳人，博士，洛阳理工学院经济与管理学院副教授，研究方向为技术创新管理；赵希男，男，上海人，东北大学工商管理学院教授，博士研究生导师，研究方向为创新战略管理；冯超，女，河南南阳人，博士，洛阳理工学院经济与管理学院教授，研究方向为高新技术产业。本文原载《科技管理研究》2021 年第 17 期第 41 卷，原题为《基于横纵技术溢出的创新联合体合作研发博弈分析》。

用,支持领军企业组建创新联合体,带动中小企业创新活动。目前,甘肃、江苏等省先后出台创新联合体的运行管理政策,浙江、陕西分别提出2021年内组建10个和30个创新联合体。创新联合体作为"十四五"时期及面向2035年的重大创新举措,不仅成为中央和地方突破关键核心技术领域"卡脖子"问题的关键抓手,也是我国科技实力加速从量的积累迈向质的飞跃、从点的突破迈向系统能力提升的基本保障。

《建议》明确提出创新联合体建设发展由领军企业引领支撑,中小微企业积极参与,学研用金各方积极支持,在集中力量突破关键共性技术过程中系统提升企业技术创新能力,强化企业技术创新主体地位。领军企业作为创新联合体的核心支撑,虽然目前在学术界尚无明确界定,但有研究指出,领军企业掌握产业同期的先导技术,处于产业创新生态系统的中心,是引领产业技术进步与实现关键核心技术突破的主体。由此可见,创新联合体是以领军企业和中小企业的共同利益为纽带,经由双方研发合作与经营合作协同发力的体系化、任务型研发联盟的组织创新。有学者指出,创新联合体成功的关键在于解决之前产学研合作中遇到的责任归属含糊、联合研发松散、权益分享不清等机制瓶颈问题。因此,针对创新联合体的合作研发策略和利益分享机制进行研究,不仅可以满足我国当前科技创新的决策需要,而且是一个颇具挑战性的理论与实践课题。迄今为止,国内外关于创新联合体研究的文献尚不多见,相关研究主要集中在研发联盟与合作研发两个方面。

二、基于西方实践的国内外学者理论研究

20世纪70—80年代,日本和美国先后组织实施了超大规模集成电路(VLSI)计划、半导体制造技术战略联盟(Sematech)。Bozeman等研究发现研发联盟至少包含一个工业企业和一个其他组织,才能成为一种有效的创新载体并取得经济效益。D'Aspremont等构建两阶段双寡头博弈模型,分析发现技术溢出效应可以为研究联合体的合作创新带来更大的技术进步。Kamien等认为研发联盟选择研发策略通常是由三阶段博弈实现的,其中第一阶段选择研发方式,第二阶段和第三阶段选择研发预算和产出水平。Müller等基于知识溢出与企业间技术接近程度正相关的假设条件,研究发现企业的合作强度取决于研究活动的协调度和知识交流的程度。Howell针对跨国研发联盟研究发现,知识溢出通过企业租金导致相互竞争,从而导致本国企业相对于同行或丧失价格优势或降低了质量。国内学者杨仕辉通过研发合作的博弈模型的比较分析,提出了支持研发联盟的政策建议。熊麟等探讨了研发联盟的资本投入博弈问题,认为收益分配方式对联盟成员研发投入决策的影响大于联盟结构组成形式的影响,当联盟成员拥有更多的互补资源时,联盟

的总研发投入量更多。马宗国等通过调研发现,成员之间的机会主义行为、沟通不畅、意见分歧等问题是导致研发联盟失败的主要原因。

针对企业合作研发的策略机制问题,张娟等提出了纵向供应链中一个供应商和一个制造商进行新产品合作研发的博弈模型,并采用 Rubinstein 讨价还价模型来分析政府对上游垄断企业的 R&D(科学研究与试验发展)补贴策略。鲁馨蔓等基于云服务供应链上、下游企业在 R&D 具有纵向溢出效应情形,构建微分博弈模型分析上、下游企业在产量和 R&D 完全合作时的利润分配机制。魏守道针对碳交易政策背景下的供应链减排研发问题,构建了在 3 种不同的博弈关系下,政府对一个制造商和一个供应商合作研发投入进行补贴的博弈模型。而在横向研发竞合策略方面,D'Aspremont 等建立了存在 R&D 溢出的两阶段双寡头(AJ)博弈模型,奠定了不完全竞争市场结构下 R&D 合作的研究基础。Omrani 等将 AJ 模型推广到多寡头市场模型。Agbo 等研究了不同国家的两家企业进行 R&D 竞争时的政府补贴政策。Baglieri 等对合作研发联盟进行了分析。赵骅等针对政府对国内双寡头企业的最优研发补贴问题,根据双寡头在研发阶段和生产阶段是否合作,给出了完全不合作、半合作和完全合作 3 种情况下政府的最优研发补贴率。

综上所述,国内外研究表明研发联盟是企业合作研发的有效组织模式,而且技术溢出、研发补贴及协同决策是合作研发的主要形式。但上述研究多是围绕双寡头联盟的合作研发进行博弈分析,对于多寡头联盟的合作研发研究则相对较少,能够体现创新联合体中领军企业与中小企业合作研发关系的博弈分析框架更是鲜见。

因此,建立由一个领军企业和两个中小企业构成的创新联合体研发博弈模型,分析基于不同技术溢出和协同决策的合作研发策略下的决策均衡解,据此可为我国创新联合体的组建管理提供相关借鉴。

三、对策建议

面对国家创新驱动发展战略与高质量发展要求,支持领军企业引领中小企业组建创新联合体,已经正式成为我国"十四五"时期及面向 2035 年的重大创新举措,这在当前具有十分重要的理论意义和实践价值。如何分析理解创新联合体的合作模式及研发策略,已经成为各级科技管理和产业规划部门制定配套政策的紧迫任务。研究发现,在创新联合体缺乏横向技术溢出及协同研发决策的情形下,提高纵向技术溢出可以促进领军企业增加研发补贴,帮助中小企业改善研发绩效,并增加创新联合体企业的整体利润。在需求价格弹性偏大或偏小的行业中,创新联合体具有横纵双向技术溢出的情形下,领军企业可以获得更高均衡利润,中小企业的研发绩效水平也得以提高。基于横纵双向技术溢出的协同研发决策，虽然不改变中小企业研发绩效水平与领军企业最终产品销量的影响机制，但有助于提高需求价格弹性较大行业中创新联合体的整体利润。

据此，我们认为，在加强创新联合体企业发展与改善政府科技管理上具有以下政策意蕴：

(1)领军企业应重点推动从纵向技术溢出到横纵双向技术溢出，直至实施协同研发决策，并将提高研发补贴率作为辅助措施，逐步帮助中小企业改善研发绩效、提高自身产品销量并增加企业整体利润，最终推动创新联合体良性发展。

(2)中小企业在向领军企业提供中间产品，并接受其提供的研发补贴时，一方面应当通过提升研发效率实现更高研发绩效，以此促进领军企业提高研发补贴率和中间产品价格；另一方面应当积极推动横向技术溢出及研发协同决策，以此增加最终产品市场销量并实现整体利润最大化。

(3)政府科技管理部门应当根据行业特点采取不同管理政策，特别是在需求价格弹性较大的行业中，可以通过鼓励横纵双向技术溢出与协同研发决策，更好实现基于整体利润最大化的创新联合体可持续发展。

参考文献

[1]张娟，王子玥，余菲菲. 纵向供应链中新产品技术创新模式选择[J]. 管理学报，2020，17(11)：1697-1705.

[2]鲁馨蔓，李艳霞，王君，等. 云服务供应链技术创新与动态定价的微分博弈分析[J]. 运筹与管理，2020，29(6)：49-57.

[3]魏守道. 碳交易政策下供应链减排研发的微分博弈研究[J]. 管理学报，2018，15(5)：782-790.

[4]张洁，何代欣，安立仁，等. 领先企业开放式双元创新与制度多重性：基于华为和 IBM 的案例研究[J]. 中国工业经济，2018(12)：170-188.

基于生态共生的河南省科技与金融深度融合模式创新研究*

谷留锋

摘要：

科技与金融的相互融合形成了经济高质量发展的现实动力。近年来，河南省也积极采取各种措施扩大科创企业的金融供给，创新金融产品和服务，探索不同的科技金融融合的途径和方法，以期提高科技金融结合效率。目前河南省服务科技企业的金融服务体系已经逐步完善，创新金融产品更加丰富，科技企业的财务柔性更强，科技金融环境逐步改善。但从郑州市作为国家科技金融结合城市的试点情况和河南省首批6个试点城市以及各地市调研的实际情况看，河南省科技金融结合效率还有很大的提升空间，还存在政策和产品落地效果差、科技金融产出效率低、地方财政资金薄弱、科技与金融结合手段比较单一等问题，这些问题严重影响了科技金融工作的有效开展，也严重制约了河南省产业转型升级和高质量发展的进程。

一、河南省金融业与高科技产业共生模式分析

（一）河南科技创新发展现状

（1）科技创新已经逐步成为经济增长的重要引擎，全国各个地区都在采取不同的措施来促进产业升级、技术创新和创新企业的培育和发展。河南省积极落实国家及省级各

* 项目介绍：河南省软科学研究计划项目（编号：192400410107）。作者简介：谷留锋，男，河南许昌人，博士，河南财经政法大学金融学院讲师，研究方向为科技金融、创业金融和小微金融。本文为内部资料。

项政策和管理办法①,极大地降低了创新的门槛,激发了创新的活力,加大了政府对创新的投入,创新环境不断改善,政策效果逐步显现。

(2)河南省在现代信息技术领域、新能源新材料领域、生物医药领域、资源合理利用和环境技术领域等都取得了长足的进步,涌现了大量的科创企业和上市公司,如中航光电、轴研科技、华兰生物、安图生物、普莱柯、智度股份、新开源、易成新能、天迈科技等。

(3)2016—2018 年河南省研发经费数量和投入比例逐年增长,分别为 494.2 亿元、582.1 亿元、671.5 亿元和 1.23%、1.29%、1.4%。科技型中小企业数量逐年增加,2019 年全国科技型中小企业登记入库数为 151 079 家,河南省登记入库数为 8 500 家,排名第五且与排名第三、第四的四川和深圳数量差距微弱。

(4)2014—2018 年河南省专利申请受理项分别为 62 434 项、74 373 项、94 669 项、119 243 项、154 381 项,同年河南省发明专利授权项分别为 33 366 项、47 766 项、49 145 项、55 407 项、82 318 项。除此之外,河南省在 2018 年还获得 331 项省级科技进步奖、16 项国家科学技术奖,科研团队也在逐步壮大,创新能力进一步增强。

(二)河南科技创新发展存在的问题

目前河南省科技投入、科技型企业发展、专利授权、创新人才培养和引进等方面都在中部地区位于前列,但相对于沿海地区及创新活跃地区,河南还有很多工作要做。

(1)就金融服务科技企业而言,目前河南省金融机构服务体系已经实现全覆盖,金融业增加值占 GDP 的比重已经超过 5%,规模已经没有问题。现在的突出问题仍然是提高效率,而且中小企业的融资成本高企和融资可得性比较差等问题还没有从根本上解决。

(2)针对创新型中小企业全生命周期的融资渠道和融资工具还不够丰富、科技与金融结合的效率还比较低、融资环境还不够友善和宽容、科技金融服务生态系统还没有有效地建立起来和发挥作用。

(3)河南省科技小企业虽然数量众多但多数规模较小,特别是缺少能够引领新兴产业发展、在国内有影响力的龙头企业,创新带动作用不强。同时科技企业省内区域分布和行业分布都不均衡,产业集群示范效应和溢出效应比较差,协同创新能力和科技成果

① 2016 年 5 月《国家创新驱动发展战略纲要》,2016 年 8 月 25 日省委省政府发布了详细的操作细则和实施意见;2017 年 12 月 21 日河南省财政厅、科技厅印发《河南省企业技术创新省级引导专项资金管理办法》;2018 年 8 月 9 日河南省财政厅制定了《河南省省级科技创新体系(平台)建设专项资金管理办法》;2018 年 10 月 31 日河南省科技厅、发改委等七部门联合发布《高新技术企业倍增计划实施方案》;2018 年 12 月 16 日省科技厅《河南省星创天地建设实施细则》;2019 年 3 月 4 日《河南省科技企业孵化器管理办法》的修订和实施。

转化能力都相对较低。

（三）共生模式现状分析及建议

通过分析可以看出，河南省金融业和高科技产业处于非对称互惠共生发展阶段，目前朝着对称互惠共生阶段发展，但不同地区情况有所差别，因而在制定产业政策时应结合各地区的实际情况，充分发挥各个地区的主动性和灵活性。

（1）河南省相关部门在制定和完善科技与金融结合政策时要因地制宜，综合考虑实地情况，不能一概而论。不同地市的科技金融共生度、发展阶段和变化趋势都不尽相同，有些地区金融业相对发达，有些地区高科技产业相对发达，要根据实际情况补齐短板，促进金融与高科技产业的共生发展。

（2）不同地市要发挥自己比较优势，如郑州市作为国家级中心城市，要充分发挥金融业对高科技产业的引领和辐射作用，增加辐射面和服务面，争取发展成为中部甚至西部地区的金融中心和创新中心，并由此吸引全国高科技企业的扎根落户；洛阳市有良好的工业基础，以及国家级高新区、自贸区的政策优势，要采用先行先试的方法做大做强制造业，着力发展新兴产业，并对传统产业进行升级改造，政府要加大对高科技龙头企业的支持力度，并采取全方位的措施引资引智，以金融业的发展促进高科技产业的壮大，实现金融与高科技产业的良性互动。

（3）充分发挥中心城市的辐射效应和溢出效应，例如开封市、许昌市、焦作市等可以充分利用“郑汴一体化”“郑许一体化”“郑焦一体化”政策便利，取长补短，培养新的增长极，实现中原城市群的协同发展。

（4）金融业和高科技产业的结合，影响两个产业共生度的要素还有很多，譬如产学研相结合、要素市场发展、对外开放度的提高，以及宽松的政商环境等，只有这些影响共生度的其他要素协同发展，才能使共生系统更加稳健，使金融业和高科技产业向对称互惠共生方向发展。

二、河南省金融业与高科技产业种群协同演化实证分析

（一）协同演化实证结论

金融业种群和高科技产业种群的关系符合种群演化规律。目前全国各地都在大力发展金融产业，各个中心城市也希冀成为区域金融中心，寄望金融业的资金聚集作用来带动产业的发展。一方面，如果金融业的快速发展没有带动高科技产业的相应增长，甚

至金融业的高利润和资本运作吸引实体企业不务正业,这就是经济脱实向虚或过度金融化,这样的话金融业和高科技产业之间就不是相互促进的关系,而是竞争的关系;另一方面,如果金融业的合理发展能够使高科技企业得到更好的金融服务,促进高科技产业种群创建率的增加,那么金融业和高科技产业之间就是协同演化和互利共生的关系;再者,如果高科技产业种群与金融业种群在演化过程中一方会受益,其创建率增加,而另一方则不受影响,此时高科技产业种群与金融业种群存在显著的偏利演化关系。

基于组织生态学相关理论,对河南省高科技产业种群和金融业种群的演化过程进行理论假设①和实证检验。实证结果表明:河南省高科技产业种群与金融业种群存在较好的关联性与同步性,目前河南省高科技产业种群和金融业种群生态系统中合法化行为占据主要位置,且两类产业种群主要处于互利共生阶段,且协同效应大于传染效应。

(二)协同演化政策启示

近年来,河南优先发展金融服务业,希冀把郑州市打造成区域性国际金融中心,全国性商业银行都在郑州市设立了独立的分支机构,金融机构的门类也比较齐全,河南省正在向金融强省迈进,这有利于高科技创新产业的资金支持,有利于河南省经济增长方式的转变,但从模型可以看出,传染效应②差说明了两者之间基于经济内在联系的自发的关联还比较弱,金融机构的设立更多是政策召唤而不是产业吸引,因此,本课题提出以下政策建议。

(1)创新金融服务方式,提高金融服务科技企业的针对性和体验感,真正建立金融机构和科技企业鱼水关系。金融企业除了解决科创企业资金短缺外,更应着力提高科创企业特别是中小型企业的财务柔性。另外,金融企业应该发挥自己的行业专长,帮助科技企业定制财务治理方案、投融资计划以及其他方面的财务咨询,真正提高金融企业服务于高科技企业的能力和水平。

(2)采取各种措施保障科技金融产品真正落地。从统计数据和实际调研看,河南省为促进科技金融结合发布了很多政策措施,地方政府联合金融机构创新了很多金融产品,但这些产品真正能落地的并不多,能够真正成为科技型中小企业主要融资方式的更是屈指可数。政策效果差,结合效率低,可以说是目前河南省科技金融工作的真实写照。

---

① 假设1:金融业种群和高科技产业种群存在显著的关联关系;假设2:高科技产业种群的创建率随着金融业种群密度的增加而增加;假设3:高科技产业种群的密度随着金融业种群密度的增加而增加。

② 传染效应:依据传染病模型,金融业在决定是否进入高科技产业种群时会受到高科技产业种群中企业行为而不是自身行为的影响。

从金融机构、地方政府和企业调研的情况看，造成这样状况的主要原因有：①融资环境还需进一步改善，政府应把打造诚信河南、信用河南的名片作为下一步工作的重点；②改善政策性基金的运作效率和运作体制，切实提高项目发现、项目筛选、项目服务的能力，可以考虑引进外资股东改善投资和管理效率；③市场化基金可落地的优质项目比较少；④商业银行还未得到足够重视，还没有把科创工作特别是科创型中小企业的扶持作为工作的中心和重点。

（3）加大对研发的支持力度，采取各种措施促进科技成果商业化，加大项目培育力度，着力扶持优质项目。科创企业应着力提高产品质量和服务质量，改善内部治理，树立正面、守信的市场形象，逐步提升金融机构对高科技产业和企业的认可度和美誉度。一方面，要实现双方对称互惠共生，双方要有共同的价值方向，金融业能够对高科技企业提供实实在在的金融服务，并解决高科技企业发展过程中出现的其他问题。另一方面，高科技企业也能够通过自身的成长对金融机构带来价值增值，只有双方真正地能够为对方创造价值，才能实现互惠互利，双方的关系才会更加稳固，合作才会更加深入。另外，高科技企业要加强自身的信息披露和沟通，帮助金融机构了解自己所处的行业环境、自身的发展潜力和存在的不足，以降低合作过程的信息不对称，增强金融机构的信心。

（4）完善河南省各个地市高科技企业功能分区。一方面，要发挥财政资金在支持高科技企业发展过程中的引导作用。全省不同地市要优先发展有比较优势的高科技产业并形成集群效应，政府针对有特色和发展潜力的高科技产业集群制定有针对性的融资优惠政策，并集中解决集群发展中存在的问题；另一方面，不同产业集群供应链的特点不同，融资需求也不同，风险点也不尽相同，通过高科技企业的不同功能分区，金融机构既可以有针对性地对结合产业链的特点量身定做金融产品和服务，也提高了融资的有效性，降低了融资风险。再者，不同的产业经济区和产业经济带划分，既可以提高资源的积聚效应，也更有利于金融支持高科技产业的融资工具和融资政策真正落地生根和枝繁叶茂。

三、河南省科技金融服务平台生态系统的构建逻辑

经过 20 多年的发展，河南省科技金融服务体系已经从过去的银行信贷、资本市场、风险投资到目前科技金融综合服务体系的发展阶段，这符合科技金融服务体系的发展规律，也符合创新过程复杂性的本质，河南省金融对科技的支持力度不断提升、科技金融效率也不断提高。

但是，目前和国内其他地区一样，河南省科技金融服务平台普遍存在自上而下制度

建构的痕迹,目前省科技金融平台的主导主要是政府部门,如科技厅、金融办等,科技金融平台缺乏明确的协同规则和清晰的商业模式,平台主体之间的协同效应并没有充分发挥,平台的数据沉淀能力和数据处理能力普遍较弱,针对科技型中小企业的产品过于单一,组合型和定制型产品几乎缺乏。

究其原因,还是对创新的复杂性认识不足,对科技金融综合服务平台的本质[①]缺乏深刻和全面的认识。

(一)科技金融服务平台的系统联结作用

创新从来都是不同创新要素相互作用、相互协调的过程,创新型企业、面向未来的基础教育、富于冒险的企业家精神、研究与开发经费的支持、产学研的密切合作、富有效率的风险投资体系、知识产权交易市场、鼓励创新容忍失败的创新环境、完善的制度和法律环境等。这些创新要素可能分属商业生态系统和知识生态系统,在知识生态系统中活跃的要素未必适应商业生态系统,这样就需要在两个系统之间搭建合作和沟通的桥梁(图1)。

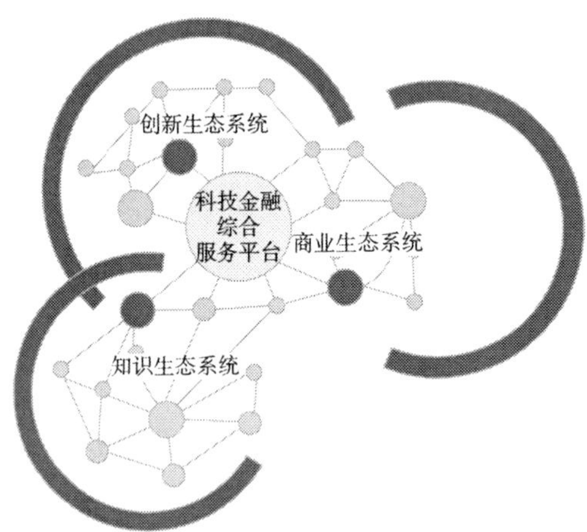

图1 科技金融平台在系统联结中的作用

---

① 平台及平台生态系统:生态系统之间的竞争将是未来企业间主要的竞争形式,平台生态系统是以平台为媒介的商业生态系统,是商业生态系统创新的体现,是在网络外部性作用下共生演化的产物,如苹果、谷歌、阿里等科技巨头既是一个平台公司,也是一个生态系统。平台突破了企业之间原有线性交易的逻辑,为平台成员提供了一个多样化合作的渠道,如在苹果生态系统中,各个系统参与者分工非常细致,在自己的细分领域效率非常高,消费者和厂商获益都非常大,充分体现了分工和资源聚合所带来的强大生命力。平台实质上是一个多边市场,其核心竞争力是网络效应(GawerA,2014)。实践中,平台已经成为最为重要的产业组织之一。理论上,平台和双边市场也成为近年来学术界共同关注的热点话题。在政策层面,围绕着"互联网+"的不同的平台载体也越来越受到政策制定者的关注。

商业生态系统是不同的组织和个人等异质性商业有机体之间及其与外部环境之间相互作用形成的共生、互生和再生的系统网络，商业生态系统通过核心企业联结，核心企业对系统的发展演化的方向发挥着重要的作用。知识生态系统是由知识资源、知识服务、知识创新相互影响相互作用形成的动态开放的系统网络，由知识网络、人际网络、技术网络组成。

商业生态系统和知识生态系统有不同的运行逻辑①，同一系统成员也可能在不同的系统中扮演不同的角色。我们需要商业生态系统和知识生态系统能够有机地联结（科技成果有效转化），系统联结的通道越多，交互区域越大，沟通界面越活跃，创新则越容易产生。在生态系统的相互作用中，核心企业、系统活跃成员以及平台都可能是系统交互的实现者和促进者。

（二）科技金融服务平台特征

（1）系统成员的异质性和互惠性。科技金融服务平台的参与者不但有各种类别的创新型企业，如研发机构、高等院校，还有不同类型的金融机构、市场中介机构、政府机构等。这些不同的组织和个人相互合作的基础是互惠共生，互惠性不但体现在价值创造、价值增值的过程，也体现在价值分配、风险承担的过程。如果系统各个要素不是对称互惠共生的关系，则有些系统成员就会退出系统，从而系统就不是完全的和稳健的。

（2）系统的交叉网络外部性。多边市场的典型特征和内在动力是其网络外部性。各类创新主体作为科技金融服务平台的需求方，它们参与平台的主要目的是平台能否提供多样化的、定制的金融产品和服务，各类金融机构参与平台的动力在于平台是否积累了大量的、高质量的、异质性的创新企业，只有双方的参与者积累到相当的数量，达到一定的临界点，多边市场的网络外部性才有可能显现，否则，系统就会逐步萎缩和消亡。

（3）科技金融平台定价结构的非中性。多边市场的定价结构和传统市场最大的区别是价格结构而不是价格水平。很多平台都是采用对一方免费或补贴的方式来扩大网络规模。科技金融服务平台是一个市场化运作的平台，在成立初期，政府应积极发挥资金

---

① 商业生态系统的目标是为客户创造价值，一般大型企业集团为系统的核心。知识生态系统主要是探索知识、创造知识、传播知识，大型的研究机构和高等院校往往是系统的中心。创新生态系统的形成和创新效率的提高关键是知识生态系统和商业生态系统共生界面是否有效，政府、中介机构、风险投资都可能是系统活跃成员。科技金融服务平台如果要有效发挥系统联结、信息交流、成员交易、服务支持等作用，它须是内嵌于商业生态系统和知识生态系统之中的，是开放的、异质的和互惠的。如硅谷之所以能够成为美国乃至全球创新的典范，最重要的是有发达的有弹性的风险投资网络充当了系统联结的作用，风险投资的高风险承担、项目筛选机制、信息审查机制、企业培育机制、投资回报机制使其有效地发挥了商业生态系统和知识生态系统联结的作用，有效地促进了知识的商业化和创新。

的引导作用和认证作用,解决科技型中小企业融资过程风险和收益不匹配的问题,为了更有效地发挥价格机制对创新的促进效应,政府对科技金融服务平台的扶持和补贴应该采用非中性的定价方式,采取的方法可以是对科创企业补贴,也可以对金融机构补贴,可以对研发过程补贴,也可以对产品补贴,不同的补贴对象和补贴方式对双方带来的影响和社会福利效果也不尽相同。

(4)科技金融平台的正反馈效应。健康运行的平台生态系统是一个物种多样化的系统,这不仅体现在异质性系统成员的不断增加,更体现在以平台为基础的产品和服务更加多样化和丰富化的过程,这就是平台的正反馈效应。随着金融科技的商业化不断成熟,平台的智能化和精准化程度也大大提高,极大地降低了金融机构对中小企业的放款成本和放款风险,也使得中小企业资金可获得性、资金柔性和普惠性大大提高,这反过来会产生极大的正反馈效应,使中小企业参与平台的积极性、遵守规则的自觉性大大提高,从而带动除投融资之外的产品交易、技术交易、技术咨询等相关业务的活跃。

四、河南省科技金融服务平台生态化发展逻辑

(一)河南省科技金融服务平台建设的现状及存在的问题

(1)目前平台实质上是一个展示平台,平台自身还缺乏科技金融产品研发能力和资源聚合能力,上面展示的产品多是金融机构提供的标准化产品,很难满足多方金融机构分担风险的需求和科技企业个性化、全周期的融资需求。

(2)平台的数据处理能力还相对较弱,数据处理能力较弱的根本原因是数据入口还不够广泛,不能根据平台沉淀的大数据形成有价值的企业信用信息。

(3)数据标准还不统一,平台的数据评价标准和评价结果还不能够得到其他金融机构的广泛认可,降低了平台融资对接的效率,也加大了科技企业的融资成本。

(4)平台还缺乏有效的沟通机制和合作机制,平台成员之间的互动还不够积极和活跃,这样就很难为科技企业提供全方位、结构化的金融服务和技术服务。

(5)平台的功能还比较单一,交易功能还相对缺失,很多金融服务还主要通过线下进行,平台的参与者的数量和类型还远不能达到使多边市场显现网络正效应和正反馈效应的临界点。

(二)河南省科技金融服务平台的基础和架构

首先,科技金融服务平台的本质是多边市场,而多边市场网络效应的有效发挥的基

础是数据，所以平台建设的基础和核心是数据；其次，平台只有沉淀了多方参与的高质量数据，才能够充分地运用现代金融科技手段对平台数据进行挖掘和处理，形成符合河南科技产业特色的信息产品和有价值的数据库产品，才会吸引更多数量和类型的平台参与者，并通过多边市场的间接网络效应，进一步扩展到科技企业的上下游、关联企业、金融机构、服务机构的不断加入；最后，多边市场规模进一步扩大，平台数据来源更加广泛，从而形成包括技术咨询、技术转让、财务咨询、股权转让等更广泛的数据库产品和服务，最终形成以科技金融服务平台为核心，能够整合知识、资本和各类商业资源的大数据平台，打通商业生态系统和知识生态系统的障碍和不兼容。因此，科技金融服务平台的业务架构应该是：数据—信息—产品—产业（图2）。

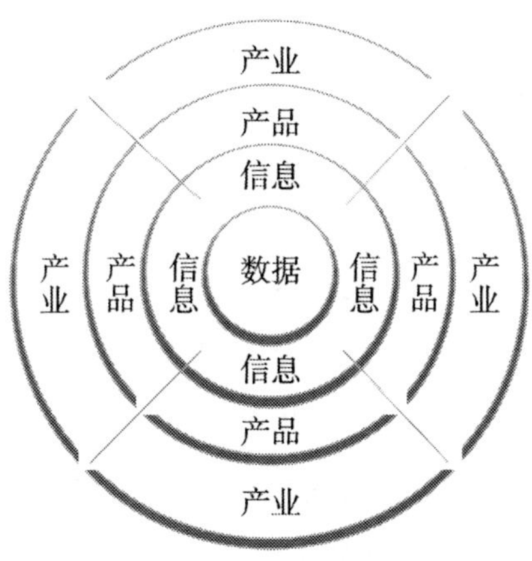

图2　科技金融服务平台业务架构

（三）河南省科技金融平台生态化的实现路径

根据科技金融服务平台的多边市场特点和要求，平台要实现生态化发展必须是开放的、异质的和互惠的①。

（1）展示平台。这个阶段首先要考虑的是平台主导问题，目前国内的平台主导主要有三种类型：地方政府、金融机构和金融科技公司，选择平台的主导首要考虑的因素是它的数据搜集能力和数据处理能力，其次是协调和管理能力。平台除了可以由单一机构主导，也可以由不同类型的机构主导，如政府和风险投资共同主导，这样既可以发挥政府的

① 开放是平台的最终目标，平台只有对异质性创新主体和创新单元开放，创新单元之间共生的可能性才会增大，共生的范围才会拓宽，共生的界面才会更加丰富，创新链条才会更加完整，科技企业个性化的金融需求、市场需求、技术需求才会满足；互惠性是指所有的系统成员或创新要素之间的关系一定是对称互惠共生的，这样它们才有参与平台的内在动力，平台规模才会进一步扩大，平台的服务效率才会进一步提高。

协调能力和脱敏数据的接入能力,又可以发挥风险投资在科技企业培育过程中的项目筛选能力和项目管理能力。平台主体之间也可以采用多样化的合作方式实现优势互补,如股权联盟、战略合作、业务外包、技术支持、PPP、资源共享等。主要任务是对科技企业的融资需求等各类需求进行归类和整理、整合和挖掘,对科技金融资源供给进行集聚和共享、融合和再造。平台可以采用产品展示、企业展示和线上金融超市等形式,最大限度地匹配供给和需求,这也是河南和全国大部分地区平台所处的阶段。

(2)平台业务数据化。首先,既要包括企业法人的基本数据、经营数据、财务数据、诉讼和合同数据,还要联合电商平台整合企业法人代表和高管的个人消费信用和消费数据。同时,还要联合政府部门接入工商税务数据、联合商业银行接入信贷数据和账户数据。其次,要制定各方共同参与和广泛认可的数据库标准,实现数据库产品和服务的无缝对接。最后,平台数据最根本的、最基础的和最动态的来源是企业的交易数据。以供应链为基础,通过产业互联网整合产业上下游的交易数据,实现数据库的动态化和智能化。

(3)数据业务化。平台生态化发展的最终目标是大数据平台,通过平台沉淀的各方数据,形成不同类型的数据模块,并对数据进行进一步的挖掘和抽取,实现科技与金融的智能化匹配,并以此为基础,将科技金融服务阶段进一步前移和后延,范围进一步拓宽,形成包括但不限于创业孵化、研究开发、知识共享、技术转移等广泛业务的科技金融服务体系。河南省科技金融服务平台可以依据产业链或供应链划分为不同的交易子平台,子平台以产业互联网相连接,形成线上与线下相结合的集商业交易和知识共享为一体的创新产业集群智能化服务体系(图3)。

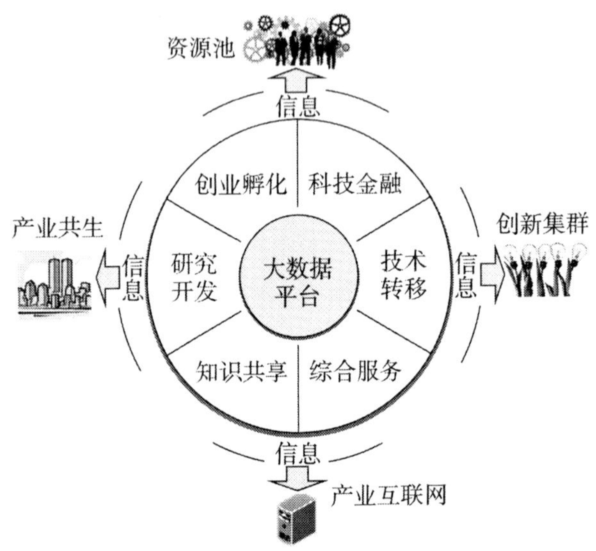

图3 科技金融服务平台生态系统

（四）“蚂蚁金服”案例借鉴

作为一家定位于普惠金融服务的全球领先的科技企业，“蚂蚁金服”自2004年成立支付宝以来，借助于全球金融科技的发展和阿里消费电商平台巨大的流量入口，业务结构逐步多元化，目前已经发展成为全球领先的、提供综合金融服务和技术的大数据平台和金融中介，为全球消费者和小微企业搭建了一个开放、共享的信用体系和金融服务体系，形成了一个良好的平台生态系统（图4）。

首先，“蚂蚁金服”生态系统成功的最主要秘诀是阿里电商和“蚂蚁金服”海量的数据，以及与公共部门和合作机构的数据共享，使“蚂蚁金服”平台迅速达到网络效应的临界点，并展现出强大的网络外部性。通过蚂蚁金融云对海量数据进行综合评价和处理，使“蚂蚁金服”真正实现了从业务数据化到数据业务化的跨越。其次，“蚂蚁金服”之所以能够成功地实现业务的生态化，如“招财宝”“蚂蚁达客”以及“网商银行”等业务和机构的成功推出，无一不是数据平台展现的巨大威力。最后，“蚂蚁金服”的成功也离不开金融科技的价值，蚂蚁金融是一家全球领先的金融科技公司，其研发能力和技术服务能力一直走在行业的前列，其在“云计算”领域的领先地位和行业经验能够为中小企业和个人量身定做金融产品，能够有效控制风险和降低融资成本，能够使金融变得更普惠、更包容、更健康可持续。

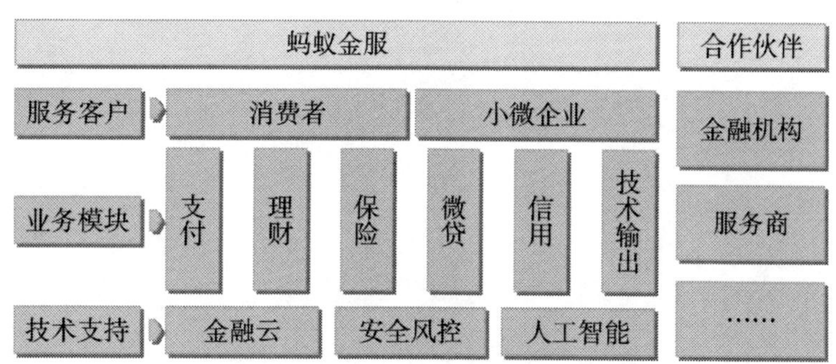

图4 “蚂蚁金服”底层架构与业务板块

参考文献

[1]郭德香，史兆鹏. 推动河南省科技与金融相结合的模式创新研究[J]. 创新科技，2019，19（5）：39-46.

[2]樊玲. 河南省金融科技与经济发展的空间耦合度及提升路径分析[J]. 中国商论，2022

(23):123-127.

[3]常永佳.河南省科技金融赋能中小型科技企业高质量发展现状与对策[J].中小企业管理与科技(中旬刊),2021(3):146-147.

[4]谢会昌.河南省科技金融发展与经济增长的相关性[J].濮阳职业技术学院学报,2021,34(3):9-12,37.

金融投入、创新环境与高新技术企业发展*

赵紫剑　王昱崴　生　蕾

摘要:

以中国31个省(自治区、直辖市)为研究对象,重点对金融投入以及创新环境因素对高新技术企业发展的影响进行了实证研究,提出了有效促进金融投入服务于高新技术企业效率的相关建议。

一、引言

经济发展进入新常态,经济结构面临着转型升级的压力,以科技自主创新驱动经济高质量发展成为现实选择。高新技术企业作为知识、技术密集型的经济主体,其发展状况是衡量创新能力与技术成果转化能力的关键。虽然高新技术企业发展具有信息不对称程度较高、发展结果不确定性较大等特点,在一定程度上影响了社会资本向其投入的积极性,但金融体系具有资源配置和风险再分配的功能,通过各种金融工具创新可以促进资金的合理配置,从而对高新技术企业发展发挥关键的作用。随着创新驱动发展战略的持续推进,我国高新技术企业发展的金融投入逐年增加,在此过程中,随着企业发展阶段和外部创新环境(诸如政府的创新支持力度、区域资金配置能力、企业技术积累能力等因素)的变化,部分高新技术产业对金融支持出现"逆向选择",导致一些资金进入了违约风险较高的企业,降低了金融投入的配置效率。那么,外部创新环境对原有金融投入策

* 项目介绍:河南省软科学研究计划项目(编号:202400410031)。作者简介:赵紫剑,女,河南新乡人,博士,河南财经政法大学副教授,研究方向为科技金融、金融创新与风险管理;王昱崴,男,河南许昌人,博士,中国人民大学讲师,研究方向为科技金融和信用风险管理;生蕾,女,河南南阳人,博士,北京青年政治学院教授,研究方向为金融制度、金融市场、互联网金融。本文原载《金融理念经与实践》2021年第9期,本文有删节。

略的有效性究竟产生了怎样的影响?如何科学合理地利用金融资源提高金融投入产出效率和调整金融投入策略,从而实现高新技术企业的高质量发展?本文的研究旨在寻找当前金融支持高新技术企业发展中存在的问题,进而推动高新技术企业发展的帕累托改进,以实现产业链再造,为金融支持创新和政策调整提供理论依据和借鉴。

准确测度金融投入对高新技术企业发展的产出效率,是进行金融支持创新和政策调整的前提。数据包络分析方法(DEA)的多目标决策分析特点,为分析金融投入相对效率提供了依据。关于此问题,目前学术界的研究主要集中在两个方面。

一方面,基于 DEA 模型测算金融发展与科技水平提高的关系。如 Bencivenga、Smith(1991)利用世代交叠模型研究不同情境下的金融市场服务创新技术企业的差异:当金融市场交易成本较高时,资金配置会倾向于发展期较短、风险较低的创新技术企业;当金融市场风险较低时,金融资源会向发展期较长、风险较高的企业配置和倾斜。Levine(1997)认为金融发展创新能够缓解科技企业的融资约束,从而促进科技企业发展。Chowdhury、Maung(2012)研究发现金融发展水平与科技发展存在显著的正相关关系。杜金岷等(2016)采用三阶段 DEA 模型对我国区域科技金融效率进行测算,发现不同省(自治区、直辖市)的科技金融效率受环境因素影响较大。王仁祥等(2020)通过构建"科技—金融"脆弱性指数,运用图像法和非参数核估计法,分析中国省域耦合脆弱性的演进趋势和差异特征,发现"科技—金融"耦合系统处于重度脆弱阶段,且存在区域分化与改善"瓶颈"问题。

另一方面,一些研究者基于 DEA 模型对高新技术企业的发展效率进行评价,并尝试寻找原因。如屈国俊等(2018)运用三阶段 DEA 方法分析中国上市公司技术创新效率,研究发现中国上市公司的创新效率整体较低且存在差异。整体而言,国有企业创新效率高于民营企业创新效率,且企业创新效率较低是受到规模效率不高和环境不利的双重影响。姚梦琪和许敏(2019)综合运用 DEA 和 Tobit 模型对 374 家高新技术企业融资效率对研发投入的影响进行实证分析,研究表明样本融资效率整体偏低,其中融资效率有助于提高研发投入,但企业融资效率对研发投入存在滞后两期的影响。窦钱斌等(2020)采用三阶段 DEA 以及反事实估计和中介效应对中国上市公司在技术发展不同阶段的创新效率进行测度,研究发现高新技术企业认定政策在技术研发阶段对创新效率起促进作用,而在技术转化阶段有抑制作用。

众多学者从各方面对高新技术企业效率与金融投入的科技进步产出效率进行了评价和测算,但直接研究金融投入与高新技术企业发展的关系较少,更缺乏关于金融投入对高科技产业发展支持效率的评价分析。

因此,本文基于金融资源稀缺理论与企业外生成长理论,首先,研究金融投入对高新技术企业发展的支撑效率，分析区域创新环境差异对金融投入的高新技术企业产出效率的影响机理，以便更准确地测算和评价金融投入的产出效率；其次，为了提出有效提高金融投入资源利用效率的应对方案，引入空间自相关检验，探讨中国省际金融投入对高新技术企业发展支持效率的空间溢出效应和地缘影响，从创新环境的角度提出相应的策略。

二、影响机制

（一）创新环境与金融投入对高新技术企业发展的产出效率

从理论上讲，金融要素投入对高新技术企业发展起着重要的资本推动作用，但是从实践中看，同样的金融投入在不同地区对高新技术企业发展的作用效果却会出现较大差异。导致这种差异的一个重要因素是不同地区的创新环境。创新环境是高新技术企业发展的必要条件，也是保持创新能力的基础要素，直接影响着金融投入效率的高低。区域创新环境、金融投入与高新技术企业发展之间存在着动态耦合关系。

高新技术企业发展的创新环境主要由内部创新环境与外部创新环境两部分构成。内部创新环境主要取决于企业技术积累能力。企业技术积累能力的异质性是高新技术企业核心竞争力和可持续发展能力的关键，是高新技术企业吸引金融资源的基础，也是高新技术企业产品附着技术的集中体现，其对金融投入的高新技术企业产出效率具有正向影响机制。另外，企业技术积累过程具有典型的边际收益递减特征（Sydow、Koch，2009），在该阶段中，金融投入与高新技术企业发展负相关。

外部创新环境主要包括政府的创新支持、经济环境、资金自给程度等方面。政府的创新支持力度，代表着政府的战略指引方向，不仅可以引导金融资源流向高新技术企业，还能够自上而下地推动金融体系改革，提高金融机构的包容性，从而促进金融投入产出效率的提升。经济环境关系着金融资源的集聚能力，也是高新技术企业发展的基础，经济环境的改善能够提升金融资源的投入能力，滋养高新技术企业发展的土壤，进而促进金融投入产出效率的提升。资金自给程度反映了区域金融机构运营能力和水平，该能力和水平越高，金融投入对高新技术产业的支持效率就越高。

（二）金融投入产出效率空间溢出与高新技术企业发展

金融资源与金融服务的跨区域配置和流动，会引致区域间金融发展的地缘影响和空间关联，使得区域金融活动具备明显的空间溢出性。所以在分析金融投入对高新技术产业产出效率问题时,仅关注区域内部金融投入的高新技术企业产出效率而忽略区域间的空间联系,容易导致研究结果失去客观性,但目前关于此类问题的研究成果偏少。基于此,本研究对我国省际金融投入的高新技术企业产出效率的空间依赖性进行了实证研究,分别衡量在加入创新环境因素前后的中国省际金融投入产出效率,结果表明:金融投入对高新技术企业发展存在显著的正向推动作用,但省际金融投入的平均 TFP(全要素生产率)呈现出 DEA 无效状态,金融投入资源浪费 3.7%,技术效率较低是造成金融资源浪费的主要原因;环境因素对金融投入效果的影响路径存在显著性差异;从金融投入效率的省际空间作用来看,金融投入产出效率的空间依赖特性并不明显,地缘影响较弱,不利于金融资源在高新技术企业发展中的优化配置。

三、政策建议

当前我国金融投入高新技术企业发展产出效率依然偏低,并且金融投入各项产出效率有效省(自治区、直辖市)与年份覆盖率也较低。鉴于我国当前经济结构转型升级的压力和创新驱动国家战略的稳步推进,本研究在对高新技术企业发展中的金融投入效率问题研究的基础上给出以下政策建议。

第一,促进金融投入模式和手段创新发展。金融投入的高新技术企业发展产出效率目前并不符合区域经济发展呈现不同梯度的格局,高新技术企业的金融资源利用效率与区域高新技术的研发和应用以及技术进步效率的提升密切相关。因此,金融投入产出效率较低地区应注重新技术的开发和培育,并注重引进高新技术企业的先进管理经验。

第二,建立符合高新技术企业发展的多元化金融投入模式。当前规模无效率是引致金融投入产出效率较低的主要原因之一,金融机构应对金融投入规模建立高效的管理机制,重视金融投入质量,增强对高新技术企业金融投入的风险管控能力和内部管理能力,尝试建立适合高新技术企业的多元化投资模式,防止单纯利用金融投入规模的盲目增长来促进高新技术企业发展,应当提升资金利用效率,推动高新技术企业发展。

第三,重视高新技术企业发展的金融投入集聚发展。省际空间关联度低是造成高新技术企业发展金融投入产出效率较低的另一个重要原因,金融投入产出效率的空间溢出性是金融投入对高新技术企业发展产生影响的重要途径,作为知识含量与技术含量较高的金融业与高新技术企业,其空间溢出效应最为明显。银行信贷、资本市场以及风险创投等多种金融资源的空间集聚是推动高新技术企业发展的重要力量。

参考文献

[1]王仁祥,沈兰玲,谢文君. 金融资本集聚、政府干预与“科技—金融”耦合脆弱性[J].

金融理论与实践,2020(7):1-9.
[2]窦钱斌,孙美露,王菲瑶,等.高新技术企业认定与企业创新效率:提升还是抑制:基于中国上市公司的反事实估计[J].科技进步与对策,2020,37(19):123-132.
[3]姚梦琪,许敏.高新技术企业融资效率对研发投入的影响[J].科技管理研究,2019,39(1):129-136.
[4]屈国俊,宋林,郭玉晶.中国上市公司技术创新效率研究:基于三阶段 DEA 方法[J].宏观经济研究,2018(6):97-106.

转型中的河南省科技创新政策体系构建*

张志杰

摘要:

以2000—2020年河南省发布的科技创新政策为研究对象,在关键词提取和分析的基础上,运用文本分析和社会网络分析方法,从科技创新政策主题、政策制定主体和政策使用工具三个维度对河南省科技创新政策变迁进行分析,以发现政策的不足。未来应健全科技创新政策体系,丰富需求型政策工具的使用和政策工具的组合运用,加强政策主体之间的合作与协同,提升科技创新治理的整体效能。

一、引言

科技创新政策通过扶持科技创新活动来实现政策意图,是落实创新驱动发展战略的关键手段,在创新资源配置、创新行为规范和创新活动引导等方面具有重要意义。通过对科技创新政策文本进行深入剖析,挖掘政策文本中内隐的政府对科技创新的注意力,可以洞察政府部门创新驱动战略实施情况。近年来,河南省在实施创新驱动战略中,制定出台了一系列科技创新政策,并积极推进政策的实施。只有对当前河南省的科技创新政策进行梳理与探讨,检视政策的得与失,才能进一步优化河南省科技创新政策体系,更好地促进科技创新体系的优化升级,进而推动河南省科技进步和经济社会发展,为中西部地区科技创新高地建设注入更大动力。

目前,关于科技创新政策的研究主要集中在以下几个方面:①对科技创新政策文本的研究,通过对科技创新政策的演进、政策主题、政策工具等进行分析,以归结出演进特

---

* 项目介绍:河南省软科学研究计划项目(编号:212400410254)。作者简介:张志杰,男,博士,郑州幼儿师范高等专科学校,研究方向为科教政策创新研究。本文为内部资料。

点及趋势;②对科技创新政策效果评价的研究,学者们用不同的方法构建不同评价指标并对效果进行评价;③对科技创新政策与绩效关系的研究。

综上可知,现有研究对科技创新政策的时间演变、工具、颁布主体等进行了广泛探讨,但对于科技创新政策文本主题的结构、科技创新政策主体关系、科技创新政策工具的具体分布等深层次信息还缺乏深度挖掘和系统分析。

基于此,笔者采用文本分析和社会网络分析方法,回溯 2000—2020 年河南省科技创新政策内容演变的历史场域和路径依赖,运用 ROSTCM 6.0 挖掘软件工具和人工分析相结合提取关键词,探讨河南省科技创新政策主题结构、政策工具及政策主体变迁,解释科技创新政策的注意力重点和方向,总结科技创新的经验与不足,为优化科技创新政策的制定提供参考。

在研究方法上,为深入分析各政策文本支持科技创新发展的作用方式、范围、途径等,本研究采用定性与定量相结合的研究方法,对河南省科技创新政策内容进行探讨。首先,对科技创新政策进行编码,以便为政策主题、政策主体、政策工具等进行全面分析做好准备。其次,采用社会网络分析方法,以关键词为研究对象,对提取的关键词进行共词分析和聚类分析,以便从整体上把握政策取向和战略走向,并对政策进行解释和预测。社会网络分析法是一种源于图论的分析方法,是一种可视化分析社会关系的方法。最后,通过研究网络关系,可以探究行动者之间的关系"模式"或"结构"是如何影响个体行为或者系统的性质的,行动者又是如何反过来影响结构的。

在文本数据来源与处理方面,主要通过以下途径获得研究所需的政策文本:①从河南省省级层面的河南省人民政府、河南省财政厅等各相关部门官方网站检索相关信息及文件;②运用搜索引擎输入以"科技创新+政策""技术创新+政策"等为关键词进行检索;③通过《河南科技年鉴》,特别是河南《创新科技》杂志社提供的《科技创新政策汇编》等挖掘政策文本等。对搜集到的政策文本逐一阅读与筛选,剔除重复和相关度不高的政策文本,共收集到科技创新政策文献有效样本 85 份。政策文本均来源于公开的数据资料,非公开发布的政策不作为本文研究对象。

二、政策主题演进

科技创新是一项系统工程,涉及企业、科研院所、高校等创新主体,是整个社会的责任。自 2000 年至今,河南科技政策颁布数量的整体趋势为曲折上升的"S"形,尤其在 2016 年迅速增加,出台的科技创新政策文本达到 10 份,政策数量达到峰值,这主要是由于 2016 年 5 月《国家创新驱动发展战略纲要》的颁布并实施(河南省为了落实国家创新驱动发展战略,加快科技创新发展,促进中原崛起,密集出台了一些政策和措施)。

同时,通过对 85 份政策类型的统计,可以看出政策类型分为意见、办法、决定、通知、工作方案、通报、条例等 7 种。其中通知最多,占一半以上的比例,为总体类型的 57%;其次为意见,占总体类型的 24%;其余的政策类型都占比较少,条例仅为 1 份,但政策效力的级别最高,是由河南省人大常委会颁布的。

政策文本的主题分析,旨在通过政策文件关键词间的共现关系,探究河南省在科技创新发展中科技资源的分配情况、注意力关注程度,探索政策主题的演进路线。关键词共现社会网络以知识图谱形式清晰地呈现"知识"和"关系",突显具有相似性的知识,能够识别分析对象的主题、趋势和结构特征。探究分析河南省科技创新政策关键词达 41 个之多,通过对居于中心位置的关键词与其他词语间的紧密程度研究,发现以关键词科技人才、科技成果转化、创新驱动、园区管理等为中心的共词矩阵网络涵盖了其余大部分关键词节点,说明政府对这些方面注意力配置的重视。位于边缘的人才培养、开放合作等则与其他关键词连线较少,表明它们在科技创新政策中并不常出现,仅起到辅助作用。

政策关键词研究还提示,实施创新驱动战略的核心是政策创新,而政策的实施,就要在科技资金、税收与金融扶持等方面对科技创新服务提供支持,还要积极发挥公共服务平台和创新创业平台的作用,并突出企业的创新主体地位,为科技创新提供前提条件,这是创新驱动的源泉。同时,为了提高政策实施效果,还要进行项目管理与绩效评价,这彰显了关键词之间的关联性较强。同时,也突出了科技创新的创新举措和创新保障的供给型的政策工具,如科技人才、基础研究、科技投入等,加强产学研合作和园区管理,营造良好的创新环境。

尤为重要的是,国家自主创新示范区是国家推进自主创新和高技术产业发展方面先行先试、探索经验、作出示范的区域,科技政策实施的机制与条件成为政策关键词的核心,显示了关键词之间的较强关联度。具体来说,就是建设国家自主创新示范区对于进一步完善科技创新的体制机制、加快发展战略性新兴产业、推进创新驱动发展等方面具有重要的意义,而人才引进、知识产权保护、技术引进改造等举措对国家自主创新示范区建设与发展具有重要作用,是创新驱动的支撑条件。

由上述分析可知,各个政策之间是相互联系的,但要具体了解各关键词在整个科技创新政策网络中的作用,还要进一步对这些关键节点进行点度中心度分析。点度中心度的数值越大,就代表某个关键词与其他关键词在网络中共同出现的频率越高,其位置也越重要,对整个网络的影响力也越大。研究结果显示,科技人才、科技成果转化、创新环境、产学研合作、园区管理等关键词的绝对点度中心度数值是排在前五的关键词,表明一流的创新生态建设十分重要。

三、政策主体与政策工具分析

科技创新政策主体涵盖了不同层级、不同领域的机构，且时常出现协作治理的情况。将政策发布单位定为单独发布单位或联合发文单位，从科技创新政策主体分布来看，截至 2020 年 10 月底，共有河南省委等 25 家政策主体参与发布了 85 份科技创新相关的政策文本。本研究通过梳理 85 份政策文本发现，以单一发文单位参与政策制定次数最多的四个部门依次是河南省人民政府、河南省人民政府办公厅、河南省科技厅、河南省财政厅；除此之外，还有中共河南省委、河南省人大、河南省委办公厅、河南省发展和改革委员会等参与政策的联合制定。其中事关创新驱动战略实施、深化科技体制改革、发挥市场对各类创新资源配置等战略导向方面的政策，河南省委、省政府均为政策颁布主体，体现了省委、省政府对科技工作的高度重视。

从政策颁布主体结构看，河南省科技创新政策的政策主体呈现以单一主体为主、多主体协作发文为辅的特征。单一主体制定颁布的政策数量占比为 68%；政策颁布主体为 2 个的政策数量占政策总数的 22%；政策颁布主体为 3 个或以上的占比为 10%。

政策主体关系网络中以省科技厅、省财政厅、省发改委为主要节点，联合出台的科技创新政策文本较多，多涉及科技人才的引进、创新平台的搭建、产学研合作等事项，但合作网络不是很密集，有些政策政出多门、内容叠化，如创新生态环境建设，政策关键词研究发现，在企业创新能力培育、平台建设、人才引进、财政奖补等方面，内容叠化比较突出，应予以整合；有些部门单独发文，与其他部门联系较弱，如省检察院、省审计厅等。

政策工具就是达成政策目标的手段，它是反映政策过程中政策是否以及如何被执行，政策形成过程中如何对待政策议题，以及决策者要达到自己的目标需要付出多大努力的方法。我们将河南省科技创新政策的政策工具分为供给型、环境型和需求型三种。

在河南省科技创新政策中，环境型政策工具使用量为 65 个，占所有政策工具总数的 48.9%，是 2000 年以来使用频率最高的政策工具；供给型政策工具使用频率也较高，占总数的 41.4%；需求型政策工具使用较少，仅占比 9.8%。

就本研究基于关键词对政策工具类型的分析而言，关键词与环境型政策工具相关的数量最多，词频出现次数远高于供给型和需求型政策。如公共服务平台、管理体制改革、激励机制、知识产权保护与发展等，此类政策更多地为科技创新的发展创造条件。

此外，供给型政策工具相关关键词出现频率也较高，多是与科技人才、科技资金、财税与金融扶持等相关联，此类政策奠定了科技创新创业的基石。

需求型政策工具以科技成果转化为主，能够更多地推动科技创新的市场需求，能从根源上提高科技创新的积极性,主要涉及政府采购、服务外包、市场拓展等,但其数量相对偏少。

四、主要结论与政策启示

通过对河南省科技创新政策的主题、主体、工具的分析,我们得出如下结论:

从政策主题来看,科技创新政策体系的主题内容较丰富,政策关键词涉及“科技创新服务”“科技供给”“科技创新机制”等三个重要方面,具体由科技人才、自主创新、园区管理等41个关键词构成,关键词出现的频次存在较大差异,最高的为33次,最低的仅为3次。不同关键词的度数中心度的较大差异证实政策制定中决策者注意力分配的不均衡性,表明以“科技人才”“科技成果转化”“创新环境”等为中心,相关政策关键词聚集、关系较强,这表明科技创新已成为当前河南省政策的关注焦点,同时围绕着创新驱动战略的系列议题,如“自主创新”“科技成果转化”等逐步形成了政策体系的网络结构系统;但也存在一些不足,如当前的政策对人才培养具体政策措施、科技中介发展与存在突出问题破解等关注度不高。

从政策主体来看,科技创新政策的主体涉及25个单位,政策效力较高,但创新驱动作为我国的一项长期发展战略,科技创新作为一项系统工程,涉及政府、企业、科研院所、社会等方方面面,仅依靠科技管理部门难以实现相关目标。

科技创新政策联合发文数量为27份,占总数的32%,数量占比不到单独发文数的一半,这表明政策主体间的协作不是很紧密,沟通协作依然有待加强,需要多部门共同参与。比如,为了保障和支持郑洛新国家自主创新示范区的建设,2016年河南省检察院、审计厅、税务局等部门分别出台意见,但这些政策内容重叠,不如相关部门采取联合发文的形式,以提高部门间的治理协同度,政策执行效果也可能会更好。

从政策工具来看,河南省科技创新政策工具的选择和使用存在不均衡情况,主要以环境型政策工具为主,供给型政策工具次之,需求型政策工具较少。过去的20年,河南省创新驱动战略已深入开展,出台了许多制度,形成以政府牵头为主,高校、企业、社会等领域积极参与,产学研合作广泛开展的创新体系。科技创新已成为河南省决策者注意力的重点,科技创新政策内容较丰富,与之相匹配的科技人才、科技成果转化、科技资金、管理等工具被广泛采用。同时,关注乡村振兴、扶贫的科技创新,并使用了科技特派员、现代农业科技发展等工具。但在围绕各类科技人才培养、企业科技创新能力提升以及市场拓展、政策宣传等供给类和需求类政策工具相对较少。创新驱动作为国家战略,在相关政策宣传、咨询等方面还比较缺乏,致使有些科技人员不了解有关的优惠政策和措施,不能更好地激励创新能力的提高。基于研究结论,本研究得到的政策启示如下。

1. 强化顶层设计,把握政策主题的精准化

政策主题的可视化分布表明,随着新技术不断涌现和环境的复杂性不断显现,科技创新政策主题内容在不断地丰富与发展,政策主题内容不断地呈现出多元化趋势,政策覆盖面显著扩大,但随着时代发展,政策主题应与经济社会发展更契合,未来的政策制定应把握政策主题的精准化。

(1)加强顶层设计,借鉴发达地区经验完善有关政策内容,从战略高度重视科技创新的整体规划与产业发展,形成较为完善的科技创新政策体系,将创新活动纳入法制化轨道。出台有关政策,积极发挥企业在创新中的主体作用,优化产业布局,构建科学、合理的科技创新管理体制,健全科技创新配套机制建设。

(2)完善对现有政策主题频度不高的政策供给,加强对基础研究的资金投入,引进国外的智囊机构加强对本土科技人才的培养,不断提高科技人才的创新能力。进一步完善产学研专项法规政策,不断提高产学研合作的协同度。

(3)积极探索创新政策评价与激励机制。科技创新政策评价与科技项目、科技创新基地和平台等微观层面的评估对象相比,具有复杂性的特点,这将给相关评估工作带来一定的局限性,需要我们不断深化政策评估理论研究,加强评估方法、模式探索和新评估工具的开发,不断提高科技创新政策评估的科学性和有效性。

2. 加强主体协同,提高政策的效力

有效的科技创新政策需要政府之间协同治理,科技创新政策网络不仅包括央地之间的“纵向合作”、区域政府之间的“横向协作”,也包括政府部门之间的“平行合作”,还存在着政府与企业、科研院所、社会之间的“内外合作”。

目前科技创新政策涉及多领域、多部门,为了提高政策效力与政策执行力,应进一步整合政策主体部门之间的协作,规范涉及科技创新政策制定主体的责任边界,加强各相关政策制定部门之间的有效性沟通与衔接,建立部门间的协同机制,统一战略规划,避免所出台的相关政策“撞车”,造成不必要的政策资源浪费。

目前,从河南省来看,参与科技创新政策制定的部门主要集中在省科技厅,多部门联合制定政策的比例较低,因此未来有必要将科技创新政策放在全省科技创新和经济发展全局中统筹考虑,加强部门之间的沟通与协作,促进更多的职能部门参与科技创新政策的制定和落实,从而进一步提高科技资源配置、开发和协同利用的效率。

3. 优化政策工具结构,创新政策工具类型

未来的科技创新政策,应调整政策工具使用的比例和优化内部结构。首先,结合科技创新发展所处的阶段,政策制定应该注重政策工具与科技创新发展的不同阶段的搭配

使用,发挥需求型政策工具的作用,适度扩展需求型政策工具的使用,尤其是加强政府采购、服务外包等工具使用,逐步加大政府购买企业自主创新产品和服务的力度,以便真正发挥需求政策工具对科技创新的拉动作用。其次,由于各种政策工具都有其自身的优缺点,因此,科技创新政策应优化供给型、环境型政策工具的使用结构,着力采取增加资金投入、开放合作、机制激励、人才培养等措施,更多地激发市场动能,促使企业、科研院所等科研人员自发地、有意愿地进行技术创新,推动创新驱动战略的深入实施。政府要以解决产业发展瓶颈为出发点,加强有针对性的政策供给,积极创造有利于经济结构调整、产业升级的监管环境、生态环境,围绕各类主体的需求,提供与实际更加契合的公共服务。最后,充分利用信息技术,不断创新政策工具类型,拓展政策工具的多元化和多样性,优化政策工具的组合使用,进而增强工具之间的合力。只有这样,才能使科技创新政策发挥最大的效果。

参考文献

[1]玄兆辉,陈钰.京津冀协同发展背景下河北省创新能力评价研究:基于《中国区域创新能力评价报告》的分析[J].科技创新发展战略研究,2017,1(1):71-77.

[2]张佳鑫,林颖,赵雪莹.京津冀协同发展背景下河北提高科技创新能力的挑战与对策[J].科技创新与应用,2017(21):15-16.

[3]杨晶,妥建军,王韶辉.省级经研院区域协同科技创新体系建设研究[J].科技创新与应用,2018(2):37-39.

[4]赵紫剑,王昱崴,生蕾.金融投入、创新环境与高新技术企业发展[J].金融理论与实践,2021(9):32-41.

[5]张志杰.转型中的科技创新政策体系构建[J].行政科学论坛,2021(2):15-21.

[6]宋娇娇,孟溦.上海科技创新政策演变与启示:基于1978—2018年779份政策文本的分析[J].中国科技论坛,2020(7):14-23.

[7]汪波,李坤.国家养老政策计量分析:主题、态势与发展[J].中国行政管理,2018(4):105-110.

[8]秦锋.北京市高端装备制造业创新政策分析[D].北京:北京工业大学,2021.

国内主要地区招才引智实践及对河南的启示*

赵柽笛　王长林

摘要：

人才是第一资源，是区域经济增长的核心驱动因素。然而，国内主要地区招才引智的主要特征及其对河南工作的启示还鲜有研究。珠三角、长三角和京津冀地区的招才引智工作呈现出区域一体化、政策精准化、成效评估常态化的特征，但在招才引智的理念、重心和类型上略有不同。为此，推进河南招才引智工作高质量发展，要树立人才工作一体化理念和推进人才工作法治化建设，要以产业需求为导向和做好引才育才留才用才工作，要优化人才发展软硬环境和加强人才政策实施效果评估。

近年来，人才在各地经济转型高质量发展中显得尤为重要。人才资源是未来城市中发展的新鲜血液与核心动力，区域经济的竞争归根到底是人才竞争。正因如此，不少地区都开启了“抢人大战”模式，纷纷抛出各种“橄榄枝”大力吸引高端人才。人才争夺战与新时代背景下我国经济发展不均衡和面临经济转型升级的现状密切相关。在人才资源分布的区域不均的背景下，各地政府为保持和促进当地经济高质量发展，不得不开启“人才争夺大战”。据不完全统计，自 2020 年以来，全国至少有 46 座城市出台落户类政策共不下 70 次。在此背景下，经济和社会发展处于转型升级关键时期的河南省，一方面，如何吸引更多的优秀人才用以支撑经济高质量发展就显得尤为迫切；另一方面，对这些招才引智的实践和政策进行分析也显得较为必要，能为河南的招才引智提供经验参考。为此，本文通过总结和分析国内主要经济区域招才引智的实践和经验，并分析他们

---

* 项目介绍：河南省软科学研究计划项目（编号：182400410140）。作者简介：赵柽笛，女，硕士，研究方向为公共管理；王长林，男，河南新县人，博士后，河南财经政法大学电子商务与物流管理学院副教授，研究方向为数字经济、数字人才与治理。本文原载《领导科学》2021 年第 18 期。

的异同点,希望从中得到一些有益启示,为河南招才引智提供一些参考。

一、主要地区招才引智的实践

(一)珠三角地区招才引智的实践

珠三角地区是我国经济最活跃、开放程度最高的地区。在粤港澳大湾区规划出台后,该地区对人才的渴求表现得更为强烈。为此,各市也纷纷出台了人才引进的相关政策与法规。通过对这些政策的分析,珠三角地区人才政策呈现出以下三个特点。

1. 区域内城市人才一体化进程加快

随着经济社会的协调发展及一体化进程的加快,珠三角区域共同体的形象日益清晰,人才一体化趋势明显。如区域内不同城市间在人才资源开发上力求实现资源共享、政策协商、制度衔接和服务贯通,努力实现区域内人才自由流动,推动珠三角区域形成城市人才群。如2005年,珠三角地区的8市签署了《珠三角人才资源开发一体化合作协议》,重点推动区域内专业技术资格和职业资格证书互认、高层次专家等人才交流信息共享和人才工作合作等。2015年3月,珠三角9市共建"人才创新圈",其目标是形成以广州和深圳为龙头、以珠三角其他各市为骨干、连通海内外、辐射粤东西北的创新型人才集聚圈。

2. 高端人才引进与职业技能人才培育并重

珠三角地区一直非常重视高端人才引进,纷纷出台相关政策吸引集聚海内外优秀人才和创新创业团队。2010年10月,深圳为吸引海外高层次人才推出了"孔雀计划"。对于国内人才,深圳相应地推出了以此激励政策相类似的高层次专业人才认定办法。出台类似政策的还有广州、珠海、佛山等其他地市。同时,广东也是制造业大省,珠三角地区也非常重视对职业技术人才的培育。2018年,深圳市出台了《深圳市技能菁英遴选及资助管理办法》,用来筛选职业技能人才;2019年和2020年,广东省先后出台了《职业技能提升行动实施方案》和职业技能人才认定标准的相关文件。

3. 各地人才政策持续发力并亮点纷呈

珠三角区域内地市都非常重视人才引进,而且积极探索人才政策创新。如广州放宽人才入户门槛,针对海外专业人才制定了"岭南精英"计划,该计划的目标是五年内在广州培养出五名院士级别的人才;深圳前海完善境外高端人才政策,制定了《关于以全要素人才服务加快前海人才集聚发展的若干措施》的文件,促进人才集聚前海创新发展,加大与港澳人才交流与国际合作;东莞打造"十百千万百万"人才工程;珠海重视博士后人才引进与培养；中山建立首席技师制度，重视高技能人才队伍建设；肇庆因地制宜引进医疗人才。总体上，珠三角地区的人才政策面向粤港澳区域人才以及国际化人才的合作的特征较为明显。

（二）长三角地区招才引智的实践

近年来，为进一步加大对相关行业高水平人才的引进力度，促进其高效汇聚和流动，长三角地区出台了多项政策，通过对这些政策的分析，该地区人才政策有以下三个特点。

1. 区域内构建长三角联盟推动人才一体化

长三角地区在科创金融、高校联盟、数字出版、文化投资与修复、无人系统、大数据、旅游、建筑、法律等行业相应地成立了“长三角联盟”。如“长三角科创金融联盟”旨在汇聚更优质的资源和人才，打造最强的企业服务平台；“长三角文化产业投资联盟”专注于产业内的资源共享和人才培养；“长三角高校联盟”由复旦大学、上海交通大学、同济大学、华东师范大学、南京大学、东南大学、浙江大学、中国科学技术大学等 8 所 985 工程名校组成，率先实施“交换生”和“暑期班”计划，并逐步实施网上选课计划。

2. 引进国际化高端人才与培育产业人才并重

长三角地区早已成为我国经济发展最活跃的区域之一，为保持经济高速发展的可持续性，该地区不断引进国际化高端人才，并同步培养产业型人才。如 2018 年浙江省政府提出了“万人计划”，重点就是遴选支持“互联网+”、生命健康和新材料三大科创高地领域青年创新创业人才。同年，江苏省的“双创计划”中对能够突破关键技术、发展高新产业、带动新兴学科的人才和团队给予顶尖支持。2020 年，《江苏省政策引导类计划（引进外国人才专项）资金管理办法（试行）》出台，鼓励用人单位引进先进技术，通过技术和产业吸引人才。

3. 人才政策的前瞻性与务实性完美结合

长三角地区的人才政策具有超前性、国际化偏向性及务实性。如 2015 年上海市《关于深化人才工作体制机制改革促进人才创新创业的实施意见》中提出，可逐步成立人才改革试验区，探索可复制和推广的离岸产业托管模式，并在此基础上提出实施更积极有效的海外人才引进政策。2019 年，《中国（上海）自由贸易试验区临港新片区境外专业人才执业备案试行管理办法》中的“执业对象”，就是发展所需产业的相关人才。

（三）京津冀地区招才引智的实践

随着京津冀《京津冀协同发展规划纲要》和《京津冀人才一体化发展规划（2017—

2030 年)》的落实和推进,京津冀地区之间的合作迎来历史机遇。在京津冀地区协同发展的同时,为打造成具有全球竞争力的城市群,三地之间的人才也朝着一体化方向发展。通过对本地区出台的人才政策的分析,呈现出以下三个特点。

1. 构建京津冀人才一体化协同发展格局

京津冀在推行一体化的过程中,也非常重视人才工作一体化。在人才政策上,京津冀地区发布了《京津冀人才一体化发展规划(2017—2030 年)》,明确了以支撑京津冀协同发展战略实施为出发点,大力推进人才一体化发展,打造京津冀协同发展新引擎的总体思路。如河北省、天津市签署了《外籍人才流动资质互认手续合作协议》,该协议有利于两地人才资源共享和融合发展,进一步优化了人才发展环境。

2. 重视高端国际化人才的聚集

京津冀地区以北京为核心,天津和河北毗邻,北京汇聚了高端、国际化的人才资源。目前,人工智能、新一代信息技术、生物技术、新能源、新材料、节能环保以及航空航天、高端装备制造等高端的需要专业性知识的新兴和支柱产业等成为京津冀地区的"引才大户"。京津冀三地结合当地对人才资源的需求共同发布高端人才引进计划和方案,积极引进高端化、专业化、创业创新的人才和国际化人才,并召开相关的高层次人才招聘会,为区域内的人才聚集起到了非常强的推动作用。

3. 人才政策体现出"试验田"的特征

京津冀地区精心培育人才"试验田",采用一些创新管理的观念,以培训为"支点",探索人才发展的渠道,拓宽京津冀地区人才素质能力,进一步激发队伍活力,释放人力资源改革的红利。为打造人才成长的高产"试验田",京津冀地区着眼于内部,并有针对性地发力,紧盯自身需求,拓展现有人力资源潜力。天津与河北地区人才发展不如北京地区,京津冀地区加大对这两个地区人才的培训力度。《天津市职业技能提升行动实施方案(2019—2021 年)》建立并推行终身职业技能培训制度,持续开展职业技能提升行动,全面提升劳动者职业技能水平和就业创业能力。

二、主要地区招才引智的特点分析

从主要地区的人才政策分析看,大部分招才引智的优惠政策都会涉及工资待遇、落户条件、补贴标准、科研经费、帽子评选等方面。由于经济和社会发展水平的差异,这些人才政策也呈现出一些不同的特征。

（一）主要地区招才引智的相同点

1. 区域人才工作的一体化趋势明显

从主要经济区的人才政策分析来看，人才一体化趋势较为明显，各地区都秉承自己一体化的理念，在协同发展的框架下展开，核心在于形成能够充分流动的人才资源市场，促进各地区的经济发展。如珠三角地区、长三角地区、京津冀地区都进行采取协同化发展和一体化发展的政策。

2. 引进人才及出台政策日趋精准化

政府出台的相关人才政策日趋精准化，相关政策结合当地实际情况，结合创新创业中急需解决的重点和难点问题对症下药，其目的是为引进人才创造一个良好的发展环境。目前，人才政策主要向创新型和创业型人才靠近。创新型人才主要需要项目扶持、人才评选等的支持；创业型人才的发展性政策则需要两方面支持：创业孵化、融资担保。各地的发展性政策具有相似性。

3. 引进人才政策评估日益受到重视

政策是否落实到位，实施效果如何，今后应该如何改进，这些问题都需要通过人才政策落实效果评估来解决。评估人才政策涉及政策是否有足够的吸引力，是否有可持续改进的空间。随着人才引进逐步从重视数量向重视质量转变，更加重视人才引进成本与效益的分析，人才政策评价就日益受到政府的重视。相关地区都积极开展人才评价，如珠三角地区。各地区对人才政策进行调研，委托专业机构进行评估，不断改进和完善人才政策的有效性。

（二）主要地区招才引智的不同点

1. 招才引智的理念略有不同

由于历史和经济原因，不同地区在引才和育才的理念上尚存在一定的差异。长三角和珠三角地区正在积极推进区域内人才工作一体化协调发展，并且倾向于吸引国际化和高端人才。珠三角地区共同签署《珠三角人才资源开发一体化合作协议》；长三角地区推出长三角地区高校联盟的吸引人才的政策；京津冀地区推出《京津冀人才一体化发展规划（2017—2030 年）》。

2. 招才引智的重心有所不同

北京重视培育青年科技人才和高层次科技人才，旨在全力推动国家科技创新中心建设。上海重视吸引国际化人才,吸引海外一流高校来沪开展合作办学;鼓励跨国公司在沪建立地区总部或研发中心;争取有影响力的国际组织在沪设立分支机构。深圳重视人才培养载体建设,推进高水平院校和特色优势学科建设,鼓励高校参照国际同类一流学科专业标准开展学科专业国际评估或认证;重视引进顶尖国际化人才的同时,积极培养和引进支撑深圳保持领先发展优势的青年后备人才。

3. 招才引智的人才类型不同

为吸引人才,各地区都会根据人才层次提供相应的政策支持,但支持维度上略有不同。北京主要对创新创业团队、科技创新人才、文化创意人才、金融管理人才等高端人才按照一次性奖励、落户奖励、创新创业资助的奖励标准进行奖励;深圳主要对杰出人才、国家级领军人才、地方级领军人才、海外人才按照一次性奖励、创业担保贷款及财政贴息、创业补贴、创业场租补贴的奖励标准进行奖励;杭州主要对领军人才、重点人才和优秀人才按照一次性奖励、住房补贴、购房补贴、创新创业资助的奖励标准进行奖励。

三、主要地区招才引智对河南省的启示

通过对主要地区招才引智的具体实践和政策的分析,我们得到了一些有益启示。

(一)积极树立人才工作一体化理念

2017年,河南出台的《关于深化人才发展体制机制改革加快人才强省建设的实施意见》中提到,应"全面落实创新、协调、绿色、开放、共享的新发展理念,践行聚天下英才而用之的战略思想",并"着力破除束缚人才发展的思想观念和体制机制障碍,健全完善全链条育才、全视角引才、全方位用才的发展体系"。为此,河南省可借鉴长三角及珠三角地区的经验,加快形成郑洛新或郑州都市人才圈,让人才自由流动。如将充分发挥郑洛新国家自主创新示范区的人才改革试验田的作用,或是在"都市圈"中的许昌、焦作等地创建人才改革试验区,探索人才引进、评价的体制机制,在成熟的基础上进一步推行至省内其他城市。

(二)加快推进人才工作法制化建设

相对于发达国家来说,我国关于人才的相关法律法规不够完善,人才管理更多通过行政命令而不是依靠法律法规。对人才培养、管理、使用,过去是以政策为主导作用,虽然在力度上对人才的生活以及工作方面有了保障,但相对于人才需求的多样性来说,灵活性就不够,不能满足目前市场上对各行各业的人才特别是高端人才渴求的需要。我国

关于人才相关的法律法规构建不平衡，对于发达地区人才法律法规的规范性就要强于中部地区。要为人才提供更好的服务、更多的保障，吸引更多的优秀人才，河南需要加强人才法律法规方面的力度，在人才引进、有关人才评价、人才流动和社会保障、全球化人才的使用与管理等方面加强人才的法律法规建设。

（三）积极以产业需求为导向引进人才

因才使用，因需使用，引为所用。人才引进需要明确突出需求导向，着眼于经济发展方式转变和产业结构优化升级；需要围绕当地的社会发展规划，聚集本地经济发展主导产业需求，开展精准引才；要加强人才链和产业链的连接，实现人才与产业的良性互动。

（1）要明确扶持人才的目标，详细调查河南省紧缺型人才、创新型人才的分布情况，做到精准引进。

（2）加快行业创新紧缺型人才的建设步伐，大力引进紧缺型和创新型人才，特别是海外高层次人才。

（3）要大力引进河南重点产业和新兴产业急需紧缺的人才。

（四）努力做好引才育才留才用才工作

对河南来说，引才与育才同等重要。首先，要不断创新人才开发、使用、评价、关爱及激励机制，不断优化人才引进的相关政策，以实现人才效益和经济发展的双赢局面。其次，要拓宽人才识别的维度和广度。将“德才兼备”作为人才引进与培育的首要原则，完善人才识别机制，加强人才法治建设。再次，要坚持引育并举，按照“缺什么，补什么”的原则，在引进紧缺型、专业型人才的同时，注重针对性地培育一批高层次项目的运作和管理人才。最后，要促使企业搭建人才作用发挥平台，让人才有发展舞台。

（五）持续加强人才政策实施效果评估

一分部署，九分落实。人才政策对于吸引人才至关重要，但如何将政策落实到位更为关键。在政策实施过程中，需要对政策进行评估，以便调整、改进、促进政策的实施。政策的实施必须考虑政策目标与执行手段之间、预期政策目标与实现政策绩效之间的差距，发现存在的问题，并提出改进的措施。加大政策落地力度，强化对政策执行的问责，有助于提高行政管理部门的政策执行效率和执行能力，为政策持续改进和优化提供便利。

(六)不断优化人才发展软硬环境

从人才发展的软硬环境着手,减轻人才后顾之忧。人才发展的硬环境主要是待遇、住房、小孩上学、事业平台等激励;人才发展的软环境主要是人才氛围、人才政策、人才重视程度等。要持续在人才服务软硬环境上下功夫。优化人才服务硬环境、创造人才“磁吸效应”,搭建合宜的事业平台,让人才在岗位上有归属感,在工作上有成就感,在事业上有荣誉感。要不留余力地为人才提供良好的居住生活环境,为人才提供优质的公共服务,让人才能来之,能安之。

参考文献

[1]陈劲,朱子钦. 加快推进国家战略科技力量建设[J]. 创新科技,2021,21(1):1-8.

[2]蔡洁. 区域战略与人力资源协同开发研究:以我国中部地区为例[J]. 技术经济与管理研究,2020(6):125-128.

中国区域经济差距的变迁及政策调整建议*

牛树海　杨梦瑶

摘要：

改革开放以来，中国区域经济差距经历了“高—低—高—低”的演变过程，区域差距明显缩小。东西差距虽呈现明显的下降趋势，但发展差距依然较大，且出现了区域分化等新问题。南北差距虽呈现扩大趋势，但仍低于东西差距。中国区域经济发展不平衡仍将长期表现为东西差距问题。因此，要全面落实区域协调发展战略，促进区域协调发展向更高水平和更高质量迈进，必须对现有区域政策进行合理调整。

党的十九大报告提出，“我国社会主要矛盾已经转化为人民日益增长的美好生活需要和不平衡不充分的发展之间的矛盾”，区域经济发展不平衡就是重要的表现。由于经济发展基础、要素禀赋、制度设计等不同，各地经济发展水平也不尽相同。改革开放前，中国区域经济发展差距并不明显。改革开放后，虽然对于区域经济差距变化大小及时间点看法有所不同，但大部分学者认为中国区域经济差距主要体现在东西差距，随着国家缩小东西差距各项政策措施的深入实施，东西差距明显缩小。但是，中国经济发展进入新常态以来，区域经济差距出现了新变化——从东西差距变成南北差距。2018 年，中共中央、国务院在《关于建立更加有效的区域协调发展新机制的意见》中明确提出，构建协调国内东中西和南北方的区域发展新格局。中国区域经济差距的演变趋势是什么？区域经济差距是否由东西差距变为南北差距？这些问题的解答直接关系到区域协调发展战略的准确实施。本研究以改革开放以来中国区域经济差距的变迁为主线，反思中国缩

---

* 项目介绍：河南省软科学研究计划项目（编号：182400410581）。作者简介：牛树海，男，河南林州人，博士，郑州大学商学院副教授，研究方向为区域经济、区域政策、企业发展战略；杨梦瑶，女，郑州大学商学院学生。本文原载《区域经济评论》2020 年第 2 期。

小区域经济差距的政策措施,并提出缩小区域经济差距的对策建议。

一、东西差距呈现缩小态势

本文以各区域 GDP 占全国 GDP 的比重和泰尔指数来测度东西差距的演变趋势。改革开放以来,东西差距的演变过程可以分为三个阶段:第一阶段为 1978—1992 年,东部地区率先发展,东西差距缓慢增加;第二阶段为 1993—2002 年,三大地带间差距迅速扩大;第三阶段为 2003—2018 年,四大板块间差距持续缩小。

(一)东部地区率先发展,东西差距缓慢增加(1978—1992 年)

1978 年,党的十一届三中全会提出优先促进沿海地区发展。根据这一思路,1980 年和 1981 年,国家先后设立了深圳、珠海、厦门、汕头四个经济特区。为推广经济特区的成功经验,国家"七五"计划第一次正式把中国区域格局划分为东部、西部、中部三大地带。依靠政策先发优势和优越的区位优势,东部地区实现了率先发展。通过实行特殊的经济政策,使经济特区成为这一阶段东部地区发展的新增长级,东部地区不仅在发展速度上成为全国的"龙头",地区生产总值也逐渐超过了全国的一半。从三大地带 GDP 所占比重来看,1978 年东部地区 GDP 占全国 GDP 的比重为 50.22%,中西部地区 GDP 占全国 GDP 的比重分别为 29.00%、20.78%。

1992 年,东部地区 GDP 占全国 GDP 的比重为 54.30%,中部地区 GDP 占全国 GDP 的比重下滑至 26.16%,西部地区 GDP 占全国 GDP 的比重为 19.54%。从泰尔指数来看,这一阶段三大地带间泰尔指数自 1978 年的 0.03 上升至 1992 年的 0.061,总体呈现波动上升态势,但上升速度较为缓慢。

这一阶段为实验期,主要通过给予深圳、珠海、汕头、厦门和海南五个经济特区特殊的经济政策,探索经济体制、管理体制、流通体制、价格体制等方面的改革。经济特区的成功改善了投资环境,引进了外商投资、先进技术及管理经验,开辟了中国通向世界的通道,改变了中国人的思想。

(二)三大地带间差距迅速扩大(1993—2002 年)

伴随着东部地区经济的高速增长,中国地区经济发展的不平衡也开始加剧,各地区之间的经济发展差距不断扩大。学者们对于区域差距变化大小及时间点的看法有所不同,王小鲁、樊纲(2004)认为东西差距的扩大主要发生在 20 世纪 90 年代,世界银行研究报告认为东西差距扩大的时间是 1990 年,刘靖宇、张宪平(2007)认为 1992 年是中国区域经济差距扩大的重要转折点。数据显示，这一阶段，东部地区经济增长速度远高于全国平均水平，最高达到18%。东部地区GDP占全国GDP的比重快速提升，到2002年，东部地区GDP占全国GDP的比重为58.92%，比1993年(56.06%)提高了3%左右。相比之下，中西部地区GDP所占比重依旧呈下降趋势，西部地区GDP占全国GDP的比重从1993年的18.84%下降到2002年的17.35%，中部地区GDP占全国GDP的比重从1993年的25.10%下降到2002年的23.73%。东部地区的高速发展，使得东、中、西部地区差距迅速加大。从泰尔指数来看，1993年三大地带间泰尔指数为0.069，2002年三大地带间泰尔指数为0.089，差距增长速度以及幅度为第一阶段的两倍。1999年，东西部地区的人均GDP相对差距为2.45，东中部地区的人均GDP相对差距为2.10。这一阶段是中国市场经济全面建设的起步时期。1992年，邓小平同志的南方谈话拉开了新中国全面开放的序幕，东部地区率先开展了全面的体制机制改革。市场经济体制率先在东部地区生根开花，人才、资金等要素进一步向东部地区转移，带动了东部地区经济的高速发展。与此同时，由于要素流出及体制机制改革的滞后性，中西部地区及东北地区发展活力不足，造成三大地带间的发展差距迅速扩大。

(三)四大板块间差距持续缩小(2003—2018年)

区域差距迅速扩大既影响中西部地区发展的积极性，也不利于东部地区持续发展。随着改革开放的深化，国家开始注重协调发展，先后提出西部大开发战略、振兴东北地区等老工业基地战略、促进中部地区崛起战略，旨在促进中西部地区和东北地区快速发展。2005年，国务院发展研究中心发布《地区协调发展的战略和政策》报告，将中国内地划分为东部、中部、西部、东北四大板块，代表区域发展战略从非均衡发展向协调发展的转变。刘生龙、王亚华等(2009)认为西部大开发使中国区域经济差距从2000年开始转向收敛。许召元、李善同(2006)认为2004年中国区域经济差距出现了缩小的迹象。吉新峰(2012)以人均GDP衡量1997—2009年四大板块间的相对差距，认为变动趋势呈现较为明显的倒“U”形，并以2004年为拐点呈现缩小趋势。杨锦英、郑欢等(2010)和张红梅、李善同等(2019)都认为中国区域经济差距于2005年进入显著缩小阶段。

2003—2018年，东部地区GDP占全国GDP的比重呈现波动下降的趋势，先从2003年的55.16%上升到2006年的55.49%，而后缓慢下降至2013年的51.21%，最后回升至2018年的52.58%。2003—2018年，中西部地区GDP占全国GDP的比重呈现缓慢回升的趋势，中部地区GDP占全国GDP的比重从18.54%上升至21.06%；西部地区GDP占全国GDP的比重从17.18%上升至20.15%。东北地区GDP占全国GDP的比重从2003年的9.12%下降至2018年的6.21%，其中2003—2015年下降了1.12个百分点，2015—

2018 年下降了 1.79 个百分点。从泰尔指数来看,2003 年和 2018 年四大板块间泰尔指数分别为 0.092 和 0.053,这说明,2003 年以来四大板块间的差距持续缩小。

这一阶段是区域协调发展战略的形成阶段。国家对西部地区、东北地区和中部地区的政策以发挥地区比较优势、加大地区开放力度为主,有效发挥了西部地区的资源优势、东北地区的重工业优势、中部地区的区位优势,促进了西部地区、东北地区、中部地区的快速发展。

二、南北差距呈现扩大趋势

本文采用南北方地区 GDP 占全国 GDP 的比重和泰尔指数来测度南北差距的演变趋势。改革开放以来,南北差距的演变过程可以分为三个阶段:第一阶段为 1978—1995 年,南北差距缓慢增大;第二阶段为 1996—2013 年,南北差距微幅缩小;第三阶段为 2014—2018 年,南北差距急剧扩大。

(一)南北差距缓慢增大(1978—1995 年)

1978—1995 年,南方地区经济发展速度快于北方地区的主要原因是沿海地区率先实行改革开放,5 个经济特区、14 个沿海港口城市中有 9 个位于东南沿海地区,引领东部地区发展与南方地区发展的区域格局基本重合。南方地区 GDP 占全国 GDP 的比重从 1978 年的 53.68% 上升到 1995 年的 58.57%。从人均 GDP 来看,1978 年南北方地区人均 GDP 分别为 339.4 元和 399.6 元,南北方地区人均 GDP 比为 0.849;1993 年南方地区人均 GDP 首次超过北方地区,南北方地区人均 GDP 分别为 2921.7 元和 2913.0 元;到 1995 年,南北方地区人均 GDP 比由 1978 年的 0.849 上升为 1.036。从泰尔指数来看,南北方地区的泰尔指数从 1978 年的-0.001 085 上升至 1995 年的 0.000 761,南方地区人均 GDP 水平逐渐赶超北方地区。

(二)南北差距微幅缩小(1996—2013 年)

1996—2013 年,随着市场经济体制全面推广,北方地区也实现了全方位开放。随着西部大开发战略、振兴东北地区等老工业基地战略等国家战略的深入实施,南北差距保持了稳中微降。南方地区 GDP 占全国 GDP 的比重从 1996 年的 58.24% 下降到 2013 年的 57.42%。从人均 GDP 来看,南北方地区人均 GDP 的差距逐渐缩小,2005 年北方地区人均 GDP 首次超过南方地区;到 2013 年,北方地区人均 GDP 为 47 107 元,南方地区人均 GDP 为 45 725 元。从泰尔指数来看,1996 年和 2013 年南北方地区的泰尔指数分别为

0.000 763和0.000 912,南北方地区人均 GDP 的差距基本无变化。

(三)南北差距急剧扩大(2014—2018 年)

2014—2018 年,南北方地区 GDP 占全国 GDP 的比重出现了急剧扩大的态势。2016 年南方地区 GDP 占全国 GDP 的比重首次超过 60%,达 60.3%;2018 年南方地区 GDP 占全国 GDP 的比重达 61.52%。从人均 GDP 来看,2014 年南北方地区人均 GDP 差别不大,2018 年南北方地区人均 GDP 比达到改革开放以来的最高值 1.136。从泰尔指数来看,南北方地区的泰尔指数从 2014 年的 0.000 556 上升至 2018 年的 0.001 576,南北差距急剧扩大。

这一阶段,中国经济发展进入新常态。研究表明,经济体制改革的南北差异是导致南北方地区区域经济差距扩大的重要原因(盛来运等,2018)。

三、中国区域经济差距仍将长期以东西差距为主

通过上述分析,我们可以发现,虽然中国区域经济发展不平衡出现了新现象,但南北差距对区域经济发展的影响远小于东西差距,中国区域经济发展不平衡仍将长期表现为东西差距问题。

(一)南北差距远低于东西差距

从 GDP 差距来看,2018 年,南方地区 GDP 为 562 729 亿元,占全国 GDP 的 61.5%;北方地区 GDP 为 351 978 亿元,占全国 GDP 的 38.5%,南方地区 GDP 比北方地区 GDP 高 210 751 亿元;东部地区 GDP 为 506 311 亿元,占全国 GDP 的 55.4%,东部地区 GDP 比中西部地区 GDP 高 97 915 亿元,比西部地区 GDP 高 322 009 亿元。南北方地区 GDP 差距高于东部地区与中西部地区 GDP 差距,但低于东西部地区 GDP 差距。从相对差距来看,2018 年,南方地区与北方地区的相对差距为 1.60;东部地区与中西部地区的相对差距为 1.24,与西部地区的相对差距为 2.75。南北方地区的相对差距高于东部地区与中西部地区的相对差距,但低于东西部地区的相对差距。

从人均 GDP 差距来看,2018 年,南方地区人均 GDP 为 69 161.94 元,北方地区人均 GDP 为 60 385.02 元,南方地区人均 GDP 比北方地区人均 GDP 高 8 776.92 元;东部地区人均 GDP 为 87 131.29 元,比中西部地区人均 GDP 高 37 048.36 元,比西部地区人均 GDP 高 38 574.50 元。东西部地区人均 GDP 差距高于南北方地区人均 GDP 差距。从相对差距来看,2018 年,南方地区与北方地区的相对差距为 1.15,东部地区与西部地区的

相对差距为 1.79，东西部地区的相对差距高于南北方地区的相对差距。

（二）南北差距处于适度区间

区域经济差距过大不利于整体经济的持续发展，也可能引发社会问题和政治问题。区域间保持适度的经济差距有利于促进要素流动，优化资源配置，提升发展活力，提高经济发展水平。因此，保持适度的区域经济差距能够保持经济社会的持续、稳定发展。但适度的区域经济差距范围是多少并没有统一的认识。刘再兴（1993）、覃成林（1997）、李克（2000）等对区域经济适度差距的界限问题进行了研究，但并没有提出具体的范围。汪彩玲（2008）将改革开放以来中国人均 GDP 区域差距的最高年份和最低年份作为上限和下限，确定了区域差距的适度区间，但这只是对曾经存在的区域差距的总结，并不是最优区间。国际上对区域差距的适度范围也没有统一的标准，欧盟规定人均 GDP 低于平均水平 75% 的区域即为落后区域，可以获得欧盟结构基金的支持。

为了探讨中国南北差距和东西差距的适度范围，本文选择人均 GDP 低于全国平均水平 75% 作为标准来进行比较。如果低于 75%，则表明其区域差距需要采取一定的措施来缩小；如果高于 75%，则认为属于合理范畴。

1978 年以来，东部地区人均 GDP 一直高于全国平均水平的 120%，2003 年为最高值 148%；西部地区人均 GDP 一直低于全国平均水平的 75%，2004 年为最低值 57%；中部地区人均 GDP 虽然没有达到全国平均水平，但除 1993—2007 年低于全国平均水平外，其他年份均高于全国平均水平的 75%。南方地区和北方地区人均 GDP 占全国平均水平比重的差距不大，1978—1993 年，北方地区人均 GDP 占全国平均水平的比重高于南方地区，1984 年为最高值 109%；1994—2004 年，南方地区人均 GDP 占全国平均水平的比重高于北方地区，基本维持在 101%；2005—2014 年，北方地区人均 GDP 占全国平均水平的比重高于南方地区，但最高也仅为 102%；2015 年以来，南方地区人均 GDP 占全国平均水平的比重高于北方地区，且有迅速提高的趋势。

从可支配收入来看，1987 年以来，东部地区人均可支配收入一直高于全国平均水平的 120%，2005 年为最高值 132%；西部地区人均可支配收入一直低于全国平均水平，1992 年为最高值 88%，且 2000—2015 年均低于全国平均水平的 75%。2000 年以来，北方地区人均可支配收入占全国平均水平的比重虽然高于西部地区，但也低于全国平均水平，最高仅为 2017 年的 85%。1987 年以来，南方地区人均可支配收入占全国平均水平的比重一直高于北方地区，1994 年为最高值 111%。北方地区人均可支配收入虽然一直低于全国平均水平，但南北差距并不大。

四、对中国区域经济差距的思考

改革开放以来，中国区域经济差距经历了“高—低—高—低”的演变过程，区域差距明显缩小。东西差距虽呈现明显的下降趋势，但发展差距依然较大，且出现了区域分化等新问题。南北差距虽呈现扩大的趋势，但仍低于东西差距，属于适度范围。

（一）区域差距的存在具有客观性和长期性

区域差距是长期的、绝对的。区域差距是自然地理、经济基础、要素禀赋等综合作用的结果，既具有客观必然性，也具有合理性。区域作为具有较强自组织能力的城市及其影响范围（安虎森，2004），存在资源、劳动力、资本等要素禀赋的分布不均衡性（魏后凯，2011），要素分布的不均衡性是区域经济差距存在的客观条件。交通、通信等的发展能够打破相对封闭的区域经济（徐桂华，1999），强化了要素逐利的本质，进一步加大了区域经济差距。资源的有限性决定了区域发展的不平衡性，Hershman（1958）提出应集中有限的资源优先发展某些地区或部门，并通过外部经济带动其他地区或部门的发展。东部地区率先发展，并带动中西部地区的经济发展，这一过程实现了中国市场化思路替代计划化思路的过渡（李兴江，2010），符合区域经济由不平衡到平衡波浪式地向前发展的客观规律和实践（陈栋生，1988）。

研究表明，随着国家政策的鼓励及中西部地区投资环境和条件的改善，中西部地区集聚式地承接了东部地区的产业转移（周世军等，2012），从而推动了中西部地区的经济增长；东部地区通过产业转出也能够促进自身的产业升级，提高技术创新能力，从而促进产业转出地的经济增长（孙慧文，2017）。

（二）区域协调发展是缩小区域差距的重要途径

差距是绝对的，平衡是相对的（陈栋生，1988）。但区域差距过大必然会阻碍整体发展，如果不加以干涉，先发展地区就会通过累积因果过程，增强其发展能力，而弱化后发展地区的发展优势，形成马太效应（Myrdal，1957）。研究表明，长期的、过大的区域差距不仅可能引起通货膨胀（胡鞍钢等，1995），导致教育、文化等非经济方面的发展不平衡（谢亚男，1999），影响后发展地区的经济发展，还可能演变为区际冲突（张秀生，2008）。因此，既不能放任区域差距扩大而置之不理（张秀生，2008），也不能通过政府的强制性措施来消除区域差距（吴强等，2004），这就需要各地结合历史文化、经济基础等条件，调整区域政策，有计划地使区域差距缩小到合理的范围，即达到区域之间的协调发展。党的十六届三中全会提出区域协调发展战略，党的十九大进一步指出要建立更加有效的区域协调发展新机制，区域协调发展战略已经成为国家战略，有效地扭转了区域差距扩大的趋势。

五、缩小中国区域经济差距的政策调整建议

要全面落实区域协调发展战略，促进区域协调发展向更高水平和更高质量迈进，必须客观认识区域经济差距，及时调整现有区域政策。

（一）加强宏观区域政策的针对性

瞄准区域协调发展战略的目标要求，从全国的角度出发，遵循比较优势原则，制定有针对性的、差异化的宏观区域政策。一方面，针对四大板块的发展实际，制定宏观区域政策。东部地区既要做好产业向中西部地区转移，带动中西部地区发展，以创新推动优化发展，也要率先做好三次产业间的结构平衡，谨防过度去工业化。西部地区要以增强可持续发展能力为基础，以破解基础设施和生态环保两大关键问题为切入点，充分发挥西北地区的资源优势和西南地区的产业优势，塑造产业核心竞争力。

中部地区要发挥交通区位优势和粮食生产优势，进一步构筑现代基础设施新网络，放大纵横联通优势，实现全方位开放，重点发展先进制造业和现代农业。东北地区要以有效提升发展活力、内生动力和整体竞争力为目标，深化体制改革，推进结构调整，推动创新创业。另一方面，针对特定地区的发展实际，制定宏观区域政策。依托长江黄金水道推动长江经济带发展，促进沿长江各地区的优势产业发展。推进"一带一路"建设，加强西部地区基础设施建设，促进沿边地区发展。

（二）加大对黄河流域生态保护和高质量发展政策支持

黄河流域生态保护和高质量发展已经成为中国区域发展的重大国家战略，这是国家对区域发展格局的重大调整，能够优化北方地区经济结构和空间结构，带动北方地区协调发展，有效缓解南北差距扩大的趋势。发展基础薄弱、产业结构不合理、生态环境脆弱等是制约黄河流域生态保护和高质量发展的主要瓶颈，因此，国家既要加大黄河流域生态保护力度，促进黄河流域绿色发展，又要通过发挥黄河流域创新能力驱动黄河流域高质量发展。支持黄河流域各省份创建一批国家级创新平台和综合试验区，加快提升创新能力；支持黄河流域积极推进双向开放，对接"一带一路"建设，汇集全球创新资源，打造内陆开放高地；支持黄河流域加快资源型产业升级步伐，培育战略性新兴产业，构建黄河

流域区域创新体系。

（三）建立城市群高质量发展政策体系

构建“中心城市带动城市群、城市群带动区域”的新区域发展模式，强化中心城市的辐射功能，弱化其虹吸效应，形成大中小城市体系合理的城市群，建立中心城市、城市群、区域互动的新途径和新机制。①逐步打破行政区划封锁，弱化行政手段，突出市场手段，促进城市群之间资源要素的自由流动，谋求更高层次的融合发展，激发不同城市群的发展活力。②抓准城市群中心城市的基本功能定位，明确城市群内各城市的分工，构建核心城市引领、中等城市支撑、推动其他中小城市协同发展的城市群高质量发展格局。③支持中原城市群、关中城市群、呼包鄂榆城市群等北方城市群发展，加快工业化、城镇化进程，以“点”带“面”，加快城市网络化建设，增强辐射带动力，实现区域内部的协调发展。

（四）建立精细化区域发展政策体系

国际区域发展实践和理论表明，区域分化和区域政策体系化是区域发展的趋势。一方面，建立各个地区的特色区域发展政策体系，应充分考虑区域发展特点，发挥区域比较优势，细化区域政策尺度，以提高财政、产业、土地、环保、人才等政策的精准性和有效性。各个地区针对各自区域发展的突出问题，出台差别化、精细化的政策和规划意见，填补区域发展漏洞，补齐区域发展短板。另一方面，构建区域发展监测评估预警体系、建立区域发展风险识别和预警预案制度，做到及时掌握，动态调整。将大数据监测和信息平台用于区域发展水平测度，实现基本公共服务均等化、基础设施通达程度均衡、人民生活大体相当的协调发展。

参考文献

[1]张红梅，李善同，许召元. 改革开放以来我国区域差距的演变[J]. 改革. 2019(4)：78-87.

[2]盛来运，郑鑫，周平，等. 我国经济发展南北差距扩大的原因分析[J]. 管理世界，2018，34(9)：16-24.

[3]刘华军，彭莹，裴延峰，等. 全要素生产率是否已经成为中国地区经济差距的决定力量[J]. 财经研究，2018，44(6)：50-63.

[4]刘智勇，李海峥，胡永远，等. 人力资本结构高级化与经济增长：兼论东中西部地区差距的形成和缩小[J]. 经济研究，2018，53(3)：50-63.

科技服务业若干基本问题探析*

——兼论中国情境下科技服务业研究趋势

王霄琼

摘要:

科技服务业是支撑我国经济向创新驱动转变的关键产业。厘清科技服务业研究中的基本问题有助于更有效率探讨科技服务业发展规律,为解决现实问题提供坚实的理论基础。投入产出均是知识,提供服务过程中需要密集的沟通,解决具有特殊性的问题以及需求的频繁性等是科技服务业的基本特征。这些特征使得科技服务业区别于其他生产型服务业,同时也决定了科技服务业特殊的产业发展规律。目前,官方对科技服务业产业界定并不清晰,需要谨慎地使用相关数据。科技服务业和知识密集型服务业在研究起源、研究侧重点、研究对象等方面存在显著差异。未来,我国科技服务业研究需要探讨其促进创新的经济机制、相关机构的市场化和专业化,同时还需要研究方法的转变。

当前,严峻的国际经济环境以及国内要素条件的变化迫切要求我国经济增长动力的转变。科技服务业是我国经济向创新驱动转变的润滑剂和催化剂。近年来,我国科技服务业快速发展,2010—2016 年科学研究和技术服务业的增加值(按照不变价格计算)年均增长率为 22.4%,远高于同期国内生产总值的增长率。并且,在北京、上海等一线城市,科技服务业已经成为国民经济发展的主导产业。事实表明,科技服务业在我国经济运行中的重要性迅速提升。

科技服务业的快速发展,也引起了学术界日益增长的研究兴趣。2008 年以来,科技

---

* 项目介绍:河南省软科学研究计划项目(编号:192400410153)。作者简介:王霄琼,女,河南驻马店人,博士,郑州大学讲师,副研究员,研究方向为产业经济学、创新经济学。本文原载《科学管理研究》2020 年第 3 期第 38 卷,本文有删节。

服务业研究文献的数量快速增长。现有文献从发展水平、地理分布等多个维度探讨科技服务业发展规律,这为未来的研究奠定了良好的基础。然而,现有文献针对一些基本问题的研究相对薄弱,例如,科技服务业的本质特征、科技服务业行业范围、科技服务业和相近产业概念的区分等。这些基本问题与科技服务业在我国产生的背景、我国特殊的经济发展历程密切相关,深刻理解这些基本问题有利于准确把握我国科技服务业的研究方向和研究重点。

本研究探讨科技服务业的几个基本问题:①科技服务业的特点或者本质界定,正是这些特征区分了科技服务业和其他类型的服务业,也形成了科技服务业特殊的运行规律;②我国科技服务业行业范围界定,以及研究过程中准确使用数据的问题;③科技服务业和知识密集型服务业的区别和联系。此外,基于对这些基本问题的探讨,进一步说明中国情境下科技服务业未来的研究方向和研究重点。

一、中国科技服务业产生的背景

我国科技服务业从提出到受到重视经历了一个过程,1992 年国家科委、2011 年国家发改委等国家部委都曾经提到科技服务业,并指出其在经济运行过程中的作用,同时一些学者也开始着手研究相关问题。科技服务业真正引起政府、企业界和学术界重视是 2014 年国务院颁布《加快科技服务业发展的若干意见》(以下简称《意见》)。此时,经济发展阶段以及经济发展条件变化,需要科技服务业的繁荣发展:推动经济高质量发展,产业结构中高端化、实施生态保护等,均需要创新来解决,也就需要服务于"科技"的行业快速发展。《意见》指出:"加快科技服务业发展是实现科技创新引领产业升级、推动经济向中高端水平迈进的关键一环,对于深入实施创新驱动发展战略、推动经济提质增效升级具有重要意义。"因此,向创新驱动转型是促进科技服务业发展最重要的背景,创新是科技服务业研究的立足点和出发点。

二、科技服务业的基本特征

科技服务业的特点可以从多个角度展开,这里侧重于供给角度的探讨。基本特征能够从本质上区分科技服务业和其他类型的服务业,科技服务业是生产型服务业的一部分,但又与一般的生产型服务业存在显著差异,同时,科技服务业和知识密集型服务业之间也存在交叉重合,分析科技服务业的基本特征为理解和识别产业间差异提供基础。另外,这里立足于创新过程探讨科技服务业的特征,创新过程就是产生、扩散和应用知识的过程,科技服务业渗透到这一过程中,推动和促进创新活动。

（一）科技服务业有别于一般的生产型服务业

科技服务业的投入是知识，产出也是知识，是和科学、技术或创新过程密切相关的专业化知识，这一特点将科技服务业和一般的生产型服务业区分开。一些生产型服务业本身知识密集度比较低，例如物流、租赁、日常的金融服务等。从这一基本特点出发，能够进一步深入认识科技服务业。

首先，知识和信息不同，知识包含判断、解释和经验，存在一定的主观性，而信息不包含价值判断，是客观的。知识和信息差异意味着不能简单地将科技服务业理解为信息的传递者，或者仅仅发挥桥梁作用，科技服务业是知识的加工者，对知识的性质及其经济属性进行修改，通过改变知识的空间特征、存在方式、经济性质等促进创新。而且，知识和信息还存在可转移性的差异，Polanyi（1966）注意到知识具有隐含和默会的维度。知识，尤其是默会的知识，具有较强的环境依赖性，根植于一定的组织文化、网络关系或者仅仅被特定的个人拥有，因此，其书面化、沟通和转移存在一定的困难，而信息可以被系统地加工、转移和存储。科技服务业中的知识往往是默会知识和可编码知识的混合，不同类型的知识形式，以及知识的混合程度显著影响科技服务业发展和地理分布规律。

其次，知识的不可测量性。从要素投入的角度看，劳动和资本都可以用相关的经济单位进行测量，但是知识这种要素却很难捕捉和衡量，具体到某一个企业来看，知识作为其投入品，可以有形表现为人力资本，也就是劳动力的技能、知识水平，即便如此，也很难衡量其人力资本存量。另外，科技服务业的产出也是知识，不可测量其数量和质量，因此科技服务业产出的价值不具有客观衡量标准，完全取决于服务使用方的主观感受，这就产生了比较高的交易成本。

最后，科技服务业依赖的是专业化知识，尤其是和科学技术相关的专业化知识。科技服务业涉及特定领域的科学、技术和组织管理知识，这些知识在战略上非常重要，同时，客户企业未能了解和掌握这些专业化知识，或者是没有科技服务业的支持就无法在经营过程中利用这些知识。这就形成了科技服务业交易过程中显著的信息不对称，其交易过程需要更高程度的信任以及良好运行的制度基础设施。

（二）科技服务业企业和其客户之间存在密集的互动和沟通，这种互动和沟通是提供服务所必需的

一般来说，任何服务的供给方和需求方之间均存在互动关系，但是与传统服务业及一般性的生产型服务业相比较，科技服务业和客户的互动与沟通更为密集，在服务的生产和消费过程中有着决定性的作用。

沟通必要性来自以下两个方面:①和客户的相关信息对于科技服务业企业提供服务尤为重要性,科技服务业提供定制化程度比较高的服务,了解和客户相关的信息是其提供服务的前提条件。并且,两者之间沟通越顺畅,信息传递质量越高,就越有利于提高服务的质量和效率;②知识交换过程中,服务产品质量评估的不确定性和信息不对称也需要交易双方的沟通,沟通过程有助于客户评估知识质量,是客户接受"教育",认识服务价值过程。

需要强调的是沟通过程带来的两个副产品。沟通过程中的过程导向知识流动或无形知识流动增加了客户的知识储备,提高了其吸收能力。尽管在现有技术条件下,科技服务业的一些产品已经有形化,可以表现为书面报告或者软件等形式,但是科技服务业企业和客户公司之间互动和沟通的产出非常复杂,难以精确界定,除了离散的有形的知识流动之外,还会在沟通中产生过程导向的无形的知识流动,例如技术诀窍。沟通过程的另一个副产品是扩展和强化了客户企业创新网络,提供服务的沟通过程,无意识地帮助客户企业与其领域中的专家、研究机构甚至政策制定者建立可信任的个人关系,有助于客户与企业形成良好的创新生态。

(三)解决特殊性问题是科技服务业的核心

从一定程度上说,传统服务业和一般的生产型服务业都是解决问题,科技服务业解决的问题是创新过程中的具体的、个性化问题。会计、营销以及日常的金融服务业需要解决的问题也存在一定程度的特殊性,但是一般来说,能够提供标准化的解决方案或者标准化的解决程序。然而,科技服务业企业需要解决的问题往往具有技术上的特殊性,不存在现成的解决方案,甚至不存在标准化的解决程序。解决问题的过程是科技服务业企业利用其经验和专业知识满足客户需求,也就是提供定制化服务的过程。这也是科技服务业企业规模较小的一个原因:越是以技术为导向的服务业企业,越倾向于根据客户的具体要求定制其服务,一般来说其规模也就越小。

(四)从需求的角度来看,对科技服务业的需求具有持续性的特征

这一点能够将科技服务业和咨询类的知识密集型服务业区分开。两者之间的一个显著差异在于客户使用频率。咨询类的知识密集型服务业,其需求过程中具有一次性的特征,但是对科技服务业的需求,具有持续性特征。一些企业在接受咨询类知识密集型服务业提供的管理流程、财务等服务之后,在相当长时间内(企业内部组织结构或者技术未发生显著变化),不再需要这些类型的服务,但是对科技服务业需求则不同,企业的创新是持续不断的过程,对科技服务业尤其是研发类科技服务业的需求具有持续性,并且

每次交易中需要解决的科学或者技术问题具有逐渐深入的趋势。

科技服务业的上述基本特征来源于其交易对象的特殊性。尽管随着经济发展和技术进步,科技服务业的基本特征会受到一定的影响,但是,只要科技服务业交易对象不发生显著变化,其基本特征则会相对稳定。服务业的一般特点是产出无形性、生产和消费同时进行、不可储存性、不可贸易性、不存在所有权交易等。随着信息技术的发展和普及,一些服务业,尤其是一些生产型服务业,已经突破了服务业的一般特点,具备一定程度的规模经济性、劳动生产率快速提高的特点(江小涓,2019)。生产型服务业中的物流行业,可以利用信息技术统筹安排物流运输,很大程度地利用人员和设备,规避间歇性服务的出现,从而充分利用资源,提高劳动生产率和规模经济性。

但是对于解决特殊性技术问题、投入产出都是知识的科技服务业而言,信息技术革命很难显著影响其规模经济性和生产率增长。信息技术革命对科技服务业带来的影响更多体现在微观层面,例如服务内容、提供服务具体手段等,对其基本特征和经济本质等宏观层面影响相对有限。

三、科技服务业与知识密集型服务业的联系和差异

2015 年之前研究科技服务业的文献,一般都特别说明科技服务业的产业选择问题。2015 年,国家统计局出台了《国家科技服务业统计分类》(2018 年进行了修订),此后的文献一般不对科技服务业行业界定进行特别说明,而是直接使用相关数据。现有统计分类造成了数据使用混乱的情况,因此需要厘清国家科技服务业分类的逻辑,更为合理地使用科技服务业相关数据。

根据《国家科技服务业统计分类(2018 版)》,科技服务业包括七个大类:科学研究与试验发展服务、科技推广及相关服务、专业化技术服务、科技信息服务、科技金融服务、科技普及和宣传教育服务综合科技服务。每一类所包含的细分产业对应《2017 国民经济行业分类》中的具体行业。

国外的文献中,很难找到和科技服务业直接对应的概念,知识密集型服务业是比较接近的一个。知识密集型服务业和科技服务业均属于生产型服务业,不过两个概念的出现及其行业范围的界定存在一定的差异。

(一)国外关于知识密集型服务业的研究和国内科技服务业研究的起源不同

国外知识密集型服务业的研究源于 20 世纪 90 年代,一些学者发现了知识密集型服务业在生产率提高过程中的重要性,想要抽丝剥茧,从众多服务业行业中将其识别出来,

研究其产业特征、功能、影响因素、地理分布规律等。在系统层面,一些服务业通过提供给每一个参与者获取不在系统中的技术和科学信息的渠道,从而在提高总生产率水平方面发挥主要作用,这些产业称之为知识密集型服务业。从企业角度看,知识密集型服务业是由一些企业组成,这些企业接受来自企业外部的信息,并将这些信息和企业特有的知识相结合,转化为对其客户有用的服务。和国外对知识密集型服务业的研究不同,我国学者对科技服务业的研究则是在政府政策文件强调其重要性之后,才产生研究兴趣,开始探讨其发展规律。

(二)国外知识密集型服务业起源于学术界,最早是学术界对知识密集型服务业进行分类和行业界定

科技服务业分为四大类:①管理咨询、税收咨询、审计;②技术咨询、技术服务业和工程服务;③数据处理、软件发展、软件咨询;④广告、营销和通信服务。从行业分类上看,科技服务业和知识密集型服务业的差异在于,科技服务业并不包括咨询、广告、营销和审计等行业,只是在这些行业涉及与科技创新过程有关的活动时,才属于科技服务业的范畴。

(三)科技服务业和知识密集型服务业都具有提升生产率的作用,但是科技服务业更强调通过创新,尤其是技术创新推动生产率增长

从这个角度来说,科技服务业功能更明确。另外,科技服务业的提出,有非常显著的中国情景:一方面,中国现阶段经济发展状况,需要科技服务业作为润滑剂和催化剂,促进中国创新体系的完善,创新绩效的提升,因此,科技服务业如何促进创新是中国情境下要考虑的重点问题;另一方面,科技服务业研究对象具有一定的特殊性,国外文献中的知识密集型服务业是由市场化的企业组成,并不包含具有国家背景的研究机构,例如国家实验室等。

就知识密集型服务业提供的服务而言,既可以在企业内部提供,也可以在市场中由独立的专业化机构提供,而知识密集型服务业着重研究市场化专业化的服务提供者。但是,在中国,科技服务业中的很大一部分是事业单位等非市场化的运行机构。科技服务业产生和发展的中国情境决定了中国科技服务业研究的特殊性。

四、中国情境下科技服务业未来的研究展望

目前,国内研究科技服务业的文献大致包括产业视角的研究、经济地理视角研究、现状及政策分析三类。从产业视角的研究主要包含两个方面:①衡量科技服务业发展水平

或者发展质量、竞争力、发展效率等；②讨论科技服务业和制造业互动发展，科技服务业对制造业升级、制造业效率提升的影响等。经济地理视角研究科技服务业的文献，主要集中于测度科技服务业空间集聚程度，厘清影响科技服务业空间集聚的主要因素。讨论现状和政策分析的文献，主要是结合不同省份或者城市的具体情况，分析其科技服务业发展中存在的问题，以及相应的解决措施。

现有文献存在的两个突出问题：①未能够立足于创新、立足于科技服务业的特点进行研究，更多地将原有其他产业或其他领域的研究方法和思路进行迁移，用于研究科技服务业；②缺乏对科技服务促进创新的经济机制的理论探讨，这种缺失使得对科技服务业现状和政策的研究成为空中楼阁，政策建议成为从一个问题到另一个问题的循环。少数文献注意到这一问题，并作出探索性研究。结合中国特殊的发展水平和历史进程，未来科技服务业的研究需要偏重以下几个问题。

（一）科技服务业推动创新的经济机制、在创新系统中的作用等基本问题

创新的系统属性已经达成共识，金融机构、独立的研发机构、科技中介等均会影响创新的进程和创新的方向。然而，微观视角下科技服务业影响创新的经济机制，以及宏观视角下科技服务业在创新系统中的作用，并未得到很好的回答。科技服务业的重要性体现在有效推进创新，而非产业比重增长。发展科技服务业就是为了能够更好地为创新服务，促进创新效率的提升，只有在理论上解决了科技服务业和创新、创新系统之间的关系，才能够准确把握政策的立足点和着力点。孟庆敏、梅强（2012）从区域创新系统知识产生和流动的角度探讨了科技服务业促进创新的经济机理，为这一领域作出了开拓性的贡献，其研究指出科技服务业不同细分行业在区域创新系统知识流动的不同阶段发挥作用，不过这一研究并未深入探讨科技服务业在为其客户企业提供服务过程中，对知识进行了怎样的处理，如何改变知识的性质，推动客户企业创新；另外，尽管研究中也涉及了区域创新系统，但区域创新系统更多作为一个标签存在，并未能够结合区域创新系统的功能，说明科技服务业在促进区域创新系统功能提升中的作用。另外一个基本问题涉及科技服务业在经济增长中的作用。

目前，科技服务业普遍被认为是创新的催化剂和润滑剂，这种观点内含的假设是科技服务业在经济增长过程中并非是一种独立的因素，也就是说，科技服务业是制造业创新过程的延伸，是依托于制造业发展而存在的产业。但是，在一些城市和区域，科技服务业越来越明显表现为经济增长和创新的驱动性力量。因此，需要从理论和实证方面探讨科技服务业在区域经济发展中的作用，以及在什么条件下科技服务业才能成为经济发展的驱动性力量。

（二）我国科技服务业如何向市场化和专业化的方向发展

我国特殊的经济发展历程以及科学文化体制，使得我国科技服务产业不仅包括市场化的服务企业，也包括非市场机制的事业单位。气象、测绘、地质勘察等服务的提供者大多是事业单位。还有一些国有背景的科技服务业企业，脱胎于事业单位，带有浓厚的政府和行政色彩。一项针对山东的调查显示，山东省接受政府拨款的科技中介机构占其全部中介机构的56%，政府拨款占收入50%以上的中介机构达到57%。针对广州市科技服务业的调研也反映了类似的结论。中国科技服务业特殊性决定了未来研究重心是如何推进科技服务业的市场化进程，以及在多种所有制共存背景下科技服务业发展特征等。

（三）科技服务业研究方法的调整

科技服务业这个统一的名称，在一定程度上掩盖了科技服务业细分行业的多样性和差异性。例如，科技服务业中科学研究和实验发展行业与专业技术服务业之间存在显著不同，科学研究和实验发展更多依赖于分析性知识，而专业技术服务业更多基于合成性知识，知识基础不同使得其发展规律、地理布局等存在显著差异。另外，在不同区域的科技服务业发展路径和发展趋势表现出明显差异，尽管科技服务业在地理上集聚的趋势已经得到了现有文献的普遍支持，但现有文献并未能够说明不同地理背景下科技服务业的发展路径和趋势差异，以及由此形成的城市之间科技服务业分工协作体系。因此，基于区域间面板数据的宏观分析很难发现不同城市科技服务业发展的差异性，也不能说明科技服务业细分行业发展的差异性。更为合理的方法是选择具体城市或者具体细分行业，结合统计数据和实地调研数据，更为准确和客观地把握科技服务业发展规律。

参考文献

[1]江小涓，罗立彬. 网络时代的服务全球化：新引擎、加速度和大国竞争力[J]. 中国社会科学. 2019，(2)：68-91，205-206.

[2]罗利华，胡先杰，汤承双. 基于指数的我国科技服务业发展水平评价研究[J]. 中国科技资源导刊，2017，49(6)：10-20.

[3]刘竞达. 基于区位熵的辽宁省科技服务业集聚发展研究[J]. 现代经济信息，2020(13)：191-192.

[4]廖晓东，邱丹逸，林映华. 基于区位熵的中国科技服务业空间集聚测度理论与对策研究[J]. 科技管理研究，2018，38(2)：171-178.

加快建设国家科研论文和科技信息高端交流平台*

陈　悦　王智琦　胡志刚　姜春林　杨中楷

摘要:

构建国家科研论文和科技信息高端交流平台是加强国家战略科技力量的重要举措之一。在系统梳理我国科研论文和科技信息交流平台建设现状的基础上,指出目前存在资源分散、规模尚小、重复建设、开放度低、专业性不足、功能不完善、交流不通畅等问题,缺乏吸纳全球科研成果的平台或载体,难以从创新链和产业链的角度整合技术供给体系,进而提出整合国家战略科技资源、构建系统深入的开放交流机制、提升交流平台的建设水平、充分发挥竞争情报人员作用和建立健全科研评价体系等对策建议,为我国未来高端交流平台的建设提供有益启示。

党的十九届五中全会审议通过的《中共中央关于制定国民经济和社会发展第十四个五年规划和二〇三五年远景目标的建议》指出:“构建国家科研论文和科技信息高端交流平台。”这是“强化国家战略科技力量”七个要点之一,对于促进科研信息数据的高效开放共享和广泛传播利用,全面提升对科研活动的服务保障水平具有重要意义。随着科技革命和产业变革的深入发展,一些竞争领域涉及国家发展和安全特定目标,某些领域的科研成果和科技信息已经成为国家核心战略资源,需要发挥国家行政力量,充分调动企业和科学家的科研创新活力,管好用好科技资源,牢牢把握高质量发展主动权。

---

* 项目介绍:中华人民共和国科学技术部国家重点研发计划(编号:2019YFA0707201)。作者简介:陈悦,女,博士,大连理工大学教授,博士生导师,研究方向为科学计量学、创新管理、技术管理;王智琦,女,大连理工大学博士后,研究方向为科学计量学、科技管理;胡志刚,男,大连理工大学副教授,研究方向为科学学理论、科学计量学、科学知识图谱等;姜春林,男,大连理工大学副教授,研究方向为科学计量学和学术评价;杨中楷,男,大连理工大学教授,博士生导师,研究方向为科学学与科技管理、专利计量。本文原载《创新科技》2021 年第 5 期第 21 卷,本文有删节。

一、我国科研论文和科技信息交流平台建设现状

目前,我国科研论文和科技信息交流平台主要有科技论文资源数据库、学术搜索引擎、科技论文开放仓储、科技知识服务中心、学术社交网站、科研仪器共享和科技服务平台以及数据仓储中心等几种类型。总体上经历了从数据库建设、知识服务,再到创新服务的建设过程,为针对前沿领域建设国家科研论文和科技信息高端交流平台提供了良好的基础。然而,与国际著名科技信息交流平台所具备的功能相比较,我国各类学术交流平台还有很大的发展空间。

1. 科技论文资源数据库尚不能提供全周期知识服务

目前,我国科技论文资源数据库主要提供科技论文的内容汇聚服务,包括科技论文的集成、检索、全文下载或链接和引文等基础功能,尚不具备对科研活动全周期的支持。若要服务于科研活动全周期,就要求平台不仅仅汇聚论文,还应提供支持学术观点交流、前沿动态跟踪、科研成果及数据共享、基金项目机会识别、科研成果应用监测、个性化的科研成果、科研项目、合作伙伴推介等功能和服务。此外,我国主流的论文资源数据库均需要订阅付费使用,这在某种程度上阻碍了知识流动,尤其是在重视系统创新和大众创新的时代,不利于从事生产实践的工程技术人员对科技知识的及时获取,从而影响科研成果的转化效率。

2. 学术搜索引擎的检索精准性和信息完备性还有待于提高

目前我国学术搜索引擎主要实现对来自不同学术站点的海量科研文献和科技信息的一站式检索,并通过特定的算法对检索结果进行排序后反馈给用户。尽管我国主流学术搜索引擎(如百度学术)索引范围十分广泛,但在检索精确性和完备性方面还有很大进步空间,而且还缺乏对论文开放获取的支持,尤其是无法对重要科技文献开放获取仓储(如国内外著名预印本平台)和数据仓储中心的资源索引支持,通常无法直接提供检索文献的免费全文下载链接。

3. 科技论文开放仓储的价值还未得到国内学术界的充分认可

科技论文开放仓储建设是推动传统期刊论文出版体系向开放、透明、高效的学术交流体系转型的重要举措之一,而其中重要的实现途径之一是预印本平台。但整体上我国科技界对预印本的认知程度较低,预印本平台的利用程度还很不充分,尤其是在本土预印本的建设和发展方面,与国际著名预印本平台还有很大差距。例如,以 COVID-19 作为主题词(标题和摘要)在 ChinaXiv 中进行检索,结果总计 20 篇(8 篇中文,12 篇英文),最早的一篇发表于 2020 年 2 月 17 日,最晚的一篇发表于 2020 年 8 月 2 日。而作为对

照,中国学者在国际预印本平台(主要包括 ResearchSquare、medRxiv、SSRN、bioRxiv、Authorea、arXiv)上发布的论文已超过 4 400 多篇。

4. 学术社交网站还未充分激发出国内科研人员的积极性

学术社交网站是互联网环境下科学交流重要的非正式学术交流渠道之一,主要用户不但包含科技工作者,同时包含广大社会公众,因而学术社交网站不仅为科学家之间的交流提供了及时、方便的渠道,同时也改善了科学家与社会公众之间的联系与沟通,促进了科技知识向社会公众的流动,增强了公众对科学的理解和支持。科学网是我国学术社交网站的典型代表,主要提供博客、圈子、论文新闻等服务,尚缺乏对科研成果的公开发布、共享、存储和检索等方面的支持。此外,整体上我国科研工作者利用学术社交网站进行科研活动(如学术观点交流和科学普及)的活跃性和积极性尚显不足。

5. 中国工程科技知识中心是目前比较符合高端交流平台要求的雏形

中国工程科技知识中心是我国工程科技领域首个以跨领域专业数据融合与深度知识挖掘为目标的公益性、开放式的资源集成和知识服务平台,构建了包括数字图书馆、专业数据库、实时媒体和互联网数据等多种来源渠道的数据海,资源总量超过 44 亿条、84 TB,资源类型包括基础资源类(即文献和其他类资源)和特色资源类[即具有较强专业特点和本单位专有的数值、工具(事实)、行业报告等资源],实现了工程科技全领域数据汇集的重大突破。该知识服务平台通过共性技术的研究对数据进行抽取、打通和融合,实现了不同数据类型资源的初步打通;总中心门户实现了"一站式"工程科技搜索,可提供语义检索、关联分析等基础知识服务,并集成了各专业分中心建设的超过 100 个专业应用,面向广大工程科技人员提供在线专业服务;还为近 60 位院士、10 余个国家重大项目提供主动推送、专题分析、预警监测等线下服务。

6. 国家科技资源共享服务平台是具有中国特色的科技资源服务,目前仅实现了资源的汇聚功能

国家科技资源共享服务平台是由科技部、财政部共同推动建设的国家级平台门户系统,由研究实验基地、大型科学设施和仪器装备、科学数据与信息、自然科技资源等组成,通过有效配置和共享,服务于中国全社会科技创新的支撑体系,对我国在未来国际竞争中的实力和地位影响深远。但目前主要实现了资源的汇聚功能,各资源之间的互联互通性不强,知识创新服务功能尚待开发。

7. 科研仪器共享和科技服务平台的制度安排尚需完善

目前,我国有很多颇具规模的科研仪器共享和科技服务平台商业化运营平台,提供仪器共享、实验外包、检验检测及科技众包等服务。但目前国内科学仪器共享政策实施

细则和评价机制尚待完善，科研机构的科学仪器共享意识不足，缺少以市场供给和需求为导向的规模化的共享平台，这些因素都制约了我国科学仪器开放共享效率。

二、对标国家战略需求尚存在的问题

尽管我国科研论文与科技信息交流系统在近 20 年来有了长足的发展，但要应对人类新科技革命的挑战，引领前沿科技尚有很大差距。目前吸纳前沿科研成果的大多科研论文和科技信息交流平台掌握在欧美国家手中，由于语言和网络方面的限制，我国对这些信息的利用率不高。面向中文科技论文和科研信息，我国已经建有相对完备的文献资源数据库，但是仍存在资源分散、规模尚小、重复建设、开放度低、专业性不足、功能不完善、交流不通畅等问题，尚没有很好地嵌入国家创新链和产业链中，在科技创新中发挥作用受限。

1. 缺乏国际科技话语权与主导权，难以形成吸纳全球科研成果的平台或载体，甚至造成国内科技资源的流失

科技话语权是国际话语权的重要组成部分。我国科技从跟跑、并跑，到某些领域的领跑，已经在国际科技竞争中占有一席之地。我国英文科技论文的发文量常年位居世界第二，高被引论文的占比持续提升，这反映了论文质量也在不断提高，然而我国中文科技期刊总体发文量却呈现下降趋势。《中国科技期刊发展蓝皮书（2020）》中的数据显示，2009—2018 年我国英文科技论文总体发文量为正增长，增幅为 70.10%，而中文科技期刊总发文量则为负增长，降幅为 2.64%，这一反差值得关注。如何让优质的科技成果发表在祖国大地上，在国内发挥更大的作用，是目前急需解决的关键问题。另外，长期缺乏国际认可的数据平台及国际期刊的限定，我国重要科技领域的大数据面临资源安全挑战。例如，我国生命与健康大数据中心（BIGD）于 2016 年初步建成，而在此之前我国在该领域产出的科学数据不得不提交至美国国家生物技术信息中心（NCBI）、欧洲生物信息研究所（EBI）和日本 DNA 数据库中心（DDBJ）等国际生物数据中心，数据外流情况十分严重，安全性和数据再利用都无法得到保障。

2. 基于开放科学的科学交流机制没有建立起来，难以激发科技自立自强的举国体制

科技自立自强的举国体制需要激发出各创新主体的协作热情。当前我国科研激励机制还主要以学术评价体系为导向，而既定的评价体系注重考核论文发表的期刊层次，而不在意科研本身的质量和贡献。尽管我国正在进行“破五唯”的“分类分层”的科技评价体制改革，但若缺乏开放科学的学术激励机制，就难以形成开放的科研文化，科研主体

交流协作的积极性不高,难以激发出大量因各创新主体协作而产生的重大创新性科研成果的出现。目前我国无论在技术层面、产权层面还是机制层面,开放数据平台建设都严重滞后。

3. 现有的国家科技信息交流平台散兵作战,难以从创新链和产业链的角度整合技术供给体系

我国已经有国家自然科学基金基础研究知识库、国家社科基金项目数据库、中科院科技期刊开放获取平台、中国工程科技知识中心、中国知网、中国科技情报服务中心、中科院知识服务平台等多个科技信息交流平台,但大多只起到科技论文数据元数据或全文的收集和保存功能,即使有多源数据,其数据之间也缺乏连通性和知识的整合性,平台不具备服务于创新全过程的能力,知识服务的能力和水平较低。

4. 尚缺乏专门服务于国家战略需求的前沿领域信息交流平台,不利于关键技术的攻坚战

由于战略前沿领域往往是交叉融合并快速变化的研究领域,依据传统学科分类体系难以对其科研成果进行归类,因而有必要有针对性地建立人工智能、量子信息、集成电路、生命健康、脑科学、生物育种、空天科技、深地深海等各前沿领域的科研论文与科技信息交流平台,以满足国家战略需求。

三、加速国家高端交流平台建设的对策建议

互联网环境下科学交流方式正在发生深刻变革,许多国际重要学术交流平台也纷纷调整发展方向,提升知识服务保障水平,以适应科学交流新趋势。新形势下如何加速建设国家科研论文和科技信息高端交流平台,提高平台资源的共享水平和使用效率,从而为强化国家战略科技力量提供更有效的平台支撑,需要从以下几个方面努力突破。

1. 整合国家战略科技资源,建立服务于科技创新活动全环节的高水平学术交流平台

围绕"十四五"瞄准的战略前沿领域,整合科技部、教育部、中国科学院、中国工程院等国家顶级科技力量,合力打造具有国际竞争力的高水平期刊,克服现有科技期刊"小、散、弱"的困境,系统提升高水平期刊平台、数据库的内容和服务品质,吸引高水平成果首发在我国科技期刊。

逐步建立符合国际规范的数据交流平台,建立系统化的数据保存技术方案,保证科技信息长期安全有效和持续服务,为吸纳全球科研成果提供数据论文和数据存储服务。

建立科研成果影响力监测平台,及时发现和全面挖掘科研成果的科学价值和社会效

益，为建立健全科研评价体系提供有效支撑，从而积极引导科研主体关注国家利益，促进高校、科研院所与领军企业等核心科研主体的交流协作。这是组织国家重要科研力量对关键核心技术的长期战略性攻关的关键支撑，是发挥新型举国体制优势的重要基础保障。

2. 构建系统深入的开放交流机制，注重科技资源开放平台建设，提升国家知识创新能力

国家创新能力取决于整个社会获取知识和利用知识的能力。科学交流承载了科学知识生产和创新过程中的知识流动、扩散、评价和吸收再创造的重要环节，开放、透明和高效的科学交流体系能为科技活动创造良好的创新环境。为有效支撑科学交流体系顺畅、良性的运作，我国高端交流平台建设应当把握好当前知识服务发展大势，深刻认识到开放科学是国际科学交流未来的主流趋势，加快形成自由开放的学术交流环境，进而促进知识的创新、传播和应用。

推进实施科研论文和科学数据开放共享实践，积极建设和布局国家科学数据中心和科研论文开放获取仓储，构建系统深入的开放交流机制，鼓励科研主体充分发挥网络化时代知识创造众智、共创、协同的优势，解放科研生产力。充分激发和增强各主体的创新意识与能力，特别是小微个体的积极性和活力，整体提升国家知识创新能力，为国家科技创新体系建设和创新驱动战略提供有力支撑。

3. 提升交流平台的建设水平，完备高端交流功能，创新知识服务理念

目前，我国科技交流平台主要实现了科研论文和科技信息的汇聚集成、分类管理和资源检索等一般性基础信息服务，但这些对科研活动全生命周期的支持是远远不够的，我国高端交流平台的建设应当创新知识服务理念，不仅要提供跟踪科技前沿的基础服务，更应该具有二次知识生产的功能，从而为该领域科学家、工程师、生产技术人员及企业家提供个性化知识供给；还应具有发挥“集体智慧”的功能，既要鼓励科学家发表新观点和新理论，也要鼓励工程师和生产技术人员发表经验数据和需求，这既有利于颠覆性创新，也有利于创新链和产业链的强化。

此外，国家高端交流平台须注重建设其对科学交流的开放性、透明性和时效性的服务功能，积极应对并引领科学交流方式的变革，建设国际国内双循环的科学交流模式，提升中国科研话语权和主导权，吸纳全球高水平科研成果。

4. 充分发挥竞争情报人员的作用，提升平台知识服务质量

创新活动离不开科技情报服务，科技情报工作已在众多领域掀起创新浪潮，并在生物学和天文学等领域促进了众多重大问题的解决。应该充分发挥竞争情报人员在信息

挖掘、数据整合、趋势预测等方面的技术优势，将其研究成果嵌入高端平台中，并建立与领域专家的信息共享和沟通机制，提升平台科技信息的知识化加工能力和水平，以增强创新策源能力。

5. 建立健全科研评价体系，构建良性可持续的学术交流生态系统

科研评价是服务科技管理和决策的重要工具，对科研工作者尤其是青年工作者的科研活动具有明显的导向作用，进而影响我国高端交流平台的建设。针对长期以来我国科研评价中“五唯”和 SCI 论文指标使用不当的问题，需要系统性完善科研评价体系，激励和引导我国科研工作者积极参与开放交流实践，从而推进科技信息的高效交流传播和高质量应用，为构建良好学术交流生态系统提供关键基础保障。

参考文献

[1]邱均平，张裕晨，周子番. 新时代我国科研评价体系重构中必须处理好八大关系[J]. 中国图书馆学报，2021，47(1)：47-60.

[2]张智雄. 高端交流平台建设需要把握知识服务的发展大势[J]. 智库理论与实践，2021，6(1)：5-6，9.

[3]陈劲，朱子钦. 加快推进国家战略科技力量建设[J]. 创新科技，2021，21(1)：1-8.

[4]张建勇. 高端交流平台建设需要关注数字保存问题[J]. 智库理论与实践，2021，6(1)：10-11.

基于创新驱动的河南省制造业转型升级对策研究*

张志娟

摘要:

作为制造业大省,河南省制造业发展面临着"大而不强、全而不优"、智能化落后、高端供给短缺等突出问题。本项目以河南省制造业的转型升级作为研究对象,以创新驱动作为研究视角,从创新环境、创新投入、创新绩效方面阐述了创新驱动制造业转型升级的作用逻辑和影响因素,运用数据分析了取得的成效和面临的困境,最后提出了针对性的对策建议。河南省制造业转型升级成效表现在:国家战略叠加效应持续释放、政策支持体系不断完善;产业规模逐步壮大,产业结构不断优化;研发投入支出不断增加,创新产出能力明显提升;智能化水平明显提升,"三大改造"任务稳步推进。同时,也面临着结构性矛盾突出,新动能支撑明显不足;人才储备明显不足,吸引高端人才方面缺乏优势;企业来源资金占比较高,政府资金支出仍显不足;企业自主创新能力不强,研发投入强度有待增强;行业之间发展不均衡,强势龙头企业较少等困境。

一、创新驱动制造业转型升级的意义与现状

(一)创新驱动制造业转型升级的意义与作用

1. 创新驱动制造业转型升级的意义

①国家工业化进程中实现由价值链低端向价值链高端转型,就必须从要素驱动、投

* 项目介绍:河南省软科学研究计划项目(编号:182400410031);河南省政府决策研究招标课题(编号:2018B085);河南省重点学科建设项目——区域经济学(豫教高〔2018〕119 号);河南省社科普及规划项目(编号:0346);河南省社科联课题(编号:SKL-2018-3105)。作者简介:张志娟,女,硕士,黄河科技学院中国(河南)创新发展研究院副教授,研究方向为区域产业升级。本文为内部资料。

资驱动向创新驱动转变。创新驱动是指将技术、知识、人才等创新要素进行资源整合和高效配置,进而推动产业结构升级和经济增长的一种创新方式;②制造业实现转型升级,就要进行技术创新,使产业结构从低级向高级、从传统产业向新兴产业发展转变,进而推动整个制造业的优化升级。创新驱动制造业转型升级,是指制造业以科技创新作为驱动力,依靠科技创新全面优化制造业的产品结构、技术结构和行业结构等,促使制造业向技术密集型、集约型、高附加值的发展方式转变。

2. 创新驱动制造业转型升级的作用

创新与制造业转型升级是统一的整体,二者联系紧密。①创新作为制造业转型升级根本驱动力,主要通过创新环境、创新投入、创新绩效等来促使制造业的技术创新、知识创新和政策创新等;②创新环境是制造业转型升级的基础,能够提供良好的氛围,有利于促进政策、体制、商业模式的创新;③创新要素投入能够为企业进行技术创新提供资金保障,并影响企业的管理创新,有助于提高企业劳动生产率,进而影响制造业的转型升级。另外,创新绩效主要体现在知识的创新和产出的创新,有助于提高企业整体的创新效率。

(二)影响河南省创新驱动制造业转型升级的因素

影响河南省制造业转型升级的因素,包括经济发展水平、科技人员数量、政策扶持等。在参考和借鉴相关研究成果的基础上,从创新环境、创新投入和创新绩效方面,罗列影响创新驱动河南省制造业转型升级的主要相关指标。

(1)创新环境。创新环境为创新驱动制造业转型升级提供支撑作用,是制造业创新的前提和基础,政府是推动创新活动开展的重要保障,企业是开展创新活动的主体。

(2)创新投入。创新投入是制造业发展的根本,也是企业进行技术创新活动的前提条件,将直接影响到制造企业开展创新活动的意愿和技术创新能力的强弱,包括研发人员数、研发人员全时当量、研发经费内部支出及占主营业务收入比重、研发经费投入强度、研发项目数等相关指标。

(3)创新绩效。创新绩效是创新环境和创新投入结合在一起产生的经济产出和知识产出,体现了制造企业创新中经济效益的实现能力和成果的转化能力,其中包括专利申请数、有效发明专利数、新产品产值、新产品销售收入、主营业务收入、新产品销售收入率等相关指标。

(三)创新驱动河南省制造业转型升级的成效

目前,河南制造业形成了门类比较齐全的制造业体系,已发展成为全国重要的制造业大省。通过实地调查和查阅参考《河南统计年鉴(2017—2019)》,从创新环境、创新投入、创新绩效等方面,对河南省制造业转型升级的成效作如下分析。

(1)国家战略叠加效应持续释放,政策支持体系不断完善。①近年来,河南省多个国家级战略规划和平台的获批,充分体现了国家对河南省制造业发展给予的高度重视和殷切期望,也是河南实施创新驱动发展战略的重大机遇和重要实践,同时,河南随着"一带一路"政策的推进,国家战略叠加效应持续释放;②河南省委、省政府积极落实《中国制造2025》发展规划,先后出台了一系列重要纲领性政策文件以促进制造业的转型升级。政策支持力度持续加大,推进了制造业结构升级和创新升级,为实现由制造大省向制造强省的转变奠定了坚实的基础,营造了良好的发展环境。

(2)产业规模逐步壮大,产业结构不断优化。①河南省正以信息技术为依托打造先进现代化工业体系,从传统的农业大省向着制造业强省目标迈进,全省规模以上工业增加值较快,高于全国平均水平;②出现了一批优势产业和骨干型企业,重点打造农机装备、矿山装备、盾构装备、电力装备四大领军优势产业,数控机床、机器人、节能环保装备、轨道交通装备四个新兴产业;③拥有宇通客车、中信重工等众多在国际国内市场具有较强竞争力的行业龙头企业,随着产业转型优化升级,新兴技术的涌现,全省制造业整体呈现出高端化、智能化、集约化、绿色化发展的良好态势。

(3)研发投入支出不断增加,创新产出能力明显提升。①河南省2018年规模以上工业企业中研发人员为183 091人,其中制造业研发人员166 588人,占比高达91%;制造业研发人员全时当量118 579人年,较2017年增加13 676人年,上升10.8个百分点;②R&D经费内部支出占主营业务收入比重为1.1%,较2017年增长0.5个百分点,制造业的研发经费投入强度为1.0%,较2016年增长0.04个百分点,基本和2017年持平;③河南省制造业参与研发的人员数量、研发经费支出和投入强度、专利申请数、有效发明专利数、新产品产值和新产品销售收入都呈现明显的增加趋势,反映出制造业研发投入支出和创新产出能力都呈现明显的不断增加趋势,极大地促进了经济的快速发展和制造业的转型升级。

(4)智能化水平明显提升,"三大改造"任务稳步推进。①近年来,河南省突出以智能制造引领"三大改造"取得显著成效,示范项目不断涌现,为全省制造业企业转型升级提供了借鉴样板;②在"三大改造"重点任务的推进中,企业的智能化、绿色化、企业技术水平得到明显提升。2019年全省两化融合发展水平指数52.3,较2018年上升了1.1个百分点,位居中部首位,全国第11位;③绿色化改造方面,省工信厅确定了河南省第四批国家级绿色制造名单和2019年省级绿色制造名单,创建国家级绿色工厂、绿色园区和绿色供应链管理示范企业分别为48家、2家和1家,省级绿色工厂、绿色园区和绿色供应链管理示范企业分别为23家、1家和2家;郑州、洛阳、安阳、焦作等四市列入国家工业资源综合利用基地名单;④企业技术改造方面,新认定省级制造业创新中心9家,新遴选创新中心培育单位2家,河南智能农机创新中心成功创建为河南首家制造业创新中心和第12个国家级制造业创新中心。

二、创新驱动河南省制造业转型升级面临的困境

虽然现阶段全省制造业规模发展优势强化,正在加快向高端化、智能化、绿色化迈进,但与制造业发达省份之间的差距还比较明显,与高质量发展和制造强省建设目标还存在着一定的差距。

(一)结构性矛盾比较突出,新动能支撑明显不足

河南作为新兴工业大省,在装备制造、汽车及零部件加工、食品加工等领域具有一定的发展基础和优势。但与我国东部发达地区相比,长期粗放式的发展使全省制造业企业存在着行业分散、地域分布不集中、集聚水平低、竞争力弱等突出的结构性问题,制造业对全省经济社会发展的带动能力和支撑作用正在衰减。

廉价劳动力和能源依赖性强的企业占据河南省制造业的主导地位,本土高新技术产业和高精尖类产品较少。因此,河南省制造业如果不抓住当前我国进行供给侧结构性改革的有利时机及时进行产业升级,长期以来存在的产品质量低下、配套能力差、资源消耗严重等结构性矛盾将会更加凸显,未来的发展将更加举步维艰,会给河南省总体经济发展带来不利影响。

面对新一轮科技革命和产业变革,以数字经济引领制造业高质量发展呈现新格局,大数据、云计算、物联网、工业互联网、人工智能等与制造业深度融合催生了一批新业态、新模式。然而,河南省传统产业比重大,新动能支撑明显不足,尤其是代表先进制造业方向的智能装备、新一代信息技术占规模以上工业增加值比重较低,仅为1.2%和3.0%。

(二)人才储备明显不足,吸引高层次人才方面缺乏优势

人才是兴业之本,创新的源泉,是制造业转型升级和高质量发展的第一资源。

相较于省内其他行业,制造业用工需求较大,但技工的求职人员数量远远低于岗位的供应数量,用工缺口非常明显。河南近年来相继出台了多项与制造业人才相关的政策措施,有力推动了制造业人才队伍建设,但与制造业高质量发展要求相比,全省制造业人才数量远远不够,人才储备明显不足。

全省制造业人才队伍中也面临着高层次人才短缺的困境，尤其是高层次、复合型、高技能人才明显不足，造成企业自主能力不强，已成为制约制造业高质量发展的重要因素之一。主要表现在：一方面，河南省技能人才队伍的学历普遍不高，技能水平明显不高，整体层次较低，高层次技术人才短缺导致制造业人才结构的不合理；另一方面，当前工业企业正处在转型升级的关键阶段，新产品、新项目都需要技能人才支撑，而智能制造的快速渗透，使得大数据、物联网、工业互联网、人工智能等领域的人才更为短缺，对企业创新能力提升造成较大制约。

在引进海外高层次人才的力度和方法上也存在创新度不够，引进政策不够灵活等情况。以上因素均严重影响了河南制造业的进一步发展和竞争力水平的提高。

（三）企业来源资金占比较高，政府资金支出仍显不足

河南省开展研发活动的制造企业数量已成为上规模工业企业研发活动的主要力量，政府资金对全省研发发挥着重要的引导促进作用。

全省规模以上工业企业中制造业数量的比重分别为94.2%、94.5%和94.4%；其中，2018年五大主导产业中装备制造4 269个、食品制造3 274个、新型材料制造842个、电子制造342家和汽车制造669个，较2017年均有所下降。开展研发活动的企业有3 526家，较2017年增加860家，增长32.3%；占全部规模以上工业企业的比重为14.8%，比2017年提高4.7%。

全省规模以上（简称规上）工业企业中制造业有研发活动的单位分别为2 609个、3 420个和3 364个；从研发资金来源来看，规上工业企业中制造业研发经费支出中企业资金分别为374.05亿元、432.97亿元和484.5亿元，占全部规上工业企业研发经费支出的比重为91.3%、91.7%和91.6%；然而政府资金占全部规上工业企业研发经费支出的比重由2016年的3.31%，下降到了2018年的1.89%，较2017年下降0.06个百分点。

可见，企业研发经费支出主要依靠企业自筹，企业来源资金占比高达90%以上，成为企业研发经费来源的主体；而政府资金占比仅2%左右，全省制造业研发经费中的政府资金投入严重不足，起不到相应的扶持和支撑作用，对全省研发经费的引导作用在逐步降低。

（四）企业自主创新能力不强，研发投入强度有待增强

目前，河南省制造业企业基础研究能力尚比较薄弱，还未成为技术创新的主体，自主创新能力不够强。2018年，有效发明专利数占专利申请数的比例为59.7%，仍显不高。

制造业“重技术引进，轻消化吸收”，生产环节和最终产品缺乏自主产权，在核心技

术、关键工艺、高新技术装备依赖进口等方面问题还比较突出。尽管近几年全省制造业开展研发活动的企业数量在不断增加,在科研经费上的投入也在逐年提高,研发经费投入强度有上升趋势。但从整体上看,河南企业研发投入和政府资金投入仍低于浙江、江苏、上海等地区,研发投入强度还比较低,仍低于全国研发经费投入强度平均水平。

全省的科研人员主要集中在高校和科研院所,而制造企业内部科研人员所占全省从业人员的比重还比较低,这体现了河南省制造业创新投入力度还不足,研发投入强度有待进一步增强。这些因素就导致了河南省制造业的技术创新活动还只能维持在一些低端研发上面,仍处于价值链低端环节,由于缺乏核心技术,关键硬件和核心软件发展滞后,在很大程度上阻碍了制造业的发展,从而导致了企业的核心竞争力不强。

(五)行业之间发展不均衡,强势龙头企业较少

从新产品产值来看,计算机、通信和其他电子设备制造业产值占装备制造业总产值的比重高达60.8%,电气机械和器材制造业占12.2%,汽车制造业达10%,专用设备制造业占8%,通用设备制造业占4.9%,金属制品业占1.5%,铁路、船舶、航空航天和其他运输设备制造业占1.4%,仪器仪表制造业占1.2%;通用设备制造业、金属制品业、铁路、船舶、航空航天和其他运输设备制造业、仪器仪表制造业之和仅接近于名列第三的汽车制造业,行业之间的差距非常明显。

从新产品销售收入来看,排名前四的装备制造业分别为计算机、通信和其他电子设备制造业、电气机械及器材制造业和汽车制造业和专用设备制造业;这四个行业的产品销售收入之和占装备制造业总销售收入的比重高达90%,而其他四个行业的销售收入之和仅占10%,行业之间的发展很不均衡。

以装备制造业为例,尽管已涌现出宇通集团、中信重工、中铁盾构、一拖集团、森源集团、许继电气、郑煤机等优势较强的企业,但与国内其他地区的龙头企业相比,河南装备制造企业仍有较大差距。由中国制造业协会发布的《2019 年中国装备制造业 100 强》上榜名单中,河南仅有郑州宇通集团有限公司一家企业入选,且排名为第 65 位,比较靠后;曾入选《2018 年中国装备制造业 100 强》的天瑞集团股份有限公司和安阳钢铁股份有限公司两家企业均落选;与入围企业数量前三的山东(45 家)、浙江(39 家)、河北(24 家)的差距非常大。

三、创新驱动河南省制造业转型升级的对策

制造业作为河南经济发展的支柱产业,要推动河南制造业转型升级,打造河南经济

升级版核心和提升全省制造业高质量发展，需要政府、企业和社会多方面的共同努力，以创新驱动着力推动制造业发展质量变革，向高端化、智能化、融合化、绿色化方向发展，建议从以下方面采取措施。

（一）强化结构调整

河南必须进一步强化结构调整，优化产业布局，摆脱产品处于价值链中低端的状况，全面提升制造业产品的科技含金量和附加价值。

（1）要客观处理新兴产业和传统产业之间的关系。河南制造业中传统产业占主导地位，要客观对待传统产业，以全面培育新兴产业为主攻方向，以引进转化或自主创新先进技术为突破口，通过引入新技术、新模式和新业态逐步对传统产业优化更新改造，全面推进传统产业的改造再生，培育新型的产业生态体系。

（2）支持传统企业通过兼并重组等方式形成规模化发展，提升市场竞争力，鼓励已完成资本积累的企业将资金投向新产业、新业态，形成多元化的发展格局。

（3）积极推进供给侧结构性改革，建立以电子制造和新一代信息技术产业为先导、绿色食品和高端装备产业为支撑、新能源和新材料为重点的现代制造业体系。

（二）强化郑洛新国家自创区的带动作用

河南要打好创新驱动发展牌，加快实现从"制造业大省"向"制造业强省"迈进的步伐，需持续依托郑洛新国家自创区，放大政策的辐射带动效应，把培育引进"四个一批"作为中心任务，提升河南制造业的科技创新水平。

（1）加大创新开放力度。大力发展资本、知识和技术密集型产业，努力提高产品质量，全面提升制造业产品的科技含金量和附加价值，摆脱产品处于价值链中低端的状况，进而使全省制造业能够占据全球价值链高端的有利位置。

（2）加快建立技术协同创新体系。对于由政府引导设立的创新类基础设施，加大资源的开放共享程度，便于更多企业获取创新信息；突出大中型企业在技术创新中的优势，以龙头企业带动配套中小型科技企业，提升产业配套能力，延长和完善产业链长度，以改善基础研究与产业化之间的脱节现象。

（3）强化军民融合领域的技术创新。发挥郑洛新军工创新资源的优势，加快军用技术向民用市场转移的步伐，推动军民融合发展。

（4）构建河南制造创新发展的支撑基础。紧抓产业技术创新联盟、产业技术创新研究院、军民融合协同创新研究院等各类平台建设，引入各类创新中介机构以完善河南创新体系建设。

（三）提升人力资源水平

河南制造业面对高质量发展的新时代和新要求，必须提升人力资源水平，加速新旧动能的转换。

（1）推动多元化战略合作。要积极引导高等院校、高职院校进一步加强与国内外教育机构和企业的战略合作，从省外和国外知名大学、科研机构和企业引入制造业领域的全球智力资源；依托龙头企业、职业院校大力发展职业教育和技能培训，加强聘任行业专家作为专业带头人，聘请专业人才和能工巧匠在学校担任兼职教师，重点培育和造就一批高层次技术研发、制造、管理和操作技能等骨干人才。

（2）探索和建立推进河南制造业发展的咨询专家库，为加快全省制造业高质量发展提供智力支持；引导和支持企业与科研院所、各类智库平台等加强交流合作，聚焦重点领域关键核心技术的联合攻关、行业发展趋势的深度研究等，为全省制造业核心竞争力提升提供坚实保障。

（3）企业要营造有利于科技人员发挥才能的保护制度环境，在激励和分配机制等方面向科技人员倾斜，充分激发科技人员产品、工艺等创新成果的转化活力，创造出更多高品质和高附加值的新产品。

（四）进一步加大基础研究投入力度

当前，河南省制造业的研发经费投入中基础研究占比较低，需要政府和企业共同努力加大对基础研究的投入。

（1）要发挥政府资金的保障作用，政府要合理地配置财政资金，加大企业在基础研究方面的科研经费投入力度，完善相关税收激励政策，对符合条件的企业给予一定的信贷支持，切实提高科研经费的投入比例。相关部门要积极主动地为企业、社会资本和金融机构牵线搭桥，以企业科技成果等作为担保，借助社会资本的投入和获取金融机构的贷款以帮助企业开展创新研发活动，进而提升企业的研发能力。

（2）引导行业、企业加大对基础研究的投入力度，鼓励高校、科研院所和企业共建高水平专业化研发机构，围绕重大关键共性技术实施联合攻关开展产学研合作，建立政、产、学、研一体化的社会化多元投入机制，加深产、学、研的深度和广度。推进基础研究与应用研究紧密结合，建立市场引导机制，推动科研院所和高校的创新活动聚焦于河南产业升级的技术瓶颈和企业技术需求，加快科技成果的转换，提高制造业的创新能力。

（五）突出以智能制造引领“三大改造”

当前智能制造和工业互联网发展处于需求爆发期，河南传统产业规模较大，许多传统企业已经意识到智能制造决定着企业的发展状态和生死存亡。制造业转型升级需要在智能制造方面多下功夫，要把智能制造作为引领“三大改造”提升的主攻方向。

（1）培育推广智能制造标杆项目。在装备、食品、汽车、材料、化工等优势产业领域推出一批智能工厂和智能车间等标杆项目，形成示范带动引领作用；在郑州、洛阳等开展智能制造试点示范的经验复制和推广，提升河南省制造业创新效率。

（2）构建智能制造生态体系。引导省内外智能制造提供商、工业互联网平台和行业龙头企业等联合起来，探索成立智能制造研究院，汇聚智能制造和工业互联网资源，开展培训和典型案例研究，打造开放式的智能化改造推广合作平台。

（3）持续建设完善河南省智能制造公共服务平台在平台现有基础上不断扩展和完善功能，增加政策解读、智能制造培训、专家资源、优秀解决方案商对接以及部分工业云服务等。为政府提供数据分析、决策支持，为企业提供政策宣贯、案例推荐，系统解决方案供应商对接问题；同时与工商、税务、信用等数据关联，为进一步完善全省制造业企业评价模型提供依据，为政府开展选优、评级提供科学支撑。

（六）完善政策扶持体系

根据制造业发展新特点和发展新趋势，河南要进一步完善创新驱动制造业转型升级的相关政策扶持体系。

（1）整合现有相关政策。河南对陆续获批的国家战略平台给予了支持政策和先行先试政策，但各项政策分散在不同部门和领域，难以形成政策合力。需要对相关制造业领域的支撑政策进行梳理和整合，加强政策联动，为突破一批重大项目和创新项目发挥政策合力。

（2）结合河南实际制定制造业创新驱动发展的规划，注重与国家重大政策协调配合，注重与产业和行业等具体规划的衔接，科学地制定创新驱动河南制造业发展的规划。

（3）从全省层面严格落实制造业项目建设，招商引资考核办法，强化目标考评，提升制造业在全省绩效考核中的权重。

（4）实施更加市场化的支持政策，推动涉企资金基金化改革，设立更多政府引导基金，用好先进制造业集群培育基金、战略性新兴产业基金等现有产业基金，鼓励以“基金+招商”“基金+集群”“基金+项目”“基金+平台”等方式，支持亟须培育和突破的制造业重点产业、项目和企业，开拓新产品、新技术、新市场、新模式。

参考文献

[1]王泽荣.郑州制造业产业集群发展研究[J].中小企业管理与科技,2021(8):60-61.

[2]张志娟.河南省提高制造业创新能力路径研究[J].当代经济,2020(5):63-65.

[3]方媛媛.河南省先进制造业发展路径分析[J].现代工业经济和信息化,2021,11(9):13-14,103.

[4]孙梦娇.郑州制造业高质量转型创新型人才保障研究[D].郑州:中原工学院,2020.

技术创新对河南省制造业价值链攀升影响研究*

王洪庆　郝雯雯

摘要:

构建衡量地区制造业价值链攀升和技术创新能力的评价指标体系,采用时序全局主成分分析方法计算河南省2008—2019年20个不同制造业行业价值链攀升指数和技术创新能力指数,从行业层面构建面板计量模型探究技术创新能力和技术创新要素对河南省制造业价值链攀升的影响。结果表明:技术创新能力提升对河南省制造业价值链攀升有显著促进作用,整体制造业以及不同技术类型制造业都主要通过研发人力资本和知识产出创新要素促进制造业价值链攀升,并且技术水平越高的制造业,其促进效果越明显。

经济的高质量发展离不开制造业的高质量发展,制造业的核心竞争力是国家或地区在国际竞争中争夺的一个重要的制高点。为推进我国制造业价值链攀升,党的十九大报告提出,要加快建设制造强国,加快发展先进制造业,促进我国产业迈向全球价值链中高端,培育若干世界级先进制造业集群。

与发达省份相比,河南省制造业长期被锁定在价值链的低端环节,制造业高端化水平低于全国平均水平,制造业的转型升级相对发达地区来说任务更为艰巨。为促进制造业迈向价值链中高端,必须实现从要素驱动到创新驱动转变的发展模式现状。研究技术创新对河南省制造业价值链攀升的影响,并在此基础上提出有针对性的政策建议,有利于推动河南速度向河南质量、河南制造向河南创造、河南产品向河南品牌转变。

国外学者 J. Humphrey 等提出,全球制造业价值链升级模式一般遵循工艺升级—产

---

* 项目介绍:河南省软科学研究计划项目(编号:212400410069)。作者简介:王洪庆,男,河南焦作人,博士,河南财经政法大学教授,研究方向为产业经济理论与政策;郝雯雯,女,河南焦作人,硕士,研究方向为产业经济理论与政策。本文原载《地域研究与开发》2021年第5期第40卷。

品升级—功能升级—链条升级。技术创新是推动价值链攀升的重要内在动力,企业要想提升在全球价值链中的位置,必须通过不断的知识学习和技术创新提升产品的科技含量和改良产品的品质来实现。国内关于技术创新与价值链升级关系的研究可以归纳为三个层面。①在国家层面,林青石从不同角度探讨了技术创新与我国产业升级之间的作用机制;余姗等通过面板数据模型研究表明,促进我国制造业价值链攀升的最关键因素是自主研发;季良玉实证研究了三种技术创新路径对我国制造业产业结构高度化的影响;郭梦迪等研究认为,技术引进和改造不能从根本上提升出口竞争力,自主技术创新才是长久动力;阳立高等通过实证研究表明,技术进步对我国制造业结构升级有明显的促进作用,但其作用呈现出一定的地域差异性,即对东部地区作用最强,对中、西部地区依次减弱;张鹏等研究表明,科技创新的生产要素利用效应、产业改造升级效应、需求与贸易结构优化效应对制造业结构高级化均有明显的促进作用。②在地区层面,简晓彬等认为技术创新与制度创新的协同是推动江苏省制造业价值链攀升的重要动力;周春山等指出汕头传统制造业普遍处于全球价值链低端环节,并存在“路径锁定”与“路径依赖”双重制约。③在行业层面,陈爱贞研究表明,薄弱的自主创新能力是导致我国处于全球价值链低端环节的根本原因;孙少勤等认为增加技术创新要素投入可以提升我国装备制造业的国际竞争力;曹勇等研究认为高技术产业整体与其下属行业之间以及下属各行业彼此之间技术创新投入对创新绩效的影响效果存在明显差异;刘冰等认为我国台湾地区 LED 产业实现价值链升级的重要前提是必须实现链条内部和链条之间的技术创新。

综上所述,多数学者认为技术创新能在不同程度上对价值链的攀升产生影响。国外学者关于价值链升级的研究主要集中在功能升级和链条升级这些相对较高的层面,国内相关研究大多以某一产业或全国制造业价值链攀升为对象,还没有形成对某一区域制造业价值链攀升的研究范式。

一、制造业价值链攀升和技术创新能力评价

本研究以河南省为例,构建衡量地区制造业价值链攀升和技术创新能力评价指标体系,采用时序全局主成分分析法计算 2008—2019 年河南省 20 个不同制造业行业价值链攀升指数和技术创新能力指数,在此基础上,从行业层面构建面板计量模型探究技术创新能力和技术创新要素对河南省制造业价值链攀升的影响机理。

在研究对象上,以河南省制造业为例,剔除了家具制造和木材加工等数据不全的行业、橡胶塑料等口径统计不同的行业以及烟草等受国家政策影响较大的行业,最终选取 20 个制造业细分行业为研究对象。根据经合组织(OECD)制造业技术密集度分类标准,

食品加工、食品制造、饮料制造、纺织、服装、造纸为低技术行业；石油加工、非金属矿物制品、黑色金属加工、有色金属加工、金属制品为中低技术行业；化学制品、化学纤维、通用设备、专用设备、交通运输、电气机械制造为中高技术行业；医药、通信设备、仪器仪表为高技术行业。

研究方法上，构建制造业价值链攀升和技术创新能力评价指标体系。根据波特的价值链定义和施振荣的微笑曲线理论，通过分析制造业价值链攀升的内涵、制造业发展的规律特点以及数据的可获得性，参考《中国制造 2025》中体现经济质量效益和创新能力的指标，从加工与制造能力、研发与设计能力、品牌与营销能力三方面构建制造业产业内价值链攀升评价指标体系，共包含九个具体指标。与工业增加值率和出口技术复杂度等单一指标相比，制造业价值链攀升评价体系更加全面和系统，测度结果更加科学。从技术创新投入和技术创新产出两方面出发，结合河南省制造业发展现状和数据的可获得性，参考秦青对技术创新投入产出指标的选取，构建技术创新能力评价指标体系。具体选取研发人员投入强度、研发资金投入强度、技术创新投入产出系数、专利拥有数、新产品销售收入比重和新产品产值六个指标来衡量制造业技术创新能力。

在研究数据来源上，依据 2009—2020 年的《河南统计年鉴》《中国统计年鉴》《中国高技术产业统计年鉴》和《中国工业经济年鉴》。

二、河南省制造业价值链现状与问题

（一）价值链攀升态势明显

研究表明，河南省 2008—2019 年制造业价值链攀升总体得分，从 2008 年的 39.43% 上升到 2019 年的 54.08%，得分尽管在个别年份出现了下降，但总体来看，河南省制造业价值链攀升态势明显，趋势相对稳定。从不同技术类型行业价值链得分水平来看，高技术行业价值链攀升得分从 2008 年的 46.78% 上升到 2019 年的 62.94%，攀升幅度最大；中高技术行业和低技术行业得分从 2008—2019 年呈现上升—下降—上升的波动趋势；中低技术行业在最初的五年呈下降态势，从 2014 年开始稳定上升。从各行业价值链攀升得分变化趋势来看，除饮料制造业、造纸业、化学制品业、化学纤维制造业得分有明显下降趋势外，其他行业价值链均存在不同程度的攀升，其中医药制造和专用设备制造业等行业价值链攀升趋势最为明显。

（二）制造业技术创新能力不断提升

总体来看，河南省制造业技术创新得分从 2008 年的 22.05% 上升到 2019 年的

34.07%,技术创新能力提升趋势明显。从不同技术类型行业的得分水平来看,中高技术行业和高技术行业技术创新能力提高的速度最快,得分分别从2008年的19.87%和33.15%上升到2019年的40.82%和51.30%。中低技术行业技术创新能力得分从2008年18.98%上升到2019年27.43%,低技术行业技术创新能力得分趋势相对稳定,增长幅度较小。从横向动态趋势来看,通用设备、专用设备、电气机械制造、通信设备等行业技术创新能力提升速度最快,其中通信设备业从2013年到2019年连续七年占据第一。

(三)技术创新对制造业价值链攀升的影响显著

1. 不同技术类型行业技术创新对制造业价值链攀升的影响差异化明显

鉴于样本数量要求和实证结果的有效性,将低技术和中低技术行业进行合并、中高技术和高技术行业进行合并来检验技术创新对制造业价值链攀升的影响,采用逐步回归法对模型进行回归,研究表明:

(1)不同技术类型行业中,技术创新对制造业价值链攀升均有显著促进作用。技术创新得分在低技术和中低技术行业中的回归系数为0.253 8,在高技术和中高技术行业中的回归系数为0.108,也就是说,技术创新对技术较低行业价值链的攀升促进作用更强。原因可能是对于高技术和中高技术行业来说,技术创新水平的提高虽能够使高技术企业突破和掌握更多的核心技术,提高企业核心竞争力,但高技术和中高技术行业对技术创新能力的需求更强,较于低技术和中低技术行业,技术创新能力提升在短时间内对促进产品科技含量提高的边际效用较弱,因此,对制造业价值链攀升促进作用较于较低技术行业相对较弱。从全行业来看,技术创新得分对价值链攀升的影响系数为0.068,对制造业价值链攀升有明显促进作用。

(2)不同技术类型行业中,地区专业化对制造业价值链攀升的影响不同。地区专业化水平只有在低技术和中低技术行业中才对制造业价值链攀升有明显的促进作用,主要原因是低技术和中低技术行业对传统资源的依赖较大,地区专业化水平的提升能够提高企业对资源的利用效率和配置效率,从而提高劳动生产率,降低企业成本,促进制造业价值链攀升。对于河南省中高技术和高技术行业来说,当前整体发展水平较低,行业间存在较大的发展差异,过高的地区专业化水平不利于形成行业间研发知识创新的互补性,无法享受专业化分工带来的集聚经济效益,阻碍行业的协同发展,影响制造业价值链的攀升。

(3)不同技术类型行业中,企业平均规模对制造业价值链攀升均有显著的抑制作用。究其主要原因,一方面,当企业平均规模过大时,企业内部组织和管理成本会相应提高,从而导致“肥胖病”，制约企业规模经济的实现，对制造业价值链攀升起到阻碍作用；另一方面，企业规模的扩大会导致企业对更大产量的追求，通过规模经济来降低成本，而非通过增加研发投入和技术创新来增加产品附加值，提高竞争力。因此企业规模的扩大可能会阻碍制造业价值链的攀升。

（4）不同技术类型行业中，制度创新对制造业价值链攀升的影响不同。整体行业中制度环境对价值链攀升有显著的促进作用。分行业来看，低技术和中低技术行业、高技术和中高技术行业中制度创新对价值攀升有不明显的促进作用。

目前河南省的市场化水平整体不高，对于中高技术和高技术行业来说，研发创新的难度更高，研发投入收益的不确定性更大，如果创新制度和环境不能及时保障企业技术创新行为，则可能出现更大的风险，致使企业技术创新水平的提升受到阻碍，影响高技术行业制造业价值链的攀升。

2. 技术创新中不同要素对制造业价值链攀升的影响突出

研究表明，从技术创新要素来看，技术创新产出（有效专利数）、技术创新人力资本投入在不同技术类型行业中对制造业价值链攀升均呈现显著的促进作用，且在中高技术和高技术行业中的促进作用都最强。研发资金投入的回归系数尽管在不同技术类型行业中均为正数，但都未通过至少10%的显著性水平检验，因此，对制造业价值链攀升的促进作用不明显，主要原因是研发资金的投入强度即研发资金支出相对于制造业营业收入的比重较低。数据显示，2019年河南省制造业研发资金投入强度为1.29%，而浙江省为1.68%，广东省为1.58%，研发资金投入强度不足制约了研发投入对制造业价值链攀升的促进作用。就控制变量而言，不同技术类型行业中地区专业化对价值链攀升的影响大致相同，而制度环境在高技术和中高技术行业、全行业中对制造业价值链攀升的回归系数符号发生了变化，但未通过显著性检验，企业规模在高技术和中高技术行业中对制造业价值链攀升的回归符号发生了变化。制度环境反映了行业内部非国有固定资产投资所占比例，较为稳健的制度环境、较高的市场化程度更有利于技术创新能力的提升，而河南省医药制造、仪器仪表、专用设备制造业等高技术和中高技术行业仍处于发展初期，技术创新能力提升空间很大，但由于高技术产品市场化程度不高，致使高技术和中高技术行业尚不能分享制度创新对创新资源配置效率的促进作用。高技术和中高技术行业平均规模的扩大能够吸引科技型人才的聚集，提升行业科技研发质量，进而提高企业将技术成果转为社会经济效应的效率（新产品收入），促进制造业价值链攀升。

三、结论及建议

河南省制造业价值链呈现明显的攀升态势。其中，高技术产业近年来发展较快，势头迅猛,特别是医药制造业的优势日益凸显;以装备制造业为主的中高技术行业价值链也保持较快的攀升态势;以造纸、饮料为主的传统劳动密集型制造业价值链呈缓慢攀升态势。河南省制造业技术创新能力不断提升,以装备制造业为主的中高技术制造业和以通信设备和电子设备为主的高技术制造业技术创新能力提升速度最快;以食品、饮料、纺织为主的传统低技术制造业和以石油加工、有色金属为主的中低技术制造业技术创新能力提升速度相对较慢。技术创新能力提升对制造业价值链攀升有明显的促进作用,但对不同技术类型制造业价值链攀升的促进程度不同,对低技术和中低技术制造业价值链攀升的促进作用相对较强,对中高技术和高技术制造业价值链攀升的促进作用较弱。无论是低技术和中低技术,还是高技术和中高技术,以及整个制造业行业,技术创新对制造业价值链攀升的促进作用均主要通过创新要素中人力资本和知识产出要素(有效专利数)发生作用,而研发资金投入要素对制造业价值链攀升的促进作用不明显。基于此,我们建议如下:

(1)制定制造业发展战略和政策。围绕"中国制造 2025",因地制宜制定河南省制造业发展战略,并出台配套的产业发展政策,激发企业创新动力和活力,对污染严重、产能过剩的产业要严格转型和限制,为推动制造业价值链攀升提供政策保障。

(2)成立先进制造业发展基金。设立由政府资金牵头、民营资本积极参与、市场化运作的先进制造业投资基金,为先进制造业发展提供必要的资金支持。

(3)选择合适的技术创新方式。目前河南大多数制造业企业在前沿性研究方面积累不够,盲目追求原始创新,不但会加重企业的研发负担,甚至可能导致错失市场机遇,因此,可以优先选择跟随创新和集成创新,再积极尝试原始创新。

(4)注重科技创新与规模效率的协调发展。重视河南省制造业的企业规模质量,在增加企业资产、扩大规模的同时加大研发资金投入,提高研发资金的投入强度,充分发挥研发资源投入的积累与规模效应,提升行业的整体竞争力。

(5)加快改善市场环境。通过制度创新,提高制造业行业研发资金投入要素的配置效率,提高研发资金对技术创新能力的促进作用。

参考文献

[1]陈劲,尹西明,阳镇.新时代科技创新强国建设的战略思考[J].科学与管理,2020,40(6):1-5.

[2]吴画斌,许庆瑞,李杨.创新引领下企业核心能力的培育与提高:基于海尔集团的纵向案例分析[J].南开管理评论,2019,22(5):28-37.

[3]李瑞雪,彭灿,杨晓娜.以双元创新为中介过程的开放式创新对企业核心能力的影响[J].科技进步与对策,2019,36(4):90-97.
[4]周丹,李鑫,王核成.如何共舞?服务商业模式创新与技术创新对企业绩效的交互影响[J].科技进步与对策,2019,36(22):92-101.
[5]崔月慧,葛宝山,董保宝.双元创新与新创企业绩效:基于多层级网络结构的交互效应模型[J].外国经济与管理,2018,40(8):45-57.
[6]李瑞雪,彭灿,杨晓娜.以双元创新为中介过程的开放式创新对企业核心能力的影响[J].科技进步与对策,2019,36(4):90-97.

河南省电子信息产业链现代化水平提升研究*

杨梦洁

摘要：

随着数字经济引领高质量发展进程不断加快，电子信息产业作为支撑数字经济发展的基础性产业重要性日益突出。河南高度重视电子信息产业发展，智能终端、智能传感器、信息安全等产业领域已经形成一批竞争力强、优势突出的骨干企业，以及多个有影响力、规模较大的产业集群。面对新发展阶段的机遇和挑战，河南正从全面优化产业布局、强化项目支撑带动等方向着手，打造配套产业协同发展，供应链高效安全连接，空间链集聚扩散协调的发展格局，全力提升电子信息产业链现代化水平。

2020年习近平在各地调研期间多次强调做实做强做优实体经济特别是制造业这一问题。党的十九届四中全会指出，要"提升产业基础能力和产业链现代化水平"，为我们指出了新时期制造业转型升级重要思路与前进方向。电子信息产业在河南具备一定发展优势，是连接新一代信息技术与实体经济相互融合，关系到数字经济发展基础的重要产业，在河南最新发布的制造业高质量发展实施方案中，明确作为五大优势产业之一给予支持。提升电子信息产业链现代化水平，对于河南做实做强做优实体经济有着重要意义。

一、河南电子信息产业链现代化水平现状梳理

近年来，河南电子信息产业在《河南省电子信息产业转型升级行动计划（2017—

---

* 项目介绍：河南省软科学研究计划项目（编号：212400410120）。作者简介：杨梦洁，女，河南洛阳人，博士，河南省社会科学院助理研究员，研究方向为产业经济、网络经济。本文原载《合作经济与科技》2021年第18期。

20120 年)》等一系列文件指导下,各个行业均取得了长足的发展。

(一)手机智能终端产业

从 2011 年富士康落户郑州航空港经济综合实验区之后,河南以此为依托,智能终端产业不断发展壮大,成为世界重要的智能手机生产基地。2019 年手机产量位居全国第二,占全国手机产量的 12.9%。同时,产业链条不断完善,河南东微电子材料有限公司等一系列上游企业落户发展,带动郑州航空港区的智能终端产业从基础的整机组装向深加工领域的新型显示、摄像模组和芯片、研发设计、检测等环节拓展,下游向智能医疗、智能家居延伸,产业链协同水平不断提高。在此基础上,河南以郑州航空港区智能终端产业(手机)集群为核心,形成鹤壁、商丘、信阳等地手机结构件、连接器、玻璃盖板等配套产业协同发展的格局,培育了一批如郑州鸿富锦、济源富泰华精密电子、商丘金振源等骨干企业。

(二)计算终端产业

计算终端产业是河南近年来在抢抓数字经济发展机遇中布局谋划的新兴产业。2019 年年底,鲲鹏项目生产基地落户许昌。2020 年 4 月,鲲鹏云计算中心落户新乡。2021 年 9 月,郑州鲲鹏软件小镇即将完工。2020 年 3 月,河南明确提出郑州以中原鲲鹏生态创新中心建设为重点,布局研发、适配、人才培训基地,许昌以鲲鹏产业硬件生产制造基地和销售中心为重点,布局完整生产链条,新乡、开封等地集聚一批产业链配套企业,形成协同发展产业链区域布局。同时,郑州积极接洽联系紫光集团、浪潮集团等行业骨干企业,以重大项目落地推动产业链不断延伸。2020 年 4 月,紫光智慧计算终端全球总部基地重大项目落户郑州高新区,引进芯片、模组等上下游适配企业,推动形成商用计算终端生态产业链体系。

(三)智能传感器产业

河南智能传感器产业近年来在河南省委、省政府的高度重视之下,发展不断提速,国内国际影响力显著提升。截至目前,郑州已连续三年成功举办世界传感器大会,并提出 2025 年打造千亿级产业集群,规模以上企业 100 家的目标。目前,产业主要集中在郑州、洛阳、新乡、南阳等地,范围涵盖气体、湿度、流量、红外传感等多门类传感器,广泛应用于环境、工业、农业、电力等领域,产业规模百亿级,拥有汉威科技、光力科技、南阳森霸传感、中电科 27 所等一批骨干企业。

2020 年 6 月,经过论证,由政府主导、国内知名高校和行业领先企业共同参与建设的智能传感器产业共性关键技术创新与转化平台于2020年年底在河南正式启动,助力河南智能传感器产业链条技术经济水平提高并不断迈向高端化。

(四)信息安全产业

河南信息安全产业链从空间布局上看主要集中在郑州市,郑州作为"国家信息安全产品研发生产基地"和国内四大网络安全产业聚集地之一,目前全市经过认证的软件企业数量约占全省80%,已汇集郑州信大捷安信息技术股份有限公司、山谷网安科技股份有限公司等一批重点企业。

随着河南省信息安全产业示范基地等平台建设速度加快,"专业孵化器+产业大厦+产业基地"的信息安全产业体系日趋完备,安全芯片、网络安全、安全终端等产业提升工程不断推进,郑州信息安全产业链也更加完善。河南省信息安全产业示范基地(金水区科教园区)2019年产业规模达到100亿元,较2018年翻了一番,争取到360集团、科大讯飞、新华三、华为等一批行业巨头的重点项目,产业集聚态势进一步形成。

二、河南电子信息产业链现代化存在的问题

河南电子信息产业目前产业链空间分布基本上呈现合理布局的集聚态势,协同发展格局正在加速形成,但在产业链技术创新水平、各个环节价值链增值等方面还存在明显短板。

(一)关键技术缺失

河南电子信息产业普遍存在关键环节核心技术缺失问题,导致产业链现代化水平整体处在中低端的位置。目前,河南省智能终端产业主要包括手机、电脑配件的组装,服务器、PC的量产和适配等,并不接触到智能手机研发设计的核心环节,"Huanghe"鲲鹏服务器、PC整机制造虽然具有国产替代、建设自主计算产业生态的重大意义,但河南当前也仅涉及终端产品组装,处于创新链、价值链下游,没有掌握核心技术。智能传感器产业链中,河南企业主要集中在后端器件制造、解决方案及应用环节,前端研发设计环节在个别细分领域具备一定优势,中间MEMS(微机电系统)芯片制造、封测环节基本空白。

(二)核心配套不足

关键技术的缺失导致河南电子信息产业链技术创新水平较低,连带相关配套企业在核心领域上发展不足。河南智能终端配套企业基本处于产业链中低端,集成电路、显示

器件等技术含量高、附加值高的产业基本空白。华锐光电项目能够提供手机面板的配套,但当前柔性显示面板是全球智能终端产业整体趋势,其产品不具有市场竞争优势。计算终端产业产线智能化水平较低,缺乏高端定制生产能力。各类相关联的软件与信息技术服务企业有数百家,但实际向华为公司供货的仅有中航光电、信大捷安两家企业,与龙头企业合作关联较少,配套能力较弱。

(三)拳头产品较少

河南电子信息产品多为代加工、组装类型,除汉威电子、信大捷安等少数企业生产的产品之外,市场竞争力强的自主品牌很少。2019 年郑州航空港区代工制造的苹果手机产值 2 813.71 亿元,而非苹手机产值仅有 143.38 亿元。

面对 5G 趋势,全国已经有 60 余款 5G 终端走向市场,河南尚未出产 5G 手机,市场可能进一步被挤压。智能传感器产业产品同样以附加值低的类型为主,主要用于环境监测、中低端消费电子等领域,在发展潜力巨大、市场规模增长迅速的人工智能、汽车电子等领域则产品较少,一些智能化、微型化、集成化等新型传感器较少。

三、河南电子信息产业链现代化水平提升建议

面对最新发展形势下的机遇和挑战,提升河南电子信息产业链现代化水平,对于做强河南电子信息优势产业,打造万亿级产业集群有着重要的意义。

(一)全面优化产业布局

突出发展核心产业,加强配套资源集聚。郑州航空港区围绕整机制造带动图像传感、显示面板等核心配套建设。鼓励鹤壁、新乡、南阳等有条件的地方发展手机结构件、3D 玻璃盖板等智能终端配套产业,逐步形成产业配套协作区。计算终端以郑州大都市区为核心,重点布局产业研发、人才培训基地等,推动省内有条件的地方优势互补、协同发展。智能传感器产业加快建设“一谷两基地”,重点建设中国(郑州)智能传感谷,加速优势资源集聚,洛阳、新乡市结合自身特色建设智能传感器产业基地。信息安全产业打造以郑州金水区信息安全产业中心、郑州高新区信息安全产业创新中心为依托的产业带,形成以安全芯片为主导,以网络安全、涉密信息安全、云安全等为支撑的信息安全产业体系。

(二)强化项目带动能力

抓好项目谋划工作,把项目建设作为重要手段,以强链补链固链为导向,共同应对国

内外经济发展形势变化对产业链造成的冲击。通过精准招商、产业链招商、以商招商等手段,编制招商引资目录,着力引进一批带动力强的产业发展龙头企业及专高精尖配套项目,推动河南电子信息产业集群规模不断扩大,影响力不断提升。积极布局其他非苹高端智能手机项目,形成两到三种优势产品,打破对苹果手机的单一依赖。大力发展智能化、微型化、集成化等新型传感器,引入功率器件、显示驱动、MEMS 芯片等特色工艺芯片制造项目,带动智能传感器产业链向中高级攀升。支持信息安全产业优势企业继续做大做强,聚焦安全芯片、网络安全软件和服务、安全可控智能终端产品、工控系统安全、工业互联网安全等领域实施一批信息安全产品应用示范工程项目。

(三)加速创新资源集聚

推动科技创新服务平台建设。加快国家智能通信终端产品质量监督检验中心(河南)、MEMS 研发中试平台、智能传感器检测检验平台等各类机构建设步伐,为全省电子信息产业链不断延伸提供检验检测、风险预警、人员培训等支撑。

加快协同创新体制机制建设。发挥郑州鸿富锦、济源富泰华精密电子、黄河科技集团及其创新公司、汉威科技、南阳森霸传感、信大捷安等龙头骨干企业的作用,搭建政产学研用金“六位一体”协同创新平台。鼓励省内高校、科研机构、骨干企业联合开展科技专项研究,政府为科技创新活动提供产业基金、金融创新等融资保障以及推广市场使用,开展示范应用等科技成果市场化支持。

(四)大力发展军民融合

电子信息产业是知识和技术密集型产业,面对新一轮科技革命和产业革命浪潮,要加速科技创新原始积累步伐,实现一批具有原创性重大科技创新成果突破,需要充分发挥军工企业和军工研发院所众多的特点。利用好中国电子科技集团公司第二十二所、中国电子科技集团公司第二十七所、解放军信息工程大学、中国空空导弹研究院等技术优势,建设好国家级军民融合产业基地、军民融台公共安全应用技术研发中心、信息安全产业联盟等现有平台,以各类军民融合产业园或产业基地为依托,在联合开展重大科研项目攻关,促进军工技术民用转化等方面发挥重要作用,为提高河南电子信息产业链科技创新水平提供强有力的支撑。

参考文献

[1]杨梦洁.数字经济驱动城乡产业链深度融合的现状、机制与策略研究[J].中州学刊,

2021(9):28-34.

[2]杨志恒.城乡融合发展的理论溯源、内涵与机制分析[J].地理与地理信息科学,2019,35(4):111-116.

[3]王毅.数字创新与全球价值链变革[J].清华管理评论,2020(3):52-58.

[4]凌永辉.全球价值链发展的悖论及其化解研究[J].科学学与科学技术管理,2021,42(8):41-57.

[5]孟庆时,余江,陈凤,等.数字技术创新对新一代信息技术产业升级的作用机制研究[J].研究与发展管理,2021,33(1):90-100.

加强工业互联网应用，加快我国装备制造业高质量发展*

宋　歌

摘要：

发展工业互联网已成为全球主要经济体顺应科技发展趋势、提升制造业竞争力的共同选择。近年来，我国装备制造业稳步发展的同时，质量效益不高的问题突出。工业互联网的应用有助于破解相关制约因素，推动装备制造业实现高质量发展，但随着两者融合应用的日益深化，在基础保障、企业落地、行业应用等方面暴露出一些短板。当前，要以新基建为契机，发挥企业主体作用，强化生态体系建设，深化工业互联网的探索应用，加快推进装备制造业迈向高质量发展。

装备制造业是为国民经济生产提供技术装备的基础性产业、战略性产业，是推进我国制造业实现创新驱动、转型升级的原动力，其发展水平、发展质量对我国工业体系的优化升级具有重要的、决定性的作用。近年来，我国装备制造业保持平稳增长，整体规模不断扩大，一批优势行业迈入国际领先水平，新兴产业快速崛起，但“大而不强”仍是装备制造业的突出特征，我国装备制造业的高质量发展亟待破题。

当前，装备制造业面临的发展环境不同于以往任何一个时期。随着互联网、大数据、云计算等新一代信息技术与制造业的融合日渐加深，通过信息和通信技术把各种生产要素连接起来的工业互联网应运而生，并迅速在美国、德国、日本及我国掀起应用热潮，成为全球主要经济体应对制造业发展新形势、提升制造业竞争力的共同选择。装备制造业为工业互联网发展提供底层硬件支撑，具备发展工业互联网的先天优势；而工业互联网作为制造业智能化、网络化发展的关键技术支撑，是推进装备制造业转型升级、迈向高质

* 项目介绍：河南省软科学研究计划项目（编号：182400410058）。作者简介：宋歌，女，河南南阳人，硕士，河南省社会科学院工业经济研究所副研究员，研究方向为技术经济。本文为内部资料。

量发展的重要途径。我国装备制造业较早开始应用工业互联网，在政府的引导下、龙头企业的带动下，短短几年间工业互联网与装备制造业的融合应用日趋加深，多场景、多环节、多领域、多行业的应用实践正在改变装备制造业的产业生态，加速行业的转型升级。党的十九届五中全会指出，“发展战略性新兴产业。加快壮大新一代信息技术、生物技术、新能源、新材料、高端装备、新能源汽车、绿色环保以及航空航天、海洋装备等产业。推动互联网、大数据、人工智能等同各产业深度融合，推动先进制造业集群发展，构建一批各具特色、优势互补、结构合理的战略性新兴产业增长引擎，培育新技术、新产品、新业态、新模式”。对于装备制造业来说，要以此为契机，着力破解工业互联网在装备制造业应用中的难题，以工业互联网发展加快我国装备制造业转型升级，引领行业迈入高质量发展新阶段。

一、我国装备制造业现状分析及其高质量发展的制约因素

改革开放以来，我国装备制造业依靠成本优势、规模优势、制度优势，获得了快速发展。但随着近年来世界发达经济体“制造业回归”“再工业化”等的推进以及新一轮工业革命的到来，装备制造业既面临全球产业格局调整、产业链重组的重大挑战，也受到各类新技术、新模式的不断冲击，传统发展优势日趋瓦解，产业发展质量效益不高的问题日益突出，亟待突破瓶颈因素制约迈向高质量发展阶段。

（一）我国装备制造业发展现状

1. 整体规模稳步扩大，但发展质量不高

经过多年来的发展，我国已建立起完整的装备制造业产业体系，相关行业产业链条逐步完善，多种装备产品产量位居世界第一，部分领域取得重大突破；2010 年，我国装备制造业产值跃居世界首位，占全球的比重超过 1/3，标志着我国成为全球第一装备制造业大国。

从国内看，2014 年以来，我国装备制造业增加值占规模以上工业增加值的比重均保持在 30% 以上，并由 2014 年的 30.4% 增至 2019 年的 32.5%，呈稳步增长态势，且增速均高于同期规模以上工业增加值的增速。其中，2017 年，装备制造业增加值的增速高于同期规模以上工业的 4.7%；2014—2018 年，我国装备制造业实现的营业收入占规模以上工业营业收入的比重以及装备制造业企业数量占规模以上工业企业数量的比重同样逐年增长，尤其是前一比重在 2018 年增至 42.9%，比 2014 年高出近 10%。

与发达国家相比，我国装备制造业尽管规模较大，但产业发展存在明显的不足和重

大短板,整体发展质量有待提高。①大量高端装备、短板装备及智能装备仍依赖进口,如高端纺织机械、高端机床、机器人、航空设备、船舶等重大技术装备的零件、生产高端产品的专用生产设备以及高端检测实验设备等,机械工业信息研究院机工智库调查显示,目前我国仅高端装备领域的短板装备数量多达 900 项。②部分装备产品和零部件质量与国外差距较大,由于质量标准体系建设落后,部分产品的技术标准不完善、实用性差,跟不上新产品研发速度,部分产品的可靠性、安全性与稳定性不高;与国外相比,部分装备产品缺乏竞争力与显性优势,出口比例低,贸易逆差现象十分明显,同时,缺乏具有影响力、能够与国外知名品牌抗衡的自主品牌。

2. 企业竞争力不断增强,但效率效益待提升

近年来,装备制造企业数量已占到我国规模以上工业企业总数的 1/3 以上,涌现出浙江中控、三一重工、中联重科、徐工集团、柳工集团、中车、潍柴、新松机器人等一批具有国际竞争力的龙头企业,不仅引领行业发展,也成为我国制造业发展的重要支撑力量。

尽管龙头企业发展势头良好,但我国装备制造业近年来下行压力大,企业经营效率与效益整体不佳。2014—2018 年,我国装备制造企业营业收入与利润总额年均增速分别为 5.36%、-0.03%,两者近年来的增速波动明显,尤其是利润总额增速呈大幅下降态势,2018 年与 2014 年相比,降幅近 40%,与规模以上工业企业利润总额增速的差距逐渐拉大;装备制造企业的营业收入利润率变化幅度相对不大,由于统计口径变化,2018 年指标略有降低;企业资产利润率呈逐年下降态势,2018 年比 2014 年降低了 3.22%,与规模以上工业企业资产利润率基本持平。2018 年,我国以煤炭、石油开采为代表的原材料供应行业以及医药、烟酒饮料等消费品制造企业营业收入利润率均达到 10% 以上,装备制造业与之相差一倍多。与国外先进企业相比,我国装备制造企业的盈利能力普遍较低,2019 年,我国共有 6 家汽车及零部件企业入围世界 500 强,但 6 家车企的利润总额不及丰田、大众任一家的利润额度,营业收入利润率最高 3.99%,最低1.51%,远低于宝马、丰田、通用等企业。

3. 新兴产业表现突出,但部分产业发展动力不足

2012 年,我国将高端装备制造业列为战略性新兴产业之一,开始进行大力扶持。经过几年来的发展,高端装备制造领域的重大技术装备研发、制造、产业化及推广应用取得积极进展,轨交设备、锂电池制造设备、航空航天设备、工业激光设备等已具备国际竞争力,大型清洁高效发电设备、煤化工成套设备、水泥成套设备等国民经济领域所需的高端装备实现了从主要依赖进口到基本自主化的跨越,高端装备制造业产值占装备制造业的比重已超过 10%。高端装备制造业发展态势较好,但部分传统装备制造业增长放缓,装

备制造领域的行业运行分化态势明显。尤其是汽车制造业近年来持续下行，2019 年，汽车制造业的增加值增速由 2014 年的 11.8% 降至 1.8%，整整下降了 10 个百分点，比同期规模以上工业增加值的增速低 3.9%，全年实现的营业收入和利润总额分别比上年下降 1.66%、15.3%。同时，多个行业固定资产投资增速回落，通用设备制造业及专用设备制造业投资增速分别比上年降低 6.4%、5.7%，汽车制造业、电气机械及器材制造业投资分别同比下降1.5%、7.5%。

（二）我国装备制造业高质量发展的制约因素

1. 装备制造业产业创新能力不强

技术进步是提高装备制造业全要素生产率的关键因素，也是推进其产业结构向高阶段演化的重要动力。当前，一些装备制造企业研发投入力度不断加大，但仍有大量的企业甚至重点企业的研发实验条件较差，研发团队及领军人才不足，产学研合作的平台与机制不完善，创新能力难以达到预期水平。由于研发设计水平低，关键核心技术缺失，我国装备制造业的发展不仅尚未摆脱“高端依赖”的局面，在工业机器人、增材制造等新兴装备领域也显现高端产业低端化的隐忧。

2. 装备制造业产业基础能力薄弱

改革开放以来，我国装备制造业的发展沿着“以整机带动零部件”的思路逆向推进，先整机后零部件，重“大块头企业”轻“小体格配套企业”，尽管快速实现了主机、成套设备的突破，推动了产业规模的不断扩张，但也造成了关键零部件不能自主、基础制造工艺落后、中小企业配套能力差的弊端。

由于缺乏长期的积累与沉淀，装备制造企业的基础制造工艺和水平无法在短期内实现突破，高精、高速、高强（高温、高压）、高稳（稳定性和可靠性）的工艺技不如人，为了提高装备产品性能，关键、核心的零部件只能依赖进口，由此导致装备集成企业与国内中小企业配套协作不紧密，中小企业难以进入集成企业的供应链，配套能力不能同步提升，配套企业整体实力较弱；而中小企业配套能力低下，零部件产品的性能、精度、稳定性差，又使得集成企业在选择配套零部件及配套企业时往往不固定，大中小企业间难以建立长期合作关系，这样的恶性循环造成装备制造业产业链上下游各环节的割裂，对产业基础能力提升形成了桎梏。

3. 装备制造业价值链“低端锁定”

长期以来，面对技术和资金制约，我国装备制造业只能依托劳动力、土地、自然资源等低成本比较优势进行发展，产品集中在劳动力密集的中低端制造领域，融入全球价值链过程中只能从事微利化的加工制造低端环节,从而造成装备制造业在价值链上的“低端锁定”。加快价值链升级,提升价值创造能力和产业竞争力,成为装备制造业高质量发展的内在要求。

囿于传统的工业发展思维和粗放发展路径,我国装备制造企业发展中存在重产品轻服务、重“生产制造环节”轻“服务增值环节”现象,多数企业急功近利,只关注产品如何在短期内占据市场,而不愿或没有能力加大投入提升产品附加服务能力,在提供整体解决方案、个性化定制化产品等方面缺乏技术支撑,服务化转型能力不足。当前,随着新一轮产业革命的到来和各种新技术新模式的冲击,产业创新速度加快,制造业价值链的固化状态有望被打破,为装备制造业价值链升级带来了新机遇。

二、工业互联网赋能装备制造业高质量发展路径分析

“工业互联网”这一概念源于新兴信息技术冲击下互联网与工业体系的融合应用实践。2012 年,美国通用电气公司首次提出了“工业互联网”的理念,并于 2013 年推出了其工业互联网平台产品 Predix;德国、日本及中国紧随其后,全球主要经济体迅速掀起了工业互联网发展热潮。

不同于其他产业,装备制造业在工业互联网的发展中扮演重要角色,既是工业互联网发展的底层支撑,也是工业互联网的重要应用领域,分处工业互联网产业链的上下游。从应用的角度,工业互联网作为各种新兴技术的集成与载体,是从供给侧为装备制造业发展提供的新工具、新流程和新方法。装备制造业应用工业互联网的过程中,能够通过内部以及与产业链上下游企业、相关部门之间的互联互通,实现横向端到端打通产业链、纵向端到端打通企业内部订单到生产的环节,在综合集成的基础上,打破企业间、行业间的物理边界和组织边界,依托工业互联网平台的数据采集、整合、挖掘、分析等,为装备制造业各方面赋能增效,从而实现高质量发展。

(一)工业互联网有助于提升装备制造业产业创新能力

一是工业互联网能够为装备制造业创新提供技术支撑。工业互联网作为各种信息技术集成的载体,其一,运用数据采集与分析技术,能够实现贯穿装备制造业生产制造全流程、产品生命全周期、全产业链的海量数据采集与分析,使企业能够根据数据分析结果,快速、准确地判定生产工艺、产品质量等方面存在的问题,进而对生产工艺及产品进行创新和改进;其二,运用物联网、云计算、大数据等技术,支持装备产品通过布设传感器、控制器、加载软件、融合网联技术等手段向智能化、自动化、功能多元化的方向发展;

其三，运用虚拟仿真、工艺流程仿真等新技术，使企业在研发设计环节能够对产品在各种环境下的状态进行实时模拟仿真，进而根据其结构、性能的动态变化，优化设计，改进性能，加快研发进程，降低研发成本。

二是工业互联网能够推动装备制造业创新模式的转变。基于工业互联网在产业链、创新链等层面的互联互通，通用设备、专用设备及汽车等制造行业，通过在研发设计环节搭建云协作平台，可以打破空间、时间、组织限制，联合配套企业、科研机构、用户等根据技术趋势、用户反馈进行协同创新，从而改变原先独立分散的状态；航空航天和船舶等制造行业，由于研发设计流程冗长复杂，涉及专业面广，长期以来在设计环节联通、跨专业对接、设计模型变更等方面存在数据交流不畅、企业协同水平不足等问题，通过引入工业互联网技术，能够统一标准，减少数据差异，进行跨专业、跨企业、跨区域的协同设计与仿真验证，实现研发设计由串行异构向并行协同的转变。

（二）工业互联网有助于提升装备制造业产业基础能力

一是工业互联网能够以智能制造提升装备制造业基础制造能力。装备制造业导入工业互联网，能够在生产制造环节打通企业内部设备、生产线、经营管理各系统之间的连接，进而通过数据有序流动，驱动智能制造、智能生产。企业在人、机、物料、管理系统泛在联系的基础上，将工业机器人、模块化组装等自动化手段与制造执行系统（MES）、资源管理系统（ERP）等衔接，通过对生产状况、设备状态、能源消耗、生产质量、物料消耗等信息进行实时监测、数据分析、智能控制等，能够实现制造过程中的产品标准管理、质量管理、设备运行管理、工艺指标分析等，有效提高制造工艺水平和产品质量。

二是工业互联网能够以网络协同制造提升中小企业配套能力。工业互联网的应用能够突破时空的边界约束，打通装备制造企业与外部产业链上分散在各处的制造资源的连接，并在此基础上为整个供应链上的制造企业和零部件配套企业搭建信息共享平台，实现全生产过程优势资源、优势企业的网络化配置。依托工业互联网，广大中小制造企业能够进入以集成企业为核心的供应链网络，与集成企业、下游厂商等共享客户需求、产品设计、工艺文件、供应链计划、库存等信息，进而参与产品的研发设计、协同制造过程中，通过供应协同、同步生产，按时、按质、按量实现零部件供给的精准对接、与大企业的密切合作，提升产业配套能力。

（三）工业互联网有助于提升装备制造业价值链

一是工业互联网能够推进装备制造业向服务型制造转变。装备制造业引入工业互联网，能够将用户需求接入制造全流程，通过需求数据变化驱动制造流程智能化排产、刚性生产转向柔性化生产，继而实现进行大规模定制、个性化定制，满足用户个性化需求，提升产品附加值；在售后服务方面依托装备产品的可联网、可感知、可控制，能够通过工业互联网平台为用户提供远程维护、故障预测、性能优化等一系列增值服务，开拓设备远程运维、产品后服务市场。中国工程机械行业对设备远程运维的探索应用起步较早，通过工业互联网平台，对相应的机械装备进行在线状态监控、远程维护、故障分析和全生命周期管理，推动了机械制造企业向服务型制造的转变。

二是工业互联网能够推进装备制造业向平台化经营模式转变。由于装备制造业底层支撑的必然性，装备制造企业推进工业互联网发展具有其他企业不可比拟的先天优势。与传统系统解决方案提供商、传统软件企业以及互联网企业相比，装备制造企业浸淫制造业多年，在长期的装备制造实践中对设备生产的工艺、流程、技术、质量检测等具有深厚的积累，加之处于工业互联网的边缘层、获取数据的一线，在采集、维护、分析、处理工业数据方面具有先天优势。因此，装备制造企业能够依据自身生产实践，在工业互联网平台建设中更加高效地封装工业技术知识，并为相关行业提供 App、工业算法、大数据等增值服务，进而实现向平台化经营模式的转变。

三、当前工业互联网与装备制造业融合发展的短板分析

得益于发展工业互联网的先天优势，装备制造业是我国较早开始应用工业互联网的行业，也是与工业互联网融合程度较深的行业。体现在平台建设方面，围绕装备制造业多个场景、行业以及领域的不同需求，既有综合诸多场景、跨多个应用领域的通用型平台，也有专门针对某些应用场景或为特定行业提供解决方案等的垂直行业平台，各类平台与装备制造业的发展相辅相成、相互支撑。装备制造企业主导的工业互联网平台建设成效显著，徐工集团、三一集团等龙头企业利用自身工业经验、工业知识的沉淀，分别打造出行业知名的工业互联网平台——汉云工业互联网平台及根云(ROOTCLOUD)平台，并实现了由服务本企业向服务多行业、多领域的转变，成为推动装备制造业转型升级的重要抓手。

与此同时，工业互联网在装备制造各行业的应用日益深入，工程机械、汽车、航空航天以及船舶、轨道交通等行业是目前国内工业互联网平台的主要应用领域，虽然这些行业都属于离散型制造的范畴，但由于产业性质不尽相同，对转型升级的需求存在差异，因而在实践中形成了差异化的应用路径。如我国工业互联网在工程机械领域的探索应用主要围绕推进协同研发设计、智能制造、智能工厂、个性化定制、设备远程运维等方面展开；在汽车制造业领域主要围绕智能制造、产品创新、销售物流、维修保养后服务等方面

推进；在航空航天制造业和船舶制造业领域则主要围绕研发设计、供应链协同优化、运维服务等方面进行深化。

当前，以工业互联网发展加快装备制造业转型升级已成为各界共识。尽管工业互联网在我国装备制造业的探索应用日益深入，但由于工业互联网的发展尚处于初期阶段，装备制造业的高质量发展任务艰巨，二者的融合应用存在一系列短板。

（一）工业互联网深化应用的基础保障不到位

一是智能装备水平不高。作为工业互联网平台的底层硬件支撑，智能装备是工业互联网产业链上的重要组成部分，是工业互联网发展的基础设施，其发展水平对工业互联网平台的推广与应用具有重要影响。近年来，我国将智能装备产业作为高端装备制造业大力扶持，推动了智能装备产业的快速发展，但由于整体上起步较晚，企业规模小，很多技术仍然落后于国际先进水平，产业竞争力较弱。以工业机器人为例，尽管我国连续多年是全球最大的机器人市场，且工业机器人系统集成商数量众多，但由于缺少核心技术，产品多为集中在搬运和上下料环节的中低端机器人，高端产品依赖进口。

根据中国机器人产业联盟（CRIA）的统计，2018 年，在我国工业机器人应用工艺中，搬运和上下料占据了 44.4% 的比重。随着工业互联网的进一步发展，对装备的智能化要求也在不断提高，如智能传感器能够接收温度、压力、图像和声音等更加丰富的指令，高速处理器能够处理海量的信息，高精度控制器能够执行更加复杂的命令等，国内智能装备的发展水平亟待提升。

二是安全性有待提升。安全性是工业互联网在各个行业、各个领域推广应用都不容忽视的重要问题。装备制造业在与工业互联网的融合应用中对安全性提出了以下要求：①伴随工业互联网的发展，越来越多的设备会暴露在互联网上，病毒、木马、勒索软件等安全风险不断向工业领域渗透，工业设备一旦中招，带来的结果可能是致命的，因此，对装备产品以及生产设备的安全提出了更高要求；②工业互联网上承载有大量价值巨大的工业数据，能够揭示企业生产状况及行业运行，也承载了大量供应链、用户、市场等信息，是工业互联网核心要素，数据安全因此成为工业互联网安全保障的重要任务之一；③随着智能化的推进，工业控制系统逐渐向工业互联网平台的方向发展和转变，与互联网深度融合，受到攻击的可能性也越来越大，控制安全的重要性凸显。

（二）装备制造企业应用工业互联网的基础支撑不足

一是企业数字化基础薄弱。数据是工业互联网的核心驱动要素，数字化是推进工业互联网应用的前提。只有通过工业传感器实时采集生产设备和生产线上的温度、压力、震动等信息,并与经营管理等各环节的信息联结起来,汇聚成海量的数据库,才能进行挖掘分析、处理、应用,最终形成产品或服务。当前,工业数据采集是工业互联网与装备制造业融合应用面临的主要挑战之一,企业数字化基础薄弱导致的数据采集传输困难、数据链不通、数据质量不高使得不同企业之间互联互通难度极大,工业互联网难以落地。一方面,受制于企业智能装备应用不够、水平低下、设备老旧等因素,装备制造业设备数字化水平不高。中国两化融合服务平台发布的数据显示,截至2019年年底,装备制造业生产设备数字化率为44.4%,关键工序数控化率为41.6%,均低于电子信息、原材料及消费品行业相关数据。另一方面,从业务流程来看,由于高端工业软件领域为发达国家所垄断,且工业软件的客户以大企业为主,中小企业应用不足,装备制造业工业软件应用水平不高,业务流程的数字化步伐亟待加快。

二是企业复合型人才缺乏。人才是支撑工业互联网发展、创新的核心要素。当前,我国工业互联网的发展在经历了缺市场、缺技术、缺政策之后,进入了缺人才阶段。2019年入选工信部十大"双跨"工业互联网平台的公司纷纷反映,复合型人才的缺乏已成为制约工业互联网发展最重要的瓶颈之一。对于装备制造业来说,大企业在工业互联网平台建设中缺乏既懂工业互联网研发、销售、服务、管理,又了解工业、了解工业机理、懂得设备制造专业知识的复合型人才;广大中小企业作为工业互联网平台的应用者,缺乏的是有较强创新能力和操作能力,又懂工业互联网使用、维护、管理的复合型人才。由于制造技术和信息技术长期处于分割的两个领域,跨界复合型人才极度稀缺,在国内外各制造领域都缺口巨大。

(三)装备制造业应用工业互联网的范围不广泛

一是大量中小企业尚未参与工业互联网的探索应用中。我国装备制造业涉及领域广泛,中小企业不仅数量众多,而且相当数量的企业居于装备产业链的上游或者基础部分,在一定程度上决定着各产业链所能达到的高度,以工业互联网推进中小企业的智能化、网络化发展,提升产业基础制造能力是装备制造业高质量发展的必然选择。从我国工业互联网与装备制造业的融合应用实践来看,龙头企业在平台建设及应用中居主导地位,其他真正应用工业互联网平台的企业数量相对较少,尤其是广大中小企业尚未真正参与进来。①生产规模较小,资金和人才缺乏;②数字化滞后,数字化改造需求模糊而庞杂;③对工业互联网认识不充分、安全性有疑虑,因此,导入工业互联网的意愿不足,参与积极性不高。从企业上云进程来看,由用友网络科技股份有限公司、国家工业信息安全发展研究中心、两化融合创新服务联盟联合发布的《中国企业上云指数(2018)》报告显示,2018年,中型企业、小微型企业未上云比例分别达56.1%、57.8%。

二是产业链协同应用存在阻力。我国装备制造业尽管具备完整的产业链，但由于上下游之间、供需端之间信息不通畅，大中小企业之间配套协作不紧密，产业基础制造能力不强，整体处于价值链的中低端。工业互联网能够实现产业链上下游的互联互通，是推进装备制造业产业链深度分工、高度协同的有利抓手。但从近年来工业互联网在装备制造各行业的应用来看，一些龙头企业运用其工业互联网平台实时监控分布在各地的工厂运行状态，汇聚上下游信息，实现的只是集团内部企业之间、部门之间的供需对接和协同制造；从平台来看，无论装备制造企业打造的是通用型平台还是垂直行业平台，当前主要服务的仍是其原来产业链上的合作伙伴生态圈，平台的应用只是加深了彼此合作的深度，提升了合作水平，而产业链整体的协同效应并未显现。此外，产业链上的部分企业之间由于彼此存在竞争关系，如何共同融入工业互联网平台，也是当前面临的一个难题。

（四）装备制造业应用工业互联网的程度不够深

我国工业互联网应用场景日益丰富，但受当前装备制造业数字化发展水平的制约，工业互联网应用场景探索不够深入，突出表现在售后服务中。根据《工业互联网平台白皮书(2019)》，国内工业互联网的运用主要集中在基于在线监测手段衍生出的生产过程管控、资源配置协同、设备管理服务等场景，三者的应用占比分别为27%、32%和21%。而国外制造业数字化水平相对较高，对工业数据挖掘利用较深入，工业互联网平台的应用主要集中在设备管理服务场景，占比高达49%，其设备健康管理、产品远程运维已达到可预测水平，并在数据支撑下初步实现了某些领域的商业智能决策。相比之下，我国工业互联网发展受制于整体数字化水平相对滞后、中小企业数量众多等因素，部分应用仅处于可视化描述与监控诊断层面，预测性维护的渗透率很低，也难以通过数据驱动高效的动态智能决策。

四、以工业互联网助推我国装备制造业高质量发展的对策

工业互联网诞生以来便与装备制造业紧密结合在一起，装备制造业是工业互联网融合应用的主战场，工业互联网是装备制造业高质量发展的重要途径。面对诸多短板，工业互联网与装备制造业从融合到取得实效将是一个较长的过程，也是一个系统性的工程，要形成多元化的参与机制，通过政府、行业、企业以及产业链上所有参与主体共同发挥作用、形成合力，深化工业互联网在装备制造业的探索应用，助力我国装备制造业的高质量发展。

（一）以新基建为契机，提升工业互联网供给能力

2018 年年底，中央经济工作会议上将 5G、人工智能、工业互联网、物联网定位为“新型基础设施建设”；2020 年以来，中央频频部署新型基础设施建设（简称“新基建”）相关任务，我国新基建由此进入快速推进阶段。工业互联网是新基建的重要组成部分，要以当前推进新基建为契机，顶层规划、统筹布局，加快构建全国“一盘棋”的工业互联网基础设施体系：①从国家层面打造工业互联网创新体系，集中科研力量，围绕工业大数据分析、工业机理建模、工业应用开发、智能传统器等重点领域开展技术攻关，着力解决工业互联网发展中“卡脖子”的软硬件核心技术，弥补硬件基础、工业软件、数据传输、工控安全等技术短板；②加快布局“5G+工业互联网”建设，要伴随 5G 的商用落地，引导装备制造企业积极利用 5G 技术开展工业互联网内网改造，完善网络基础设施；引导装备制造各行业构建各自领域的 5G 专用网络，避免频谱干扰，从而满足不同应用场景对网络的复杂需求；③积极推进装备制造业数据中心建设，构建基于云、网、边深度融合的数据网络，提升数据采集能力，满足行业不断增长的数据存储和计算需求；④鼓励各地加快工业互联网公共服务平台建设，着重建设包括工业数据管理服务、评估服务、产业监测服务及检测认证服务在内的四大类公共服务平台。

（二）坚持企业主体地位，深化工业互联网与装备制造业的融合应用

企业是工业互联网与装备制造业融合应用的主体。装备制造业的龙头企业要引领行业工业互联网平台的发展，带动行业的平台化转型：①鼓励汉云、根云（ROOTCLOUD）等工业互联网平台依托龙头企业的优势，汇聚技术、人才、数据、模型等各类资源，构建综合性工业操作系统，打造具有国际竞争力的工业互联网平台；②围绕装备制造企业研发、生产、管理、服务等流程中的痛点，持续迭代平台功能，不断丰富应用服务，加快培育基础共性、行业通用、企业专用等“杀手级”工业 App；③引导徐工信息、树根互联、航天云网等公司开发针对中小企业的低成本、可共享的应用服务产品，并将工业互联网平台向二、三线地级城市推广，带动更多的中小企业“上云上平台”，打造以平台为支撑、以龙头为引领、产业链中小企业广泛参与的行业工业互联网发展格局。

要推动中小企业以应用为主，加快导入工业互联网平台：①各地政府要通过标杆示范、场景式体验、组织企业参加展会活动等方式，普及各类新兴技术，深化中小企业对应用工业互联网转型升级的认识；②政府要对中小企业的数字化改造给予资金、技术扶持，或对主动升级设备、“上云上平台”的中小企业实行奖补政策，或统一购买信息工程服务，免费为中小企业提供数字化解决方案，加速中小企业“上云上平台”的步伐；③构建对中

小企业参与工业互联网建设的指导机制，协助中小企业平衡当前需求与未来发展，有步骤、有重点、循序渐进地开展工业互联网平台的探索应用，提高资金使用效率。

（三）强化要素保障，打造装备制造业工业互联网生态体系

围绕装备制造业工业互联网生态体系构建，要强化政策、人才、技术等方面的保障。在政策方面，当前阶段，各地的政策目标主要还是聚焦于提高"企业上云"的意识和积极性，提高企业信息化水平等方面，随着企业"上云"的进一步普及以及对工业互联网发展规律认识的深化，要根据行业特点出台有针对性的工业互联网发展政策，优化装备制造业工业互联网发展环境。在人才方面，要把复合型人才纳入国家层面的制造业人才发展规划中；在应用型高校、职业院校建设一批工程创新训练中心，加强工业数字设计、系统集成、数据分析、网络安全等专业人才培养；支持校企合作开展工业互联网应用人才"订单式"培养，对重点行业、关键环节、高端产品制造的专业技术人员开展智能机器操作、运维、人机交互等技能培训，帮助传统制造业人才适应工业互联网需要，提升综合技能。在技术方面，加快人工智能、5G、边缘计算、大数据、区块链、AR/VR 等前沿技术与工业互联网的融合；同时，在构建综合安全防控体系的基础上，加快 5G 网络安全建设，通过采用认证、加密完整性保护、隔离等技术，有效提高 5G 网络安全防护水平，保障"5G+工业互联网"的推进。

参考文献

[1]工业和信息化部，国家发展和改革委员会，教育部，等. 工业和信息化部等七部门印发《智能检测装备产业发展行动计划（2023—2025 年）》[J]. 江西建材，2023（2）：1-3.

[2]熊立贵，陈娃蕊，蔡昭华，等. 高质量发展要务下先进制造业集群竞争力提升路径与策略研究[J]. 智能制造，2023（2）：38-40.

[3]罗志红，陶晶. 装备制造业绿色创新效率及影响因素分析：来自 224 家上市企业的数据[J]. 中南林业科技大学学报（社会科学版），2023，17（1）：28-38.

[4]王宁. 新赛道新征程，引领工业企业高质量发展[J]. 中国设备工程，2023（9）：2-5.

河南共享经济发展效应、瓶颈约束与管理创新研究*

高　璇

摘要：

共享经济是一种新的经济形式，是互联网时代的产物，也是深刻改变企业生产方式和人们生活方式的重要手段。党的十九大报告指出，“在中高端消费、创新引领、绿色低碳、共享经济、现代供应链、人力资本服务等领域培育新增长点、形成新动能”，作为新增长点、新动能之一的共享经济方兴未艾，在河南逐渐兴起。近年来，随着共享经济的高速发展，学术界也开始关注这一新的经济形态。本课题将从整体上把握发展效应，客观上分析存在的主要问题，系统上提出解决问题的主要策略，试图从更深层次考察河南共享经济发展效应、难题以及应对策略，以期为河南共享经济持续高速、良性、健康发展提供重要借鉴。

一、河南发展共享经济的背景分析

（一）重要意义

1. 发展共享经济是应对国际经济挑战的必然抉择

国际环境的不确定性将增加河南出口和融资的难度，外向型经济发展将会受到一定影响，这就要求河南加快发展新的经济形式，如以共享经济推动河南产业发展，以河南产业发展应对国际经济挑战。

---

* 项目介绍：河南省软科学研究计划项目（编号：202400410284）。作者简介：高璇，女，博士，河南省社会科学院研究员，研究方向为产业经济学。本文为内部资料。

2. 发展共享经济是适应经济发展阶段转换的客观需要

我国正处于经济由高速增长阶段向高质量发展阶段的转型期，正处于质量、效率、动力变革的攻坚期，正处于消费结构调整、供给结构优化的过渡期。

依靠扩大规模、增加投入等传统经济粗放型的发展方式显然已不能适应经济高质量发展的需要，必然要求产业转型升级。

市场有波动、经济有起伏、结构在调整、制度在变革，在这样一个复杂背景下，河南经济遇到困难和问题是难免的，是客观环境变化带来的长期调整压力，这就要求河南加快发展新经济，如以共享经济推动河南产业发展，以河南产业发展适应我国经济发展阶段转换。

3. 发展共享经济是破解河南经济发展难题的现实选择

随着经济的迅速发展，劳动力成本和原材料成本快速上升，河南经济所依赖的廉价劳动力、低资源环境成本等红利优势逐渐丧失，利润空间也越来越小，经济发展动力不足问题凸显。因此，河南应加快发展以共享经济为代表的新经济，破解河南产业结构不优、产业活力不足、发展动力不够等诸多难题。

4. 发展共享经济是河南新旧动能转换的关键所在

（1）河南正处于工业化中期向后期发展的过渡、竞争优势从低成本向资本和技术转变的重要阶段，依靠高消耗、高投入等拉动经济增长已不可持续，推动新旧动力加速转换比以往任何时候都更加刻不容缓。

（2）以传统产业、高耗能产业为代表的粗放型经济动力依然很强大，而以新技术、新业态和新模式引导的新兴力量亟待发展壮大，短期内难以对冲传统动力的下行力量，实现新旧动力平稳衔接、转换还需一个长期过程。

（3）发展共享经济，关键是通过发挥共享经济的支撑和引领作用，不断提升河南省产业水平，实现经济发展的动能转换，推动经济发展从过去的“要素驱动、投资拉动”转向“创新驱动、内生增长”转变。

5. 发展共享经济是中原更加出彩的现实选择

在实现“两个一百年”奋斗目标、实现中华民族伟大复兴中国梦的进程中让中原更加出彩，是习近平总书记对河南发展的殷切期望，也是河南发展的路线图和总目标。

从河南的实际情况看，以能源、原材料工业支撑的传统资源优势开始减弱，土地、劳动力、资金等生产要素的成本优势开始减弱，内需不足与出口拉动效应减弱的矛盾凸显；以消耗能源、靠数量扩张和低成本竞争支撑的低层次发展模式难以为继。

因此，推动共享经济发展，寻找经济增长的新动能成为当务之急。这就要求河南把发展的基点放在提升全省经济发展的质量和效益,形成新业态、新产业、新模式以及新的经济增长点,进一步适应、引领经济新常态,实现中原更加出彩。

(二)疫情影响

(1)短期影响:冲击与增长并存。疫情防控期间,共享经济各领域表现出不同的发展情况,从共享出行、共享住宿、共享旅游等线上线下融合程度较高的行业来看,这些行业面临前所未有的挑战。同时,也应看到部分共享经济领域实现逆势上扬,如共享教育、共享医疗、共享生活等诸多主要依靠线上服务的平台企业,无论是其用户量还是其经济效益均实现了猛增态势。

(2)长期影响:危中有机。疫情防控期间,人们开始习惯线上购物、线上看病、线上上课、线上开会等,平台用户数量持续增加,线上消费路径依赖持续增强,平台企业面临新一轮发展机遇。制度不匹配一直是制约共享平台企业发展的主要障碍之一,传统自上而下的层级式管理难以适应共享经济平台化的组织形态。疫情防控期间,随着线上经济模式的异军突起,客观上"倒逼"了制度创新。

二、河南共享经济发展效应分析

1. 河南共享经济发展的正向效应

(1)对就业的拉动效应。共享领域的就业仍保持了较快增长速度,对就业的拉动效应愈加突出。从直接拉动效应来看:①参与人数上,带动效应明显,约有一半以上人口参与了共享经济;②就业形态上,由于共享经济就业不受时间和空间的限制,以兼职形式成为其提供服务主要形式。从间接拉动效应来看:共享平台围绕自身平台优势,带动了上下游间的就业,如滴滴平台除了带动网约车、代驾等直接就业机会,还推动了汽车的生产、销售、服务等多个间接就业机会。

(2)对创业的带动效应。共享经济平台凭借与生俱来的优势,赋能创业,带动效应显著。①直接带动效应显著,有效缓解了初创者创业难题;共享办公平台的技术、营销、财务、法务等服务,有力促进了创业者安心创业。②间接带动效应显著。共享平台拥有数据优势,可以为创业者提供运营指导、精准营销等数字化解决方案,这就为实现精准创业提供了重要支撑,会吸引更多创业者通过共享创业平台进行创业。

(3)对传统产业的渗透效应。第一,对服务业转型升级的影响。2019 年,河南省服务业对 GDP 增长的贡献率达到 45.6%,服务业已成为推动河南省经济增长的主动力。共享经济新业态、新模式,对服务业转型升级的渗透效应显著。①推动了服务业结构的优化。共享经济在服务业中的比重逐渐提升,且有不断扩大之势。②促进了消费方式转变。共享服务成为居民消费的重要选择。据测算,2019 年网约车用户在网民中的普及率超过 45%;在线外卖用户普及率超过 50%;共享住宿用户普及率接近 10%。

第二,对传统工业转型升级的影响。①推进了产业闭环发展。如共享经济作用于物流领域,通过打造交易闭环、提供增值服务、携手产业伙伴开展深度合作,形成了智慧物流新生态,打造了产业互联网闭环,推行了传统物流业转型升级;②推进了提质增效。让传统制造业插上自动化、信息化的翅膀,更好适应对智能化、协同化、个性化的需要,从而推动传统制造业的提质增效。

第三,对农业现代化的影响。①在农业生产领域,共享平台有助于传统农业摆脱消息闭塞、分散经营、流通受限、服务滞后等限制性因素,特别是共享平台提供的数字化解决方案将能很好地指导农业生产,全面提升农业生产质效。②在消费领域,共享平台将为农产品打开一条新的消费渠道,将农产品与市场需求直接对接,减少中间环节,让农民获取更多劳动报酬。

(4)对社会治理的聚合效应。随着共享经济的迅猛发展,共享经济逐渐成为河南经济社会发展的重要组成部分,同时也改变着社会治理方式。比如"专车"平台不仅具有运营、调度的作用,还有监管的作用,利用其移动互联网、GPS、大数据等技术工具能够实现全过程监管。可以说,"专车"平台公司分担了社会治理的一部分任务,成为社会治理的重要组成部分。面对这一新的变化,就要求改变已有的社会治理方式,让更多社会主体参与社会治理中来,更好地服务社会发展需要。

2. 河南共享经济发展的负向效应

(1)负外部性效应。随着共享经济快速发展,负外部性效应逐渐显露,市场混乱、道德风险、经济冲击等问题不断涌现,已经成为制约共享经济发展的主要难题。①从参与情况来看,共享经济参与门槛相对较低,在市场监管不到位的现实条件下,共享经济市场混乱问题充分暴露,比如共享单车损害问题、共享房屋破坏问题等常有发生;②从道德风险来看,共享经济在缺乏约束机制现实情况下,道德风险就会大大增加,譬如危害乘客安全事件、共享单车乱停乱放等问题;③从市场冲击来看,共享经济是替代型的经济形态,在监管机制不健全的情况下,会对部分传统行业带来巨大冲击,从而影响整个社会的稳定,比如网约车对出租车行业的冲击、共享单车对传统自行车行业的冲击等。

(2)垄断效应。随着共享经济的高速发展,共享经济的不断壮大,垄断问题越来越凸显,逐渐成为影响共享经济持续发展的重要障碍。比如在共享单车领域,各公司通过恶意竞争来获取市场份额形成寡头垄断局面,并逐渐演化为卖方市场,使之垄断程度不断加深,由此带来一系列垄断问题,造成市场活力缺乏、产品质量下降等。

三、河南共享经济发展特点与趋势分析

1.共享经济发展特点分析

(1)交易规模增速大幅放缓。受宏观经济下行压力增大,市场投资信息不足以及共享经济发展阶段调整的影响,河南省共享经济交易规模增速开始下降,且幅度较大。增速大幅下降意味着共享经济进入新的发展阶段,从单纯追求速度和规模转向更加注重质量和效率的阶段,从超高速增长转向中高速增长的阶段。

(2)融资规模大幅下降。2019 年我国共享领域的融资规模大幅下降,且下降幅度超过 50%。究其原因主要为:①宏观经济下行压力的持续增大,导致投资者信心受到严重影响,不愿投、不想投等情绪放大;②共享经济领域问题频现,以 Uber、WeWork 等国际著名共享平台融资受挫为代表,共享经济领域融资受到严重影响,投资者信心受到严重挫伤。

(3)聚合模式备受关注。聚合模式是指聚合的平台,通过整合其他平台资源,提供更多服务的新共享经济发展模式。就平台企业而言,可以在无须扩大规模的情况下形成发展合力;就消费者而言,能够享受更加便捷的服务;就行业而言,能够进一步提升服务的精细化管理水平。

(4)融合发展成为主流。随着共享经济的不断深入,融合发展逐渐成为主流。共享平台拥有庞大的用户规模、海量的用户数据,这为金融融合服务提供了便利条件。

(5)经营行为更加理性。河南共享经济已经过了初期发展阶段,进入更加追求可持续发展的阶段。①更加注重盈利能力,开始通过提高服务效率、优化接单流程,提高共享平台的盈利能力;②更加注重经营效率,不再通过扩张规模来获取利润,开始砍掉性价比较低、不盈利的部分,让经济行为更加理性。

(6)智能化水平不断加速。随着新一代信息技术的广泛应用,特别是区块链技术的快速应用,共享平台智能化水平不断加速。从战略布局来看,共享平台企业逐渐将重点转移到提升智能化水平上来了;从提升平台竞争力来看,共享医疗平台开始布局精准化医疗,共享生活平台开始利用机器学习布局智能化调度平台,共享内容平台开始利用新一代信息技术创造新体验、新场景;从安全保障来看,共享出行平台开始利用区块链技术提高网约车信息安全,共享住宿平台开始布局智能安全防护设备,以保障用户安全。

(7)标准化建设实现突破。随着共享经济的深入,标准化建设越来越受到大家的注重并实现突破。从政府层面看,国家已经成立了专业化标准化委员会,提出了共享经济

标准化体系总体框架，如《共享经济原则与框架指南》《共享经济平台资源提供者入驻审核通则》等；从行业层面看，为了更好推动共享经济发展，各个行业也迅速行动，纷纷推出了各类标准，如中国通信工业协会与摩拜制定了共享单车标准，中国交通运输协会制定了网约车运行标准，国家信息中心联合共享住宿平台制定了共享住宿行业标准等。

2. 共享经济发展趋势分析

（1）总体呈现稳定发展态势。从整个宏观经济环境来看，突发的新冠疫情，对贸易、消费、投资等都产生了严重影响，全球经济衰退已不可避免，我国经济下行压力也更为凸显，这一大的宏观经济环境将给共享经济发展带来前所未有的挑战。但随着疫情的不断好转，以及各级政府出台的一系列纾困政策，我国的经济也在逐渐恢复，投资者信心也在不断恢复，我国经济长期向好的态势不会改变，共享经济稳定发展态势不会改变。从共享经济行业本身来看，疫情影响下，共享经济面临诸多利好，如在线教育、在线医疗、在线养老、在线办公、共享购物等共享经济模式成为新的热点，这为共享经济发展拓展了新的空间。

（2）共享制造成为新的趋势。随着工业互联网建设的不断加速，共享制造业将成为共享经济发展的新的增长点。从制造企业来看，大型制造企业拥有丰富的优质资源，在产品研发、产品设计、产品制造、产品销售、产品配送等环节形成了核心竞争优势。随着工业互联网的推进，资源开放成为制造企业转型升级的内在需要，平台化、智能化、服务化成为制造企业发展的主攻方向。从平台企业发展来看，平台企业赋能制造企业的作用日益突出：①依托共享平台形成的C2M（用户直连制造）模式将成为主流，根据顾客需求来布局产品这一新的模式将全面提升制造企业适应市场需求变化的快速响应能力；②共享平台拥有的海量数据将有利于帮助制造企业预判需求变化，提升企业决策能力。

（3）区块链技术成为新热点。共享经济领域正逐渐成为区块链技术的重要应用场景。①区块链本身特性有助于弥补共享经济发展短板，随着共享经济快速发展，共享经济的安全性、扩展性、道德性等诸多问题充分暴露，并逐渐成为制约共享经济发展的主要障碍，区块链技术能很好地弥补因信息不对称所产生的道德风险问题、延展性问题，从而推动共享经济持续健康发展。②区块链技术的广泛应用，随着区块链技术的逐渐被认识、被认可，区块链技术将更多应用于数据传输、内容传播的全程追溯中，保障数据安全、内容安全，推动数据的共享。

（4）智能化监管进一步加强。随着信息技术的广泛应用，“互联网+监管”将成为共享经济发展新的监管模式。“互联网+监管”是指将大数据、云计算、物联网、人工智能等新一代信息技术作用于监管领域的一种新的监管模式，主要通过在线监管系统，实现监管信息的归集、共享和整合，推动监管的规范化、精准化和智能化。譬如“互联网+监管”将会对网约车进行实时监控，及时掌握网约车信息，对违规经营和操作的行为予以立即拦截和制止。

四、河南共享经济面临的主要瓶颈约束

1. 盈利能力较弱

（1）疫情冲击下共享平台企业经营压力陡增。疫情影响下，共享出行、共享住宿、共享旅游等行业用户陡降至冰点，共享平台企业订单量和收入严重缩减。与此同时，这些企业还需支付固定高额成本，共享平台企业在艰难中挣扎。

（2）宏观环境不确定性增加了对有效需求的判断难度。面对日益复杂的宏观经济环境，人们对共享经济的有效需求变得多元，难以准确把握有效市场需求，这就增加了市场盈利的难度。

（3）用户的非黏性影响共享平台企业盈利能力提升。拥有大量的用户，是平台企业实现盈利的最为重要的条件之一。在没有排他性条件的现实情况下，共享平台想要保持用户黏性变得困难，获取稳定收益更是变得困难。在市场需求总量一定的情况下，平台企业维持一定的用户黏性的难度增加，竞争能力较弱的平台企业发展变得更加困难。

2. 政府管理缺位

政府管理不到位一直是困扰河南共享经济发展的主要难题之一，近年来，虽出台了一系列政策措施，规范政府监管，但仍有缺位、过度等问题，主要表现在以下几方面：①过度干预成为重要障碍。近年来，河南省出台了一系列政策措施规范共享经济发展，如《关于培育和发展共享经济的实施意见》等，推动了河南共享经济发展，同时也应看到存在管理错位问题，如在网约车领域，政府将监管重点放在了网约车管理上，对其车辆年龄、车辆价格、车辆排量等方面进行了限制，严重阻碍了网约车行业的发展。②部门协同合力尚未形成。共享经济具有典型的多领域、多业态融合的特征，对于共享经济的监管往往涉及多个部门，而部门间职责交叉、权责不清、监管不畅等问题尚未得到有效解决，这必然导致了监管效率低下，协同合力尚未形成。如共享出行领域，虽然有交通、公安、消防等部门监管，但由于部门间权责不明晰，互相间推诿扯皮现象时有发生，协同联动问题亟待破题。③法律法规还不完善。为了更好地推动共享经济发展，国家正式颁布了《电子商务法》，但效果并不明显，特别是缺乏与之相配套的实施细则，这就导致《电子商务法》效果大打折扣，如《电子商务法》明确规定经营者不得滥用市场支配地位，排除、限制竞争，而在实践过程中，由于共享经济不正当行为的隐蔽性较强，且复杂多样，很难直观判

断其是否违背不正当竞争，因此，仅仅依靠《电子商务法》的规定进行判断，显然效果不理想，需要出台相关细则，有针对性地破解这一难题。

3. 潜在风险增大

面对高速发展的共享经济，共享经济潜在风险逐渐增大，在信息安全领域、消费者权益保护等方面都存在着隐患。①信息安全存在隐患。由于信息技术存在安全隐患，社会又没有形成有效的风险防范机制，导致共享经济发展受限。②消费者权益保护存在风险。当前河南的法律法规大都只适用于线下业务，很难直接适用于线上业务。在平台责任界定不清、诚信体系不健全、先行赔付机制缺乏等的情况下，共享经济活动维权难成为事实，消费者权益保护成为共享经济发展亟待解决的问题。

五、加快河南共享经济发展的治理机制

1. 构建正确价值衡量机制

构建正确价值衡量机制是推动共享经济健康发展的重要内容。①要加快建立正确评价机制。在全面对接我国共享经济发展基础上，构建《河南省共享经济评价指标体系》。在借鉴中国信息中心关于共享经济评价指标体系的基础上，结合河南探索实践，重点突出生产能力共享、生活服务共享、创新要素共享等领域，建立河南特色的共享经济评价指标体系，形成量化评分标准，全面提升评估的科学性和针对性。②要加快建立数据监测机制。要打破各部门间利益藩篱，形成合力，构建线上线下一体化监测体系，以准确掌握河南省共享经济发展现状。

2. 构建多方参与治理机制

探索构建政府、平台企业、行业协会以及消费者多方参与的治理机制是充分发挥市场作用，破解政府管理缺位，推动河南共享经济健康发展的重要条件。①政府方面，要营造良好的营商环境有助于共享经济发展，另外要健全相关法律法规，为共享经济持续健康发展保驾护航。②平台企业方面，要以用户需求为出发点，综合运用平台企业海量数据进行分析、研判，为共享经济持续健康发展提供支撑。③行业协会方面，应充分发挥行业协会的作用，加快制定行业自律条例和行业规范标准，进一步推动共享经济持续健康发展。④消费者方面，要注重培养文明习惯，在享受共享产品带来的便利的同时，也应合规使用，让共享成果真正惠及广大消费者。

3. 构建共享经济创新机制

强有力的创新能力是共享经济保持持续高速增长的重要动力。①要加强技术创新，

通过技术创新,依靠技术创新破解发展难题。比如共享单车领域,引入GPS定位、电子围栏等先进技术手段,提高共享单车技术含量等以应对共享单车乱停乱放、故意损害等诸多问题;引入大数据,通过对共享单车的线路和用户的使用分析来判断单车是否被私有化。②要加强商业模式创新,不断优化共享经济领域主要商业模式,鼓励并支持企业建立真正意义上的、以激活闲置资源为特点的共享经济模式,提高企业竞争力。③要加强管理创新,通过建立与之相匹配的管理方式,最大限度地降低风险。比如通过引入保险机制,保障共享经济交易双方的合法权益;通过实行信用解锁,降低共享单车领域押金风险。

4. 构建良好共享生态机制

良好的共享生态体系是共享经济实现持续健康发展的重要保障。

(1)持续打造公平竞争市场机制。①要进一步推行负面清单制度,严格落实"一张清单"管理模式,并根据河南共享经济发展需要,不断调整指导目录,持续放宽市场准入,做到"一单尽列,单外无单";②要进一步完善信息公开制度,及时向社会公布市场准入负面清单,切实做到负面清单事项"一目了然,一网通办";③要进一步完善评估机制,通过科学评估、通畅意见反馈通道,及时调整负面清单、资质标准等,让市场准入更具科学性和针对性;④要进一步完善监督机制,探索建立与市场准入负面清单制度相适应的事中事后监督机制,涉公平竞争审查投诉举报受理回应机制、公平竞争审查工作机制,持续清理行业准入、资质标准等方面的歧视性、差异性做法,为各市场主体公平参与竞争营造良好环境。

(2)持续打造完备健全的法律法规体系。进一步完善法治保障,针对实践证明行之有效、市场主体支持的相关法律法规应加以强化,针对滞后于河南共享经济发展要求、有悖于营商环境优化需求的相关法律法规应予以修改完善,做到应改尽改,应废尽废。

(3)持续打造社会信用体系。加快诚信政府建设,切实做到为共享平台企业服务,让共享平台企业有所依靠;加快诚信共享平台企业建设,对不诚信行为予以严惩,对诚信行为予以强激励;加快完善信用机制,健全信用促进联动机制,实现信用信息共享,为信用环境建设提供支撑。

参考文献

[1]杨梦洁.河南省电子信息产业链现代化水平提升研究[J].合作经济与科技,2021(18):38-39.

[2]徐倪妮,郭俊华.政府补贴对电子信息产业技术创新的影响研究:来自中国上市公司

的经验证据[J]. 工业技术经济,2020,39(6):13-20.
[3]李晓钟,徐怡. 政府补贴对企业创新绩效作用效应与门槛效应研究:基于电子信息产业沪深两市上市公司数据[J]. 中国软科学,2019(5):31-39.
[4]曹煜晗,彭景. 新冠疫情防控常态化下我国数字经济发展的问题及对策:以河南省为例[J]. 现代商业,2022(23):15-17.

河南数字经济高质量发展对策研究*

李秋香　黄毅敏

摘要：

数字经济既是当下国民经济中增速最快、最具活力的新动能，也代表着未来的产业发展方向。数字经济不仅可以促进传统经济转型升级，提高经济效率，更能激发新的增长动能，加快动能转换。河南省积极探索数字经济发展，在数字产业化布局、产业数字化发展和城市数字化建设等方面都取得不俗的成绩。然而基础建设不足、数字人才缺乏、居民的数字素养有待提升等问题仍然突出。针对上述问题，提出完善基础设施建设、加快产业数字化转型升级、加大人才建设强度、提升居民数字素养、推进城市图书馆数字化转型等建议，以促进河南省数字经济高质量发展。

伴随着信息技术的不断更迭及其与国民经济运行的深度融合，数字经济作为一种崭新的经济形态应运而生。《二十国集团数字经济发展与合作倡议》提出，“数字经济是指以使用数字化的知识和信息作为关键生产要素、以现代信息网络作为重要载体、以信息通信技术的有效使用作为效率提升和经济结构优化的重要推动力的一系列经济活动”。如今，数字经济已经成为引领经济持续稳定发展的新动力，数字经济时代的到来，不仅是技术创新引领的经济增长，也是模式转变、结构升级引致的经济增长，是一种高质量的增长。发展数字经济不仅可以推动传统经济转型升级，提高经济效率，更能激发新的增长动能，加快动能转换。

2020 年，新冠肺炎疫情迅速蔓延到整个世界，对全球经济发展产生了巨大冲击。在

---

* 项目介绍：国家社会科学基金（编号：20FGLB050）；河南科技智库调研课题（编号：HNKJZK-2021-01A）；国家社会科学基金（编号：19FGLB067）。作者简介：李秋香，女，博士，河南大学副教授，研究方向为高质量发展理论与建模、智慧物流理论与方法；黄毅敏，男，博士，华北水利水电大学副教授，研究方向为高质量发展理论与方法。本文为内部资料。

此背景下，数字经济独有的跨时空数据传播和更快的信息交互等特性有效破除了经济发展的空间限制。一方面，数据技术的进步加快了信息交互和数据传播，促进了新资本、新思想、新产业的产生；另一方面，传统经济产业借助数字技术提升竞争力和发展活力，拓展发展空间，转变发展方式，推动经济高质量发展。2020 年，我国数字经济规模达39.2万亿元，占当年 GDP 的 39.6%，成为稳定经济增长的新动力。

发展数字经济，是现今应对疫情、助力经济复苏的有效方案，也是推动世界经济健康发展、克服经济社会发展不均衡难题的一剂良药。数字化将进一步释放尚未开发的经济和社会发展潜力，促进包容性增长。

一、河南数字经济发展的态势

近年来，河南省对数字经济的发展十分重视。为了加快本省数字经济的发展，河南省发改委每年制定数字经济发展工作方案，新型智慧城市建设、数字产业化发展、各领域数字化转型、数字基础设施建设等，每年都会作为重点工作内容呈现在经济发展工作方案中。

根据《中国区域与城市数字经济发展报告(2020)》，河南省数字经济竞争力指数排在第 13 位。虽然河南数字经济已经呈现出蓬勃发展的新气象，但与东部省份相比尚有很大差距。目前，河南省对数字经济发展的重视程度主要体现在以下几个方面。

(一)河南数字产业化加速布局

河南省大力推进产业集群建设，积极规划河南"1+18"发展模式，形成以郑东新区龙子湖智慧岛为核心区、省辖市中心城市 18 个大数据产业园区为主要节点的新发展格局。华为、阿里巴巴、海康威视、紫光、浪潮、中科院计算所等一批知名企业和研究机构在河南落户，并辐射带动了周边经济发展。

2020 年，河南省启动智慧矿山、智慧城市等应用场景项目；华为鲲鹏生态创新中心在全国率先布局，电子信息产业发展成效明显；生物医药产业加快发展，安图生物医学检测设备智能化取得突破；行业公共技术服务平台加快建设，全国首个千亿级科技服务企业启迪科服总部落户河南。从总量上看，河南省数字产业化规模已超过 1000 亿元。《数字中国指数报告(2020)》显示：河南省数字中国指数规模达 51.6，位列全国第 7 位，从整体上看数字发展成果显著。

(二)产业数字化不断推进

产业结构转型发展是促进经济发展的重要支撑之一，也是各地发展数字经济的主攻方向。在大数据、互联网、人工智能等新兴数字生产要素的推动下,河南省产业数字化发展也取得了显著成效。

(1)农业数字化。数字技术的运用,激活了农业提质增效的潜力。河南省建立了小麦、玉米等大田作物“四情”信息监测管理系统,建成了智能畜牧、智慧农机、智慧种业等信息监测管理系统,开展了精准化生产、精细化管理。其中,鹤壁市利用物联网技术开展精准田间作业,平均每亩玉米增产 71 千克、小麦增产 36 千克。2018 年,河南省农机局建设“河南省智慧农机信息管理平台”,开发智能手机客户端,对安装终端的收割机等农机具实现远程监控、面积产量计算、轨迹查询等功能。

(2)制造业数字化。“十三五”期间,河南省致力于智能化改造项目建设及工业互联网平台培育,加速向数字化转型。工信部发布的两化融合数据地图显示,2019 年河南省两化融合发展水平指数比 2018 年增加 1.1%,达到 52.3%,居全国第 12 位、中部地区首位。根据中国两化融合服务平台发布的数据,截至 2020 年第一季度,河南省规模以上工业企业的数字化研发设计工具普及率为 74.6%、生产设备数字化率为 48.0%、关键工序数控化率为 49.6%、工业云平台应用率为 41.0% 及应用电子商务比例为 63.5%。

(3)服务业数字化。河南加快建设智能物流小镇,谋划“一中心、多节点、全覆盖”的现代化国际物流网络体系。众多知名景点实现 5G 覆盖,智慧旅游不断拓展延伸。在疫情的冲击下,生活服务数字化的重要性进一步凸显,生活服务数字化也进一步普及,改变着消费者的购物理念,如今“网上下单”已经成为一种常见的模式,充斥着生活的方方面面。

(三)城市数字化治理快速发展

继国内生产总值之后,数字经济已经成为各省市间的核心竞争领域。据《中国城市数字治理报告(2020)》显示,郑州在数字治理榜上排名第 7 位,且被评为数字政务领域的“中部样板”,俨然已经发展成数字治理一线城市。2020 年 12 月,郑州宣布城市大脑 118 个应用场景全面上线运行,稳步推进涵盖城市管理、交通出行、政务服务、文化旅游、生态环境、医疗健康、市场监督、应急管理等领域的模块建设,直面社会热点,切实解决民生问题,成为国内首个全场景数字化运营城市。根据河南省政府办公厅《关于 2021 年第二季度全省政府网站与政务新媒体检查及管理情况的通报》,2021 年第二季度,河南省正在运行的政府网站共 876 个,正在运行的政务新媒体共 3 086 个,省政府门户网站共发布各类政务信息 16 075 条,各部门共受理网民咨询 2 952 个,办结 2 952 个,办结率 100%。传统意义上的实体政府与“线上政府”形势并存,河南省在数字政府、数字治理上取得了优秀的成果。

(四)河南省数字经济发展的机遇

(1)国家政策扶持。自党的十八届五中全会首次明确"国家大数据战略"以来,国家对发展数字经济的扶持政策逐渐深化,进一步增加了对数字经济发展的财政投入。党的十九届五中全会强调,"发展数字经济,推进数字产业化和产业数字化,推动数字经济和实体经济深度融合,打造具有国际竞争力的数字产业集群"。2020 年,国家发改委提出八大举措,全面支持数字经济发展,未来国民经济的发展必然会将着力点放在数字经济的全面发展上。

(2)新型基础设施的发展。随着 5G 通信、大数据、云平台等数字技术的发展,现代经济产业逐渐数字化、网络化,为未来数字经济的发展提供了无限可能。根据《5G 应用创新发展白皮书》,2019 年我国 5G 应用在广度、深度、技术的创新性等方面都有一定的进步。各地方各行业的 5G 创新应用百花齐放,一些应用逐渐进入体系化应用场景、复制推广阶段。

二、河南数字经济发展存在的问题

从河南省现今数字经济发展态势来看,河南省数字经济已经在政策和规模上积累了一定的优势,但与其他发达省市相比,河南省数字经济的发展还远远不足,仍然有限制着经济发展的问题亟待解决。从各项数据对比来看,河南省数字经济的发展问题主要表现为以下几个方面。

(一)数字基础设施不足

数字基础设施是伴随着新一轮科技革命和产业变革而产生的。一般认为,数字基础设施是以信息网络为基础,综合集成新一代信息技术,围绕数据的感知、传输、存储、计算、处理和安全等环节,形成的支撑经济社会数字化发展的新型基础设施体系。在数字化时代,数据成为新的重要生产要素,并为经济发展赋予新动能,这使得传统技术和传统产业基础都需要作出相应的转型升级。基础建设是数字经济发展的物理基础,是使用数字技术的必要条件,是支撑数字经济发展的根基,是技术突破和经济转型的先决条件,没有足够的数字基础建设作为基础,数字经济发展无异于纸上谈兵。

1. 全省数字基础设施总量不足

从省域来看,河南省虽然一直在加强数字化建设,但信息化发展水平与一些发达省市相比仍然存在差距。截至 2021 年 6 月,从全国各省 IPv4 数量占比来看(图 1),北京、广东 IPv4 数量极为突出,河南省虽然也位列第 9 名,在绝对数量上远远不能与部分发达省市相比。

从总域名数来看(图 2),截至 2021 年 6 月,河南省总域名数 1 932 009 个,与数量最多的广东省相差一倍,总数位于全国第 4 位;从平均数来看,河南省人均域名数只排在全国第 8 位。而在 2019 年全国 31 个省(自治区、直辖市)的互联网发展指数综合排名前十的名单中,河南省榜上无名。

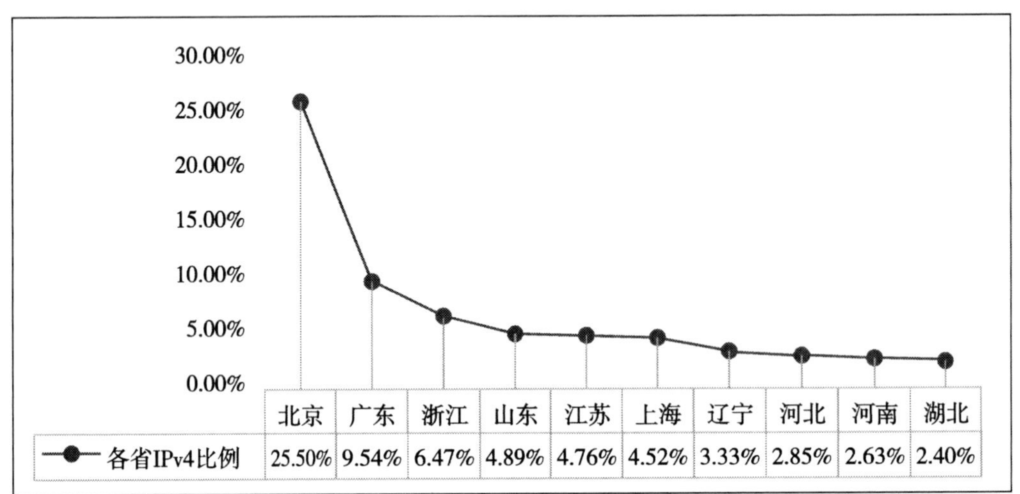

图 1　截至 2021 年 6 月各省 IPv4 比例前十

(资料来源:CNNIC 第 48 次中国互联网络发展状况统计报告)

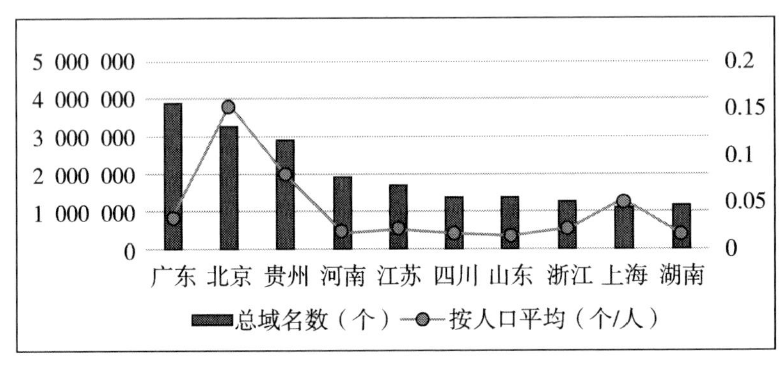

图 2　截至 2021 年 6 月各省域名数前十

(资料来源:CNNIC 第 48 次中国互联网络发展状况统计报告)

2020 年在全国 31 个省(自治区、直辖市)数字经济基础指数排名中,河南省排名第 8 位,整体来说河南省数字基础设施建设相对较好,但与北京、广东等发达省份(直辖市)相比,仍存在很大差距(图 3)。

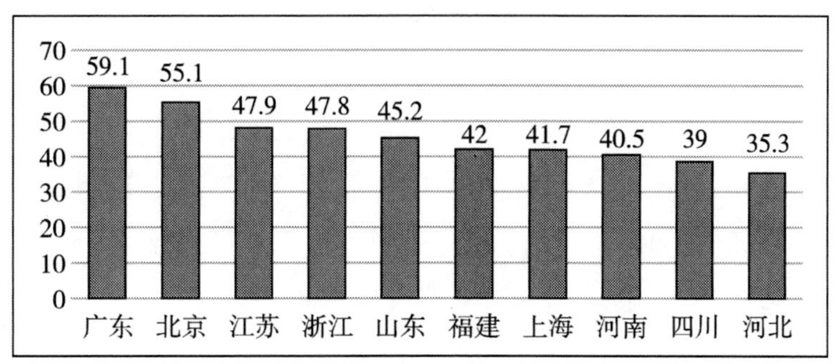

图 3 2020 年全国数字经济基础指数前十

(资料来源:《2020 年中国数字经济发展报告》)

2. 区域内数字基础设施建设不平衡

截至 2020 年,河南省全省有 8 836.5 万网民,其中,城镇手机网民占比 62.4%,农村手机网民占比 37.6%,数据相差较大。城乡"数字鸿沟"之所以存在,除经济原因外,农村数字基础设施落后也是重要原因。如图 4 所示,根据《2020 河南省互联网发展报告》,2020 年,河南省累计开通 5G 基站数达到 45 387 个,其中郑州开通基站数量达 11 404 个,占比高达 25.1%,其次是洛阳、南阳,分别达到 4 453 个、2 976 个。

目前,河南省乡镇地区网络覆盖仍然以 4G 为主,且覆盖不全面、网络信号差,严重限制农村数字化发展。此外,在物流基础设施上,农村公共服务基础设施显得尤为不完善,部分农村物流的状况仅仅停留在乡镇层面,大大制约了农村地区的信息交流和电子商务的发展。

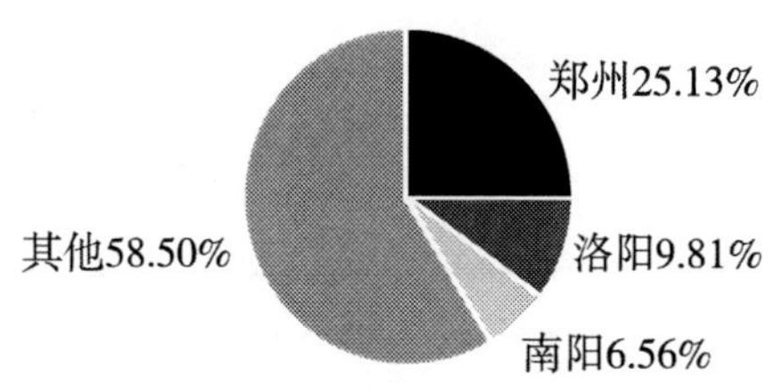

图 4 2020 年河南省 5G 基站分布

(资料来源:《2020 河南省互联网发展报告》)

(二)数字化人才缺乏

数字领域的人才缺口会限制数字化资源重组过程,随着基础设施和组织的日益数字化,未来的人才培养需要更高的数字型基础,数字化人才的匮乏成为制约河南省数字经济发展的核心瓶颈。数字化人才缺乏主要表现为两方面。

1. 高端人才吸引能力不足

河南省人口众多,虽然经济体量较大,但相对来说经济发展水平比较落后,人均收入在全国处于中下游水平,相关的人才交流政策也不够完善,教育水平、科研条件、薪资水平等方面与发达省份(直辖市)相比也存有很大的差距。

根据中国信通院《中国数字经济就业发展研究报告:新形态、新模式、新趋势(2021)》,北京、上海、浙江数字经济岗位薪资水平平均在 8 000 元/月,远高于其他省份。从数字经济岗位规模看(图 5),招聘岗位较多的广东、北京、上海等地区分别占全国总岗位的 25.74%、17.79%、12.25%,而河南省只占不到 2.5%。地域和人才通常是双向选择的,高端岗位聚集度越高的地区越能带动数字经济较好的发展,继而带动数字型人才的聚集,而河南省的客观条件使其在大多数情况下处于比较被动的地位。越是高端的人才对地域吸引力的要求也就越高,现阶段河南省对优秀的数字化人才的吸引力还相对较弱。根据《2020 河南统计年鉴》显示,2019 年年底河南省户籍人口 1.1 亿,然而常住人口为 0.96 亿,净流出人口高达 0.14 亿之多,居于全国前列。

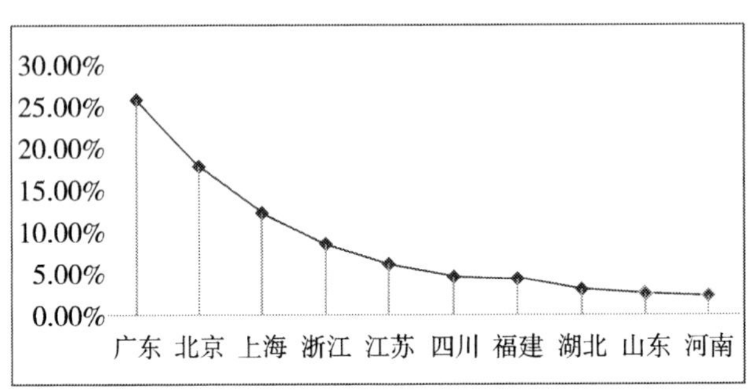

图 5　2020 年数字经济岗位规模全国占比前十

(资料来源:中国通信院《中国数字经济就业发展研究报告:新形态、新模式、新趋势(2020)》)

2. 数字行业从业人员数量不足

数字行业整体来说还是比较新兴的行业,目前仍处于在实践中探索前行的阶段,尤其对河南省这样一个农业大省来说,数字行业更是少之又少,所以整体上导致数字行业从业人员不足(表1)。可以看出,近年来河南省信息传输、软件和信息技术服务业城镇单位从业人员占比逐年增加,且该指标增速越来越快,2017 年该指标环比增长速度为 1.1%,2018 年达到 1.13%,2019 年升至 1.3%。然而,2019 年河南省信息传输、软件和信息技术服务业城镇单位从业人员占比在全国位于第 16 名,处于中等水平,与北京、上海、广东、浙江这些省份(直辖市)相比相差甚远。

表1 2016—2019 年部分省市信息传输、软件和信息技术服务业城镇单位从业人员占比

(单位:%)

年份	省份															
	北京	上海	广东	湖北	辽宁	陕西	四川	黑龙江	浙江	天津	江苏	海南	吉林	西藏	河北	河南
2019	10.8	5.84	3.21	2.77	2.74	2.67	2.54	2.52	2.47	2.45	2.43	2.15	2.02	2.01	1.75	1.71
2018	10.2	5.56	3.05	2.07	2.55	2.58	2.47	2.04	2.15	2.46	2.17	2.21	2.08	1.08	1.53	1.32
2017	9.52	4.86	2.54	1.83	2.48	2.27	2.54	1.99	2.18	1.97	1.88	1.88	2.05	1.50	1.40	1.17
2016	8.74	4.27	2.22	1.71	2.25	2.19	2.34	1.72	1.75	1.68	1.82	1.58	1.99	1.59	1.31	1.07

(三)居民的数字素养有待提升

OECD(经济合作与发展组织)的专家将数字素养定义为获得工作场所和社会生活各个方面的全部精致能力。我国学者施歌对数字素养做了更为通俗的定义,认为数字素养就是人们在社交生活中运用数字化手段的能力与态度。数字素养诞生于数字时代,对公众有新的要求和评判标准,除强调培养多维思考能力及超媒体空间的生存能力之外,还应注重知识共享和数字文化交流,对数字技能进行创造性运用。数字经济发展迅速,对于个人而言,能否提升数字素养,将决定着个体能否更好地适应这个时代。河南省要着力发展数字经济,就必须提高居民的数字素养。目前,河南省居民数字素养问题主要集中在以下几个方面。

1. 农村居民受教育程度低

根据国家统计局人口抽样调查数据计算,河南省 2015—2019 年 6 岁及 6 岁以上未上过学的人口占比分别为 5.72%、5.86%、5.29%、5.27%、5.12%,数据显示,近年来未受过教育的人口比例在逐渐缩小,然而从这一指标 2019 年的全国数据来看(图 6),河南省 6 岁及 6 岁以上未上过学人口在全国 31 个省(直辖市)中排名 18,受教育情况依然不容乐观。河南除人口众多外,还是农业大省,2019 年年末河南省常住人口中农村常住人口占比 46.79%,这样庞大的人口数量基础决定了农村居民数字素养不足是河南省居民数

字素养不足的最大限制因素。而农村居民受教育程度低又是直接导致居民数字素养不过关的直接原因(图7)。

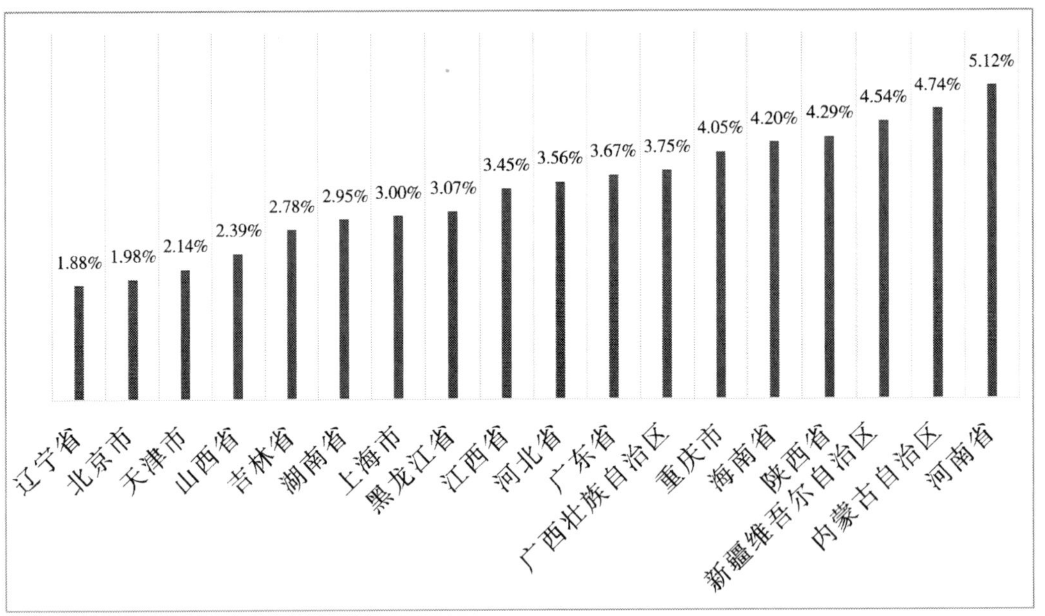

图6　2019年全国部分省(直辖市、自治区)6岁及以上未上过学比例

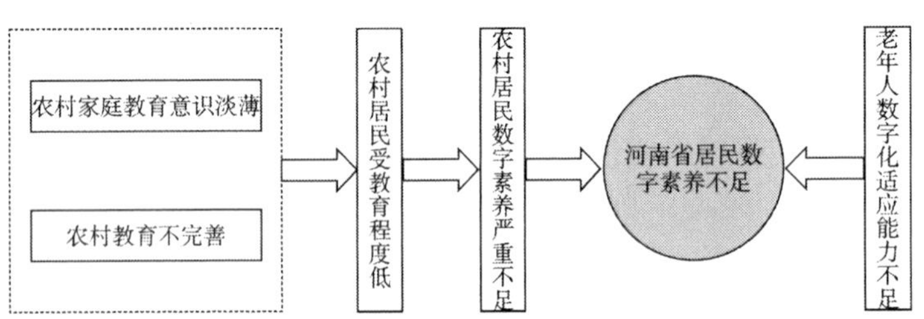

图7　河南省居民数字素养不足作用机理图

农村居民受教育程度低的主要原因有两个。

(1)农村家庭教育意识淡薄。农村家庭大多经济基础薄弱,为了摆脱经济困扰,劳动力外出务工在农村家庭已成为常态,孩子长期留守致使与父母沟通不足,同时,家长疏于对孩子提供正确的教育和引导,导致许多农村孩子辍学过早步入社会。长此以往会形成恶性循环,使农村受教育程度停滞不前,更不要说去接受新兴数字化知识和技术。

(2)农村教育不完善。与城镇学校的教师相比,农村学校部分教师的教学能力相对较弱,教学质量偏低,教师仅仅注重“分数”教育的现象也比较普遍,缺少与学生的思想沟通和对学生心理、安全等问题的全方位教育。此外，相较于现在城市中使用的数字化教学设备，农村教育设施落后、教育经费不足等问题也十分突出，在信息化手段应用方面，农村地区要远远落后于城市地区，教师的数字素养上不去，也就无法带动学生了解更多新兴知识。

2. 老年人数字化服务适应度差

由于疫情的冲击，“网上下单”“在线医疗”等数字化产业迅速发展，我们身边的产品和服务也渐渐趋于数字化，但相对来讲，老年人群体对新兴事物的接受度和学习能力都普遍较弱(图8)。截至2020年年底，河南省60岁以上网民占比仅2.9%(图8)，但河南省60岁以上的人口占常住人口比重达到18.08%，提高这一庞大群体的数字素养问题将会使河南省数字素养不足问题得到有效改善。

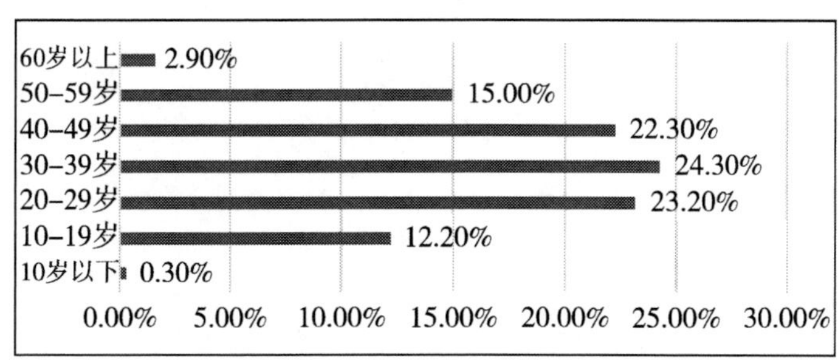

图8 2020年河南省网民年龄结构

(资料来源:《2020年河南省互联网发展报告》)

三、数字经济发展的对策

(一)完善基础设施建设

数字经济必须依赖于一定的基础设施才能够运行，传统基础设施的转型升级与新型设施的出现不仅是数字技术的应用产物，更是推动经济社会向前发展必需的历程。通过数据对比，虽然河南省数字基础建设在全国范围内处于中上水平，但远远不及北京、广东、浙江等发达省市。发展数字经济、建设数字化基础设施，不仅包括互联网、5G基站等网络基础设施建设，也包括对交通、电力等传统产业基础设施的数字化过程。数字经济发展越快，越要借助更新的信息技术和更迅速的信息处理流程，对基础设施的依赖性越突出，推动数字经济基础设施的建设，能为传统产业转型升级提供支撑，更能为缩短中东部经济差异提供新动力。因此必须强化对基础设施的建设，推动数据平台搭建，打造全国重要的区域数据中心。具体工作可以从以下几个方面展开。

1. 打造数字基建整体优势

(1)物联网应用。大力推进物联网技术在智慧交通、智能家居、健康医疗、物流跟踪等重点领域的广泛应用,扩大城市感知网络应用率。传统行业的数字化转型需要从物理世界映射进数字世界,物联网技术通过数字终端的感知和数据平台处理为之提供了基础支撑。物联网规模化需要各行业共同的支撑。一方面,推进物联网示范基地建设,引导各产业聚集化发展;另一方面,需要加强物联网卡安全管理,建立相关服务平台,提高物联网技术应用水平和安全公共服务能力。《物联网白皮书(2020)》显示,郑州已经完成IPv6 改造,为深化物联网发展提供可能。

(2)部署城市级云处理平台,优化新型基础设施的数据存储性能。疫情防控期间涌现了大量"云课堂""云办公"等线上新兴产业,对"云平台"的要求进一步增强。随着数字技术的发展进步,对信息的识别、存储和处理能力显得尤为重要。政府需部署城市级数据中心,为城市数字化产业提供完善的数据支持。强大的存储性能能够让每一比特数据在全生命周期内实现价值最大、成本最优,因此必须重视存算一体化基础设施的建设,为新兴产业提供完善的网络和平台支撑。

2. 协调区域数字基建发展

(1)实施中小城市及乡镇基础网络设备完善工程。根据《中国区域与城市数字经济发展报告(2020)》,在数字基础设施方面,郑州市的网络基础设施普及程度位列全国城市前五位,郑州市已经具有一定的数字建设基础。在发展郑州基建的同时,应积极总结经验,将已经完善的数字基础设施建设技术应用在落后区域,对地级市到县城、县城到乡镇之间的网络传输系统、通信管道、光缆等一系列网络设备进行新建和扩容,为提升农村地区宽带用户接入速率和普及水平提供支持。

(2)推进乡镇地区 5G 网络应用。2019 年,河南省各辖市城区已经全部实现 5G 网络覆盖,然而乡镇地区仍以 4G 网络为主,5G 建设远远不足。河南省已有千机数据、睿金科技等数据标杆企业,为满足数字化建设"上云"的需求,接下来应逐步推进乡镇 5G 网络建设及商用部署,由政府财政支付一部分经费,其余由社会资本及相关企业负担,减轻政府和居民的投入,为乡镇企业数字化转型和数字经济新业态提供更坚实的支撑。

3. 引进外部投资缓解财政压力

数字基础设施建设启动资金大,若政府完全出资,则财政压力大。政府可以采用灵活有效的手段推动与企业合作,并完善政策措施、吸引民间投资,与社会力量共同建设。例如与基金公司合作推出相关基金,吸引投资者或相关企业投入,将投入资金用于建设新兴产业设施,建成盈利后由政府抽取一部分比例利润,剩余利润以分红的形式返还给投资者，这样的合作模式能有效改善政府初期投入资金紧缺的问题，吸引社会资金流入，提高资金注入能力，并且能有效分散投资风险。

（二）加快产业数字化转型升级

相比于东部发达省市，河南省的经济基础较弱，因此，要实现数字经济的“换道超车”，需要加速原有产业集群数字化转型升级，具体可从以下几个方面展开。

1. 设立农业数字化平台

《河南农业农村发展报告（2021）》显示，2020 年河南省粮食产量达到 1365.16 亿斤，实现连续 4 年在 1 300 亿斤以上，增量占全国的 23.1%。作为农业大省，河南省加速推广智慧绿色农业发展意义重大。为农业生产者、监管者和经营者提供高效准确的信息交互平台，建立相应的数字化供应链系统，推进农产品电子商务建设，促进农业现代化，不仅能提高农业生产效益，更能有效提升河南省数字经济发展规模。

2. 持续推进制造业数字化

目前，全国各地制造业经济的竞争愈演愈烈，要发展制造业经济，需要进一步推进新兴数字技术与实体经济的融合，从传统制造模式向“智造”转型。

（1）为新型数字化设备采购提供补助。新型数字设备是企业进行研究开发的基础条件，政府出台相应的补助政策有助于推进传统企业的数字化升级。

（2）对企业技术创新提供消费券、培训券等，引导企业加大技术创新投入。以美的集团为例，2009—2011 年美的集团已经出现了增收不增利的局面。为了企业的智能制造战略布局，美的先后收购了机器人公司埃夫特、库卡，并有针对性地启用了以智能精益工厂建设为核心的“632”信息化提升项目，通过自动化、智能机器人、物联网集成等关键技术的综合应用达到提升生产制造的信息化和精益化水平、缩短产品制造与交付周期、降低综合生产成本的目的。通过观察美的集团的财务报表，可以看到从 2012 年开始，美的集团各项指标始终稳步提升。河南省制造业应实行有针对性的数字化发展措施，出台扶持高新技术企业等普惠性政策，鼓励企业增加创新投入，推进企业主导的产学研协同创新，借助物联网、大数据等数字技术，配以高效的数据平台，推动企业数字化转型升级，让数据信息在产业链的每一个环节发挥价值。

3. 推进服务类消费产品建设

受疫情冲击影响，数字服务业规模在 2020 年迎来了飞速增长。新型数字技术的发展降低了交易成本，促进数据创造和共享，实现了服务业与消费者之间的信息互通，为服务业数字化的广泛普及与创新提供了更多的发展空间。随着数字化发展，消费者对数字化场景和数字化平台交易服务的需求日益增长,但现今中国服务业数字化规模小、布局分散,目前的关注点大多在企业的数字化需求,而对居民和公共消费升级关注较少。政府财政政策应从整体观出发,大力发展数字相关的消费市场和应用场景,将进一步发展数字经济的重点转移到数字产品和服务的提供与消费上。这就要求服务市场加速数字化转型进程,促进服务业与数字经济融合发展。

(三)加大人才建设强度

“人才强则事业强,人才兴则科技兴”,促进数字经济发展,复合型人才显得尤为重要。在数字型经济模式下,原有的人才流动和人才培养模式都受到了挑战。目前的人才建设并不能满足数字经济的发展需求,因此必须开发新的人才培养和管理模式,从外部和内部两个方面加强人才建设。

1. 外部吸引高端人才团队输入

(1)完善知识产权相关政策。数字经济的发展建立在数字相关基础设施和技术的发展上。一方面,普及知识产权相关条例,完善相关规章制度,解决科研人员的后顾之忧;另一方面,设立相关奖项,鼓励有能力的人更多地参与科研工作中。

(2)提供更好的科研条件。为高端人才建设更大的科研平台,用事业引来人、留住人。近年来,河南省规模以上工业企业 R&D 经费投入占地区生产总值比例逐年增加,然而由于底子薄弱,所以目前投入总量仍然不足,必须继续加大 R&D 经费投入才能创造更好的科研平台,进而吸引更多的优秀人才。

(3)以股权激励、基金分红等方式,提升高端数字化人才薪资待遇。要主动打破优秀人才薪酬“天花板”,充分肯定高端人才的潜在价值。尝试开展股权激励措施,提高科研人员科技成果转化收益分配比重,增强人才吸引的外部优势。

(4)完善人才流动相关规章制度,推进不同区域数字化人才协同培养。积极促进河南省与其他经济发达省市在数字经济领域的人才合作交流,并加大高端人才引进的经费投入。

2. 内部加强数字经济人才培养

(1)鼓励高校设立相关专业。一方面,鼓励科研院所和高等院校积极开设与数字经济的基础研究、研发创新、产业发展和行业应用等领域相关的专业,加强前沿科学型和专业型人才培养,高职院校应以市场需求为导向,重点加强应用型和实践型人才培养。另一方面,促进数字相关专业教授和学生与其他高校的交流合作,组织去其他高校或企业进行学习,推动数字经济共创,推动不同区域人才共同进步。

(2)推进企业、科研机构及高校联合培养。积极推动省内龙头企业、科研机构和高校三者间开展“产学研用”合作,完善人才培养平台。这样的联合培养模式一方面可以加速科研成果与实际应用融合,使新技术、新思想更快投入市场,另一方面也能加快提升企业的技术创新能力,提供新的产品和服务,推动城市数字化建设。以郑东新区智慧岛建设人才培养基地为例,通过企业与高校合作,重点培养数字化人才,努力通过人才培养将学科优势、技术优势、科技资源优势转化为产业优势、经济发展优势,为河南省数字经济的发展奠定人才基础。

(3)政府定期组织相关培训课程。一方面,政府应定期组织政府内部人员进行数字化培训,推动政府工作人员向数字化转变,将传统的线下办公转变为不受空间限制的更便捷、更有效率的线上办公形式,适应新媒体运行和管理,进一步推动数字化运营和数字化治理。另一方面,政府要展现对数字型人才的重视和培养数字型人才的决心,为数字经济人才的培养提供充分的资金和政策保障,培养全领域、多方面的创新型数字人才。

(四)提升居民数字素养

数字经济时代,不仅对劳动者有了更高的数字素养要求,也需要消费者具备能够适应数字市场的数字素养。伴随着数字产业化、产业数字化的推进,需要消费者有能力在数字化平台上浏览和获取需要的信息,也需要有能力运用数字化通信途径进行信息交流。因此,提高居民数字素养对推进河南省数字经济高速、高质量发展尤为重要。提升居民的数字素养需要从政府、社区、学校和社会四个方面入手。

1. 政府加强居民数字素养宣传

政府加强对数字技术、数字经济等相关内容的宣传,提升居民对“数字”的认知度。面向全省开展数据分析、数据安全、工业软件、软件编程等数字技能培训,发展数字化终身教育,开发一批网上公开课程,推动教育培训机构和部分企业共同建设网络在线课程,为全省居民提供随时随地学习的便利,构建良好的学习环境。此外,政府应完善公共设施及服务,尽可能多地融入数字技术,营造浓厚的“数字”氛围,并为有需要的居民提供一定补贴或制定惠民政策,确保数字设备的普及度。

2. 加强社区数字化教育,打通数字教育的“最后一公里”

社区管理人员针对所辖社区居民的“数字”普及情况和使用情况进行调研,根据调研结果形成小组,分别针对与“数字”脱节的民居进行一对多“数字”培训,尤其要承担起向老年人普及数字设备操作规范的重担,提升老年人对数字化发展的适应能力。“社区教育”是提升河南省数字素养不可或缺的一部分,社区制定切实可行的培养方案,可以先从最常用的网络软件开始培训,使居民尤其是老年人能够顺畅享受到数字化服务带来的便利。此外,社区可设立单独的查询电话,为短期不能适应数字化产品和服务的群体提供便利的查询服务,也能有针对性地进行数字化教育。

3. 将数字教育纳入基础教育体系

让公民学会享用数字化服务只是数字素养最基本的一项内容,在未来拥有数字技能更是数字素养的关键。所以将数字素养纳入义务教育体系,培养孩子对"数字"的认知,使学生能更好地适应当前时代,这也将有助于提升学生的学术素养和学术能力。将数字教育纳入教育体系应从以下两个方面开展:

(1)加大数字化教学资源投入,目前农村地区数字化教学缺乏,使得农村地区的教学工作仍以传统模式为主。向农村地区普及数字化教育设施,有计划地组织教师进行数字化培训,率先提升教师的素养是提升农村居民素养的前提条件。

(2)将数字教育相关课程加入义务教育体系,使每一个接受义务教育的孩子都能有机会了解数字知识,为未来后续数字化培养方案打好基础。

4. 推进城市图书馆数字化转型

在数字化时代,社会仍需要公益性的信息服务机构免费为所有公民提供信息且帮助公民学习利用新的信息技术,这种机构只可能是公共图书馆。城市公共图书馆的数字化建设有利于提升整个城市的数字化水平,更有利于体现图书馆的社会价值。

(1)加大公共图书馆的财政投入,提升图书馆的软硬件系统,梳理图书馆业务流程。参考各高校正在进行的"数字图书馆""智慧图书馆"建设,将大多数的管理和服务工作数字化,调整内部组织结构和职责范围,将业务更多地集中在数字系统的维护上,并不断完善进步。

(2)做好图书馆资源库建设工作,完善线上图书资源库,建立更加便捷的线上使用平台。考虑到居民数字素养不足的问题,城市图书馆建成后的资源体系应该因地制宜,主动搜集法律法规、就业、教育培训、医疗等实用类资源以及文化、艺术、娱乐等普及信息,让大多数居民能够从中得到便利。疫情过后,人们获取信息的途径逐渐从线下转为线上,图书馆也要做好相应的转型,简化线上平台使用界面,加快线上信息交互,如以建立线上阅读室、线上讨论组等形式,推进数字化平台的使用。

(3)加强图书馆内部工作人员数字化培养。国外图书馆普遍专注于对馆员数字技能、数据安全意识与技能的培训,国内的图书馆数字化尚处于探索阶段,发达国家对图书馆数字化建设开始较早,且取得了可观的成效,所以可以借鉴其管理和技术经验,使河南省的城市图书馆数字化建设朝着国际化发展。

参考文献

[1]赵玉芝.循环经济视角下河南省沿黄区域生态旅游发展对策研究[J].黄河科技学院学报,2021,23(11):74-77.

[2]马骏,程常高,唐彦.基于多主体成本分担博弈的流域生态补偿机制设计[J].中国人口·资源与环境,2021,31(4):144-154.

基于可持续发展的流域横向生态补偿机制研究*

张国兴

摘要：

建立完善流域上下游横向生态保护补偿机制，能持续改善流域生态环境治理，加快我国生态文明管理体制和流域生态保护协同前进。过去对于横向生态补偿机制的研究大多从单层次理论层面阐释，缺乏横向生态补偿制度的标准、运作方式和具体内容方面的研究，对该领域具体实证探索研究更是少之又少。本课题以案例研究为基础，构建了流域横向生态补偿机制的分析框架，并以南水北调中线工程为例，对构建的流域横向生态补偿机制进行验证，建立了规范化、标准化、法制化的流域横向生态补偿体系，完善我国流域横向生态保护补偿的制度框架，为我国流域上下游横向生态补偿机制的进一步深入研究和发展奠定了理论的基石，能有效实现对自然资源的合理利用开发和集约化利用，有利于更好地实现全流域的经济可持续发展。

我国水资源生态环境污、恶化的问题逐渐凸显。自然生态环境的保护事关人类社会生存与发展，对保持生态平衡和构建生态文明具有重要的意义。近年来，城镇"工业双化"并驾齐驱、协调推进，但流域内水资源匮乏与水环境质量持续下降的矛盾性问题逐渐凸显。与此同时，农业废水、工业废水及生活污水的不合理排放导致污染加剧，对相关流域造成一定程度上的生态环境污染，使我国流域地表水的生态环境遭到持续恶化，进一步加剧了流域缺水的现象。从水源和流域的角度分析来看，水资源的短缺和流域水环境质量持续恶化的背后，必然存在着复杂的社会利益冲突。

---

* 项目介绍：国家社会科学基金项目（编号：15BJL034）；河南省软科学研究计划项目（编号：192400410121）。作者简介：张国兴，男，博士，华北水利水电大学管理与经济学院教授，博士生导师，研究方向为资源经济。本文为内部资料。

因此，必须尽快建立完善的、能对流域上游区域起到强制性激励和约束的水资源保护与生态补偿机制，促使上游区域在其经济利益未损失或者受到严重损害的情况下，积极地保护流域水源，实现生态保护和经济开发的有机共存。同时，下游区域因其受益于上游对流域水资源付出的生态保护成本，应承担上游区域对水资源进行保护和补偿的义务和责任。

一、我国流域横向生态补偿机制的实践及存在问题

（一）我国流域横向生态补偿存在的问题

1. 自然资源资产产权制度不完善

完善的自然资源资产产权制度是我国生态文明建设和生态环境安全的重要前提与实现基础。一是由于我国在追求经济高速发展的同时忽略了对自然资源的保护，加之缺乏科学绿色的可持续发展理念，导致我国在谋求经济发展和社会进步的进程中是以牺牲一定的自然资源资产为代价的。二是由于面临长期积累遗留下的历史难题与发展隐患，我国出现自然资源资产的产权不明、权利主体之间义务关系不清、处分监督效果不足以及收益分配争端较多等问题，为我国自然资源资产产权制度的完善增加了实现障碍。

2. 补偿方式相对单一

目前，我国流域横向生态补偿的方式仍然遵循以政府财政为主导的传统方式，其他诸如依托项目、技术、产业或市场等多元化的补偿方式难以发挥有效作用。政府财政资金一枝独大，缺乏市场化、多元化的补偿方式，由此形成了政府财政支出负担较重、后期可持续供给能力不足与多元参与主体为寻求新的发展机遇无路可行的并存局面。这种矛盾窘境，不仅难以实现流域综合整治和保护的目标与初衷，无法确保流域内水生态环境的可持续发展，还会加大流域内后期管理与维护的工作难度，使未来面临更为棘手的流域生态与社会问题。

因此，探索以政府财政、市场交易与社会力量共担的多元补偿方式，充分发挥多元参与主体的融资活力，集中多元主体的闲散资金力量，是建立和完善我国流域上下游横向生态补偿机制的重要环节。

3. 市场化运作机制缺失

生态补偿的参与主体是不具有直接隶属关系的平等主体，参与主体进行平等、公正、自由的交易，对参与主体的利益关系进行有效划分，要求水生态产品受益区付出相应的资金，对水生态环境保护区域的保护行为进行奖励，形成有效的水生态环境保护的激励

机制。

另外,在市场化运作模式下,力图避免挥霍浪费流域水资源产品的行为现象,引导树立"谁消费谁付费"的可持续发展价值观念,设法避免流域生态产品的消费中"搭便车"和"公地悲剧"等现象行为的发生。

因此,国家需要发挥引领作用,加快探索、推进和建立推进诸如水权、碳排放权、排污权等市场化交易机制,充分引导市场发挥作用,以促进流域生态环境的治理和实现流域整体的可持续健康发展。

4. 补偿标准科学性不足

科学与合理是判断生态补偿标准是否合理的重要依据,是流域当前横向生态补偿机制亟须解决的一个重点难题。

(1)在补偿标准的确定上,不仅要考虑到水生态环境保护区域所付出的实际投入成本和放弃发展其他经济机会的损失,同时还需要综合考虑流域地方政府对财政资金的筹措积极性,以及在实际生态补偿过程中所涉及的财政制度等问题。

(2)在具体执行当中难以核算、评估与衡量水生态补偿区域为生态环境放弃发展其他经济机会的损失,往往是流域上下游政府经过磋商协议,协商出趋向大致公平和合理的方案标准。而且在具体的补偿实践过程中,对流域利益相关主体的认识不够清楚,导致存在着补偿对象与实施范围过于狭隘等问题。

5. 制度化的补偿机制缺失

(1)国内在流域生态在实践试点操作中,各地都有自己的一套补偿方法和标准,取得了一定的成果和实效。然而,在国家最高层面缺乏与之相匹配的具体标准来引导和规范地方流域横向生态补偿的具体实施。当前迫切需要国家制定和完善流域横向生态补偿机制,完善具体生态补偿的标准、方式和范围等配套措施。在国家层面对补偿机制进行明确规定,有利于不同地区更好地开展流域横向生态补偿实践,为整体流域水生态环境的保护尽一份责。

(2)全国各处开展流域上下游横向生态补偿,上游区域经济发展状况和下游区域对流域水资源的依赖程度都会影响双方开展流域横向生态补偿的主动性和积极性。特别是开展的跨省跨流域补偿实践过程中,因为各区域上下游行政辖区权利和义务之间难以明确具体的复杂关系,这些因素致使流域生态保护补偿机制完善实施过程中存在固有阻碍,亟须进一步加以完善。

（二）国外流域横向生态补偿实践对我国的启示

1. 充分发挥市场机制的重要作用

在流域横向生态补偿实践中，双方主体采用市场化的交易运作模式，在政府引导、监督、协调的作用下，充分发挥市场机制的功能，补偿方式灵活多样、资金筹措方式多元化等。市场化交易运作模式充分体现出流域水资源经济价值，更好地反映了流域双方主体接受横向生态补偿的意愿。

对比国内，目前我国还是以中央政府为主导，没有充分发挥市场化为主体的作用。政府需做好引导、协调和监督的作用，激发更多私人企业和社会群众加入流域生态保护补偿的工作中，不单单是依靠政府的力量进行流域生态补偿。

2. 科学确定流域横向生态补偿标准

合理、有效的补偿方式有助于加快流域横向生态补偿的进程，促进流域生态环境的治理和实现流域整体的可持续健康发展。在补偿过程中，既要充分考虑到参与主体互相的利益诉求，同时也必须明确补偿的实践性、合法性和可行性。国外流域横向生态补偿中双方主体更注重发挥市场自由交易的作用，参与主体自愿开展协商谈判，选择合理、有效的补偿方式，签订公平合理的补偿协议，充分发挥市场自由交易的作用，双方自行协商，科学、合理地制定一个流域上下游地区都能够接受的补偿标准。

3. 多渠道筹措流域横向生态补偿基金

国外成功案例中可以发现，补偿资金来源不单单局限于国家政府公共财政资金，更进一步地扩展到私人企业和其他金融机构等多渠道、多元化资金来源。当前我国的补偿资金主要来源自政府资金，因此应该扩大流域生态补偿的资金来源和渠道，广泛地利用和吸收企业、社会团体和机构等各种资金。

4. 加强国家关于流域横向生态补偿的制度保障

国外将流域生态补偿其提升到了国家层面的高度，为流域横向生态补偿实践的开展，提供了相应的法律法规等有力支撑。目前，我国缺乏具体的法律法规和政策和制度的保障引导。为有效地保护治理流域上下游水生态环境，提高流域水质，应该建立健全相应的政策与法规，应通过明晰流域横向生态补偿和保护的补偿主体、补偿机制和补偿标准的管理方式等相关政策内容，制定和完善关于流域上下游横向生态补偿机制的理论框架，确保其具备生态补偿长效机制的配套管理制度，建设流域上下游横向生态补偿试点长期稳定的机制。

二、构建流域横向生态补偿机制——以南水北调中线工程为例

(一)南水北调中线工程概况

南水北调工程是用来解决我国水资源空间分配不均的重要举措,能有效缓解我国水资源南多北少的结构性失衡现状,实现水资源的优化配置,且能带来巨大的社会效益、经济和生态环境效益,促进经济社会可持续发展,保障和改善民生,是具有重大战略意义的基础设施。

南水北调中线的工程的起点和核心建设目标是有效调动南方区域丰富水资源,解决我国北方严重的干旱和缺水问题,解决我国南北区域水资源分配不均情况。南水北调中线工程主要水源地为河南省丹江口水库,该水库上游区域是我国重要的一级水源地保护区,是整个南水北调中线工程建设和运行过程中的核心组成部分之一。

南水北调中线调水工程在运行过程中存在以下两个矛盾:①水源区的社会经济发展同水生态环境修复、治理和保护之间的矛盾;②水源区区域效益受损同受水区区域效益增长之间的矛盾。在这两种矛盾的作用下,如果不对水源区的付出进行奖励和形成的损失进行补偿,将会抑制该区域各方利益主体参与的积极性,不利于南水北调中线调水工程的长期稳定运行。

丹江口水库周围流域及其上游区域,受水区大部分县市属于我国重点城市和贫困县,其肩负中线工程水源地保护建设任务的同时,承担着脱贫攻坚的责任。在南水北调中线工程的规划建设和实施过程中,主要受水区为京津冀中南部区域,目前属于我国中等发达区域。因此,在其享受来自南水北调水源地水资源的补偿同时,有必要向其支付一定的财政补偿金额,帮助南水北调中线工程水源地的经济持续健康发展。

(二)南水北调中线工程横向生态补偿机制

1. 确定补偿主体

我国多部门加快建立完善流域横向生态补偿机制,积极探索保护补偿实践方式,积累了一些成功的保护补偿经验,取得丰富的实践成果。横向生态补偿通常是指,作为生态补偿比较明确的权利义务主体之间共同进行,即水资源和生态产品的主要受益方承担生态补偿的责任,具体指流域生态受益方的政府与非地方政府的相关机构、企业以及公益团体等对象。

2. 确定补偿对象

为更好地保障流域水资源生态环境，往往需要投入大量资金用于生态建设，保障调水建设工程的顺利开展，且丧失区域经济发展的机会成本。跨行政区域大型的调水建设工程中补偿的对象，主要指主水源所在区域的地方政府、公司、公益团体、居民等。补偿对象的补偿范围见表1。

表1　作为补偿对象的水源区域范围

省级单位	市级单位	县级单位
河南省	南阳市	邓州市、淅川县、内乡县、西峡县
	洛阳市	栾川县
	三门峡市	卢氏县
湖北省	十堰市	张湾区、茅箭区、丹江口市、郧阳区、郧西县、竹山县、竹溪县、房县
陕西省	汉中市	佛坪县、南郑区、留坝县、城固县、西乡县、勉县、略阳县、洋县、宁强县、镇巴县、汉台区
	安康市	汉滨区、镇坪县、平利县、旬阳县、白河县、汉阴县、石泉县、宁陕县、紫阳县、岚皋县
	商洛市	商州区、洛南县、丹凤县、商南县、山阳县、镇安县、柞水县

3. 确定补偿标准

生态补偿作为一种环境管理制度，在促进经济社会、生态环境的全面协调可持续发展中起到了显著作用，成为当下国内外关注的焦点。生态系统服务价值评估方法有多种，评估结果很大程度上依赖于选择的方法，测算的南水北调中线工程生态补偿标准各不相同。

一方面，依据中国水源区区域的特性和横向生态系统的特点，对中国陆地水源区生态系统土地利用单位类型和总面积计算生态服务价值的适当量表进行适当的修正，用调水用量、经济发展水平、有效受益人口、居民可支配收入4种核算指标分别求出受水区各省份的分摊比例，可得出区域省市每年通过横向转移方式为水源区提供的生态补偿资金额度。

另一方面，从生态系统类型看，2016年水源区各类生态系统的生态服务价值依次为：森林>农田>水体>草地>湿地，其中森林生态系统服务价值占比为87.30%，农田为5.72%、水体为4.16%、草地为1.99%和湿地为0.82%；以水源区生态系统服务总价值为基础确立生态补偿标准,水源区各市的补偿优先级为:十堰市>安康市>商洛市>汉中市>洛阳市>三门峡市>南阳市。

4. 确定补偿方式

(1)合理、有效的补偿方式有助于加快流域横向生态补偿进程,促进流域生态环境的治理和实现流域整体可持续健康发展。在补偿过程中,既要充分考虑到参与主体间的利益诉求,也必须明确补偿的实践性、合法性和可行性,选择合理、有效的补偿方式。如果上游水源区过多地追求自身经济发展,便会不可避免地大量消耗流域水资源,对流域水源区生态环境造成损害,无法保证下游区域水资源的安全和充足供给。将导致下游区域经济发展受到水资源制约,为此付出巨大的经济投入,使流域整体发展陷入困境。因此,必须选择合理、有效的补偿方式,使得流域上下游能满足自身利益诉求,实现生态保护和经济开发的有机共存。

(2)下游区域因其受益于上游对流域水资源保护,需承担向上游区域进行补偿的义务和责任。目前,单靠政府为主导的资金补偿方式,难以有效解决流域生态环境破坏问题,需要进一步引入市场机制,加快探索、推进和建立诸如水权、碳排放权、排污权等市场化交易机制,使市场补偿方式融入流域横向生态补偿机制中,充分发挥市场引导作用,促进流域生态环境的治理,实现流域整体可持续发展。

5. 有效率的监管评估体系

(1)健全和完善流域横向生态补偿的监督管理体制。国内外流域横向生态补偿实践中,政府所起的作用不同。首先,我国政府部门主动参与其中并积极引导流域横向生态补偿的实施,国外政府部门主要对补偿进行积极的引导和监督管理;其次,我国缺乏相应的监督评估体系,流域横向生态补偿的开展者和直接主体,双方应相互协作,共同监督流域横向生态的保护和补偿工作;另外,鼓励第三方主体的积极参与,对进行相关工作的主体实施监督和管理,更好地维护政府和人民群众的知情权,也有利于人民群众积极参与到相关的流域横向生态保护和补偿工作,可以起到对管理工作有效实施的监督作用;最后,多元社会主体的积极参与,进一步加强了对我国流域横向生态方面具体保护和补偿实践工作情况的监管。既能够有效对补偿行为进行监管,以确保补偿协议的顺利执行,又能够影响补偿的标准和方式,使补偿标准和方式更具有公平性和合理性,确保得知资金的真实流向。因此,完善的监管机制将确保流域上下游横向生态保护和补偿实践的顺利进行。

(2)健全和完善流域横向生态补偿的考核评估机制。首先,流域横向生态补偿实践中涉及较多的相关政府部门和利害关系主体,需制订有效地考核评估机制,以防止各相关政府部门和关系主体在补偿过程中的懈怠、消极行为，确保流域横向生态补偿试点实践工作有效地开展；其次，通过生态补偿考核评估机制，调动和提高相关部门和主体对流域生态建设的政治自觉性和工作积极性，促进流域范围内生态、经济和社会的协调可持续发展，推动流域生态保护和文明管理体系建设迈向新台阶。因此，完善监测评估考核和绩效评估机制，可以有效促进流域水生态环境保护和治理工作的高效开展，进一步保护和改善流域水生态环境，实现我国流域水资源的生态化和开发利用可持续。

三、完善流域横向生态补偿机制相关配套措施

1. 建立动态长效可调整的补偿保护机制

我国有关流域横向生态补偿已初见发展成效，但是目前仍然处于一个需要积极探索和深入研究的发展时期。生态环境保护是需要长期不断的坚守，生态环境的治理、修护工作，也需要一个较长的时间周期来实现，生态补偿活动同样是需要长期坚持并不断进行改善。为更好地治理并保护流域内生态环境，最终实现流域内的绿色健康及长远发展，需要建立一个动态调整的流域横向生态补偿长效机制。在流域横向生态补偿实践试点开展的过程中需要立足于生态补偿的过程视角，结合流域内不同阶段的保护特征及实际情况进行动态调整。通过建立适时动态调整生态补偿保护机制，不断完善保护机制的长效可持续作用，以此助推横向补偿实践和生态保护工作的顺利进行。

2. 完善我国流域横向生态补偿的激励机制

改变以往流域断面水质标准不规范的考核衡量方式，形成实用统一完善的标准，改变以往不规范的考核衡量方式，从而实现补偿标准的创新化与科学化。

（1）设立专项激励资金，确保流域保护的相关人员在工作时所需的物质资金充足，以满足更好地投入以实现流域水生态环境的长期治理、修复和保护的初衷。

（2）对于水生态环境保护地区企业而言，为了更好地保护和综合治理整个流域的水资源生态环境，对企业生产设备和技术进行升级与改造，包括优化清洁生产方式、提高企业污染治理能力等。

（3）需要对水生态环境保护区以奖金、技术和政策等方面的奖励方式，增加激励方式的多样性。通过流域横向生态补偿激励机制，较好地调动利益相关者参与的积极性，解决流域水生态环境保护中阻碍的可持续难题。

3. 扩大我国流域横向生态补偿的公众参与制度

（1）增加鼓励社会公众有序参与的制度，完善生态补偿监督管理和考核结果评估的长效机制。公众有权利和义务在合理合法范围内介入并监管环保问题，不仅是履行公众

环境权的体现,也是践行“听计于民”“用计于民”的具体体现。

(2)横向生态补偿机制运行中需要更多利益相关方参与,并始终坚持建立健全公众自愿参与制度,不断推进流域横向生态补偿实践体系工作的完善,不断地取得群众信任和支持。

(3)社会公众参与制度的完善促进公众的广泛参与,使其全流程都能充分发挥群众的力量,将使得决策更加民主化和科学化。

参考文献

[1]张捷,谌莹,石柳.基于生态元核算的长江流域横向生态补偿机制及实施方案研究[J].中国环境管理,2020,12(6):110-119.

[2]靳乐山.中国生态保护补偿机制政策框架的新扩展:《建立市场化、多元化生态保护补偿机制行动计划》的解读[J].环境保护,2019,47(2):28-30.

[3]韩丽,韩中华,迟国本,等.北京市生态补偿探索与实践[J].北京水务,2021(4):66-70.

[4]严有龙,王军,王金满,等.湿地生态补偿研究进展[J].生态与农村环境学报,2020,36(5):618-625.

[5]徐阳.城镇化进程中市场化生态补偿法律制度研究[D].太原:山西大学,2020.

博弈视角下豫西南地区生态环境协同治理机制研究*

王　冰

摘要:

随着社会经济的飞速发展,生态环境问题越来越严重,并逐渐受到人们的重视。本课题通过对豫西南地区生态环境治理现状的调查,发现其治理的困境,并从地方政府、企业与公众之间的利益博弈关系出发,探讨豫西南地区生态环境协同治理的动力机制、形成机制以及运行机制,最终探寻解决豫西南地区生态环境协同治理的现实路径。

豫西南地区主要包括河南南阳、平顶山的叶县和舞钢、驻马店的泌阳等3市16县。豫西南地区属于国家水土流失预防区和生态功能重点保护区,经济落后,其中多个县属于省级或国家级贫困县。经济落后导致地方政府采取粗放式经济发展方式,大量生态资源被过度开发且浪费严重。

伴随着豫西南地区经济的发展,生态环境污染问题日趋明显,环境问题已经严重阻碍了经济发展。发展经济还是治理环境,豫西南地区地方政府面临着"两难"的选择。在生态环境不断遭到破坏的条件下,如何对区域生态环境有效治理,已经成为豫西南地区面临的亟待解决的问题。因此,豫西南各地方政府意识到,必须通过生态环境治理方式的转变来寻求更好的解决方案。本研究报告所提出的豫西南地区生态环境协同治理现实路径,为相关部门制订区域生态环境协同治理政策提供实践依据。

* 项目介绍:河南省软科学研究计划项目(编号:202400410125)。作者简介:王冰,女,硕士,河南南阳人,南阳理工学院范蠡商学院副教授,研究方向为国民经济学。本文为内部资料。

一、豫西南地区生态环境治理现状及问题分析

(一)豫西南地区生态环境治理现状

1.政府在治理上的不足

首先,政府双重身份,不利于生态环境治理。长期以来,豫西南地方政府自身定位不清晰。作为生态环境治理主导者的地方政府,又承担着生态环境的监管者的职责。这就导致地方政府的监督职责很难发挥到位,影响生态环境治理的效果。其次,环保机构缺位或履职不到位。由于乡镇不设环保机构,少量地区派有环保人员。而且环保工作人员职责分工不够清晰,仅对乡镇工业监管,对农村居民生活环境的监管几乎不涉及。环保机构的缺失和工作人员履职不到位导致环境治理工作进展缓慢。最后,环保资金投入欠缺。豫西南地区环保资金来源单一,主要采用地方拨补加企业投入相结合的方式。环保资金的不足导致环保基础设施落后,环保机构自身建设难以适应经济发展需要,生态环境问题越来越严重。

2.企业缺乏参与治理的主动性

地方政府基于发展经济、社会稳定的考虑,对工业企业大多给予帮助和照顾,比如税收优惠、污染治理中宽容对待等。企业在生产经营过程中造成的生态环境污染,如果企业自行治理,将增加企业成本,减少企业的利润,企业自然不愿意主动参与生态治理。

3.公众参与生态治理的渠道不畅

在豫西南地区生态环境治理中,作为社会主体的公众,参与生态环境治理必不可少。但就目前情况来看,豫西南地区社会公众参与范围有限,且参与度极低。社会公众参与生态环境治理的渠道较少,鲜有部门能真正传达民意。因此,渠道的缺失导致公众参与生态环境治理的积极性不高。此外,豫西南地区受经济发展的影响,社会公众在利益的驱动下,对环境污染视而不见,缺乏必要的责任心和参与热情。

(二)豫西南地区生态环境治理困境

1.企业逃避责任,导致政府与企业难以协同

(1)政府对企业的监管不到位,是政府对企业协同错误的主要表现。在豫西南生态环境治理中,地方政府监管职能的缺失会导致政企合谋现象。为了追求经济利益,地方政府与企业合谋,阻挠环保部门行使职权,任由企业排污行为。

（2）企业逃避生态责任，是企业对政府不协同的主要表现。污染企业利用地方政府维持地方经济稳定、期望提高经济收益的心理，对其排放的污染物不治理也不付费。政府对其进行处罚时，通过不争当的手段逃避惩罚，其缴纳的税款多带来的经济效益远远低于其对生态环境带来的破坏。这些污染企业只追求经济利益，不关心生态环境。

2. 缺乏沟通，导致政府与公众间的不协同

（1）政府对公众的不协同表现在政府过度关注自身利益，忽视公众的环境需求。地方政府所采取的行政措施往往以自身利益为出发点，公众和非政府环保组织的环境需求，对于地方政府来说既费时费力又费钱，因此地方政府故意压制公众的环境利益诉求。

（2）公众对政府的不协同表现在公众与政府的对抗。公众只能通过游行、对抗等方式表达生态环境污染及缺乏治理的不满。同时，政府对环保政策宣传力度不够，导致公众对环保政策理解存在一定误区，双方沟通不畅，也引起公众对政府的不协同。

3. 严重的利益冲突，导致企业与公众间的不协同

（1）企业对那些要求其履行生态环境治理责任的公众恶意地打击报复是企业对公众不协同的表现。豫西南地区污染企业环保意识淡薄，通过减少治污成本来增加企业的利润，不顾其生态环境的破坏。公众要求其履行生态环境治理职责的呼吁或抗议活动，严重影响了企业的声誉，进而影响了企业的利润，因此，污染企业通过不正当方式对公众进行恶意打击报复。

（2）公众对企业的不协同表现在公众的抗议活动。公众在呼吁无效的情况下，采取抗议的方式，通过扰乱企业生产活动，给企业施加压力，从而维护自身的生态环境利益。

二、豫西南地区生态环境治理利益相关者界定及博弈

在豫西南生态环境治理中，政府、企业和公众之间的协同问题归根结底是利益问题。如何协调三者之间的关系，需要对豫西南地区生态环境治理的利益相关者进行界定，并从其相互博弈中找到利益的平衡点。

（一）豫西南地区生态环境治理利益相关者界定

1. 政府在生态环境协同治理中的角色界定

（1）监管者。为了缓解生态压力，提高环境质量，地方政府需要通过严格的环保绩效考核、环境执法等制度，对企业进行约束。同时，在中央政府的领导下，地方政府要积极推动本地区循环经济的发展。在健全环境监管机制的同时，加大环保执法力度。

（2）投资者。生态环境治理需要投入大量的资源，而资源投入的主体就是各地方政

府。然而地方政府财政薄弱,很难通过财政增加环保投入。因此,地方政府除了要出台各种有利政策和措施,还要鼓励民间资本投资环保产业,从根源上控制环境污染的形成。

2. 企业在生态环境协同治理中的角色界定

(1)污染制造者。企业在推动当地经济发展、解决社会就业问题上,发挥着不可或缺的作用。然而,企业在自身发展的同时,也带来了大量废水废气等气体、液体污染。因此,企业在生态环境治理中是污染制造者的角色,是政府监管的对象,是公众监督的对象。

(2)污染治理者。企业作为营利性的组织,不会主动治理污染。在政府的监督之下,企业才会对自身超标超量排放废弃物进行治污处理。因此,企业是非自愿的污染治理者。

3. 公众在生态环境协同治理中的角色界定

(1)污染受害者。生态环境污染直接威胁到公众的生态环境利益。公众所在区域生态环境恶化,直接关系到公众的生活、工作环境,甚至威胁到公众的生命安全。因此,作为生态环境污染的直接受害者,公众对生态环境污染非常敏感。本地哪里有污染、污染程度如何,都是公众关心的问题。

(2)污染监管者。生态环境治理仅靠政府监管是不可行的,需要广大公众的参与。公众由于对环境污染具有敏感性,成为生态环境治理中的重要力量。发挥公众对生态环境的监管作用,可以形成"自发秩序",解决了政府生态治理中孤军奋战的困境。作为资源环境的相关者,公众拥有参与资源环境治理的权利和义务。

(二)博弈视角下豫西南地区生态环境协同治理机制

1. 豫西南地区生态环境协同治理动力因素

(1)资源系统在动力机制中起到推动力作用。大自然赋予人类的自然子系统提供对子系统的经济生产和社会生活空间的必要的物质基础和发展。豫西南地区要实现区域生态经济环境污染治理,使当地农村居民脱贫致富,有优势也有劣势。豫西南地区有丰富的资源,这些资源依附于生态环境系统,如水能利用资源很丰富,各种矿物、农业资源,资源储备的份额高,农产品也非常丰富。但是,目前地质旅游资源景观和环境价值的严重损失影响了豫西南地区优势资源的开发和利用。

(2)管理系统在动力机制中起到牵引力作用。虽然近几年豫西南地区的生态经济环境污染治理研究工作取得了一定的进展,生态保护环境问题有所改善,但是豫西南地区发展生态治理和实现脱贫致富的任务依然很重。生态系统环境的协同治理离不开生态经济环境污染治理发展战略管理规划，生态的补偿机制、产权制度、相应配套的资金支持、基础教育设施建设的资金支持等多种要素的作用。

（3）行动者在动力机制中是内生动力。在区域发展生态经济环境污染治理过程中，地方居民强烈的自我发展的需求成为内在动力，促进生态环境治理领域的发展。居民对自身学习生活的服务质量诉求在提高，这成为推动区域为实现生态保护环境污染治理和当地市场经济快速发展的内生动力。

2. 豫西南地区生态环境治理动力机制的构建

生态治理建设是构建动力机制有机的整体，动力控制系统是生态环境治理动力机制中的核心技术要素。本文从三个维度进行探究如何构建豫西南地区生态环境治理动力机制。

（1）豫西南地区生态环境治理动力机制中的第一维度是引力机制。它包括地方政府的执政理念、利益导向行政区、当地政府官员晋升的内在吸引力三个主要方面，这三个方面可以作为一个地方人民政府经济利益诉求的外化表现，三者内在统一。其中，第一个方面是核心导向，其余两个方面显著正相关地方政府的利益诉求。

（2）豫西南地区生态环境治理动力机制中的第二维度是压力机制，包括地方政府的责任、政府间博弈和社会公众偏好三个方面。首先，当地政府作为治理主体之一应承担的责任和义务，以保护当地的生态环境直接承载的生态，管理和治理。其次，上下游政府间的博弈，由于上下游政府间的利益存在不一致性，上下游企业政府部门之间对流域生态环境保护的态度往往可以存在一些分歧。最后，不同消费者的喜好显著影响环境治理的决心和力度的政策制定者。从地方政府当前治理实践出发，公众舆论在压力机制中的效能更高，使基层公共事务参与的公共程度已经显著改进。

（3）豫西南地区生态环境治理动力机制中的第三维度是推力机制。首先，当地政府积极引导，从政策到实践，大力进行生态文明建设。其次，各主体的创新发展形成助推力，豫西南地区创新的显著特点，就是在"规划+生态"，这是战略性的生态化改造，以保障绿色发展，创新和改革的生态转型，推动生态化改造，以创新推动地方的生态转型。最后，生态文明多元主体治理日益成为一个共识，当地环保组织、环保志愿者协会等体制外的组织在地方经济环境污染治理结构体系中也形成推力。

（三）豫西南地区生态环境协同治理的形成机制

主体间互动、利益协调、资源管理整合和制度保障是协作性环境污染治理的重要因素构成机制。

（1）主体互动机制。主体互动机制是豫西南地区生态环境协同治理的形成机制的内生机理。互动机制的有效运转是协作主体企业之间可以相互施加影响的重要理论基础，也是协作主体能够对环境不断变化情况作出快速反应的有效社会保障。以信任、公平、理解为前提，增强交互作用关系，拓展市场主体间的隐性知识、信息与能力的交流，必将不断扩大协作组织团体学习资源开发利用的边界，促进经济共同实现利益的形成，降低公司组织间的协调控制成本。

（2）资源整合机制。该机制是基于合作关系，相互信任和互利的关系结构之间的衍射作用的进一步整合，实现创新合作，凝聚和聚集的协同优势。该机制运行集中在两个方向：①加强新技术，新技能，资源组之间的共存与不同的供应相得益彰。②垂直整合，是以企业资源移位的关联交易方式将资源的使用范围不断扩展至多个社会组织，在范围以及经济的基础上重组价值链。该机制是让每个主体共享和协作，以实现优势互补，并通过链接强化资本，信息共享和多源反馈的各方承载网络结构，为了实现真正的调整和资源的匹配。

（3）利益协调机制。利益协调发展机制是内部环境之间复杂关系的调整。个人与组织之间可以实现合作与集体行动，利益的共存与兼容是行动的出发点。根本利益，达成了基本共识是合作的基础，但它无法解决带来后续分化的局部利益和短期利益和影响的根本利益、多元主体的个人利益。只有经济利益被有效地协调、主体间关系被捋顺，协作行动才能有机会可以实现。相反，利益的直接分歧足以摧毁合作的基础脆弱，所以利益协调机制实现协同环境治理的动力所在。利益的协调发展需要进行具体可以通过对多种资源的调配或经济社会利益的补偿来实现和完成。

（四）豫西南地区生态环境协同治理的运行机制

（1）迫切性是形成豫西南地区生态环境协同治理的运行机制的客观动因，是豫西南地区每一个主体的共同意志。各企业主体也愿意承担起保护主义生态职责责任，去维护切身生存权益、解决环境污染。即便是那些优秀传统的资源调配力量的主体，在面临艰巨的工作任务前，各主体也意识到提高自身的不足与缺陷。各方主体开始建立联系，其互动机制开始发挥重要作用，主体间不断进行有效沟通与变化，并为他们未来的协作行动展开规划蓝图。

（2）共性不会是永远的主旋律，有效调节合作的利益是建设的重要组成部分。在企业组织结构形态、身份、地位、性质的各类信息不同的主体参与协作的过程中，必然会产生许多不同考虑、判断甚至行事风格。主体主要的区别是具体利益之间的差别，这种差别已经成为离心力的协作的影响。因此，为实现企业协作，各协作主体之间需要更紧密地沟通与协商,并在技术层面不断地博弈、讨价还价、妥协让步,实现经济利益差异的最大协同化。同时,资源的分配不均,环境治理的溢出效应也从客观层面导致矛盾和纠纷的产生。因此,利益可以调节市场机制的作用,不仅是调整经济主体间相关国家利益,还要涉及物资、资源、资金管理等方面的再调整和再分配,经过社会利益调节机制,将冲突与矛盾被降至最低。

(3)当主体的共同发展利益问题得以构建,分歧与矛盾被有效化解时,各协作主体间的共治关系管理会更为密切。且协作持续性有效推进的一个重要因素是企业资源的整合。这种教学资源的有效整合,通常被暗含于资源整合能力中,同治理主体间协作学习过程中产生协作管理工作能力。但其资源整合在总体规划,实现资源对象,资源共享,管理互补等方面,也受到人力、财力、物力、信息公平、高效管理整合设计的限制。资源整合利益主体之间的互动,环境治理有序地运行,必须通过制度保障机制来进行。在制度保障机制的框架下,协作效应和环境分析问题得以发展,社会治理工作方式的改变也得以有效改善。在整个协同环境治理机制运行中,互动、整合、协调和保障机制就相互配合。

三、豫西南地区生态环境协同治理的现实路径

(一)整合重组豫西南地区生态协同治理部门

1.加强对管理部门机构的有机整合

加强政府部门发展之间的配合和协调可以先从合理解决权力重新划分问题入手。首先,必须厘清各地市生态环境文明社会建设工作委员会的权力边界;其次,明确各部门权力界限,制定和完善各项法律制度,减少部门行使职权的随意性;最后,完善政务信息公开,强化对各个不同部门进行权力的监督和规范化管理。

2.明确职责,完善部门分工协调管理

首先,责任协调部门应遵循以下原则划分,在改革的方向线、服从全局工作、权力和责任的统一、科学、高效,磋商与协调相结合;其次,要科学地界定部门工作职责,在实践中进行进一步理顺管理部门之间关系,提高企业部门职责界定的科学化程度。同时,必须明确属于部门内部的事情的范围内,应负责的职能部门,使基准负责统一条款。再次,部门工作职责分工应当坚持一件事情,原则上由一个企业部门主要负责,确需多个相关部门信息管理的事项,应当具有明确牵头部门,分清主办和协办关系问题及其各自的职责分工。最后,要加强对人员编制的管理。豫西南地区要加强人员管理,人员配置规模必须由工作负载政府部门的职能范围和规模确定。

(二)提升豫西南地区生态协同治理部门员工执行力

首先,提高执行人员的综合素质。要完善生态型区域经济治理,需要不断提高企业各级政府管理干部的素质与能力。其次,提高执行人员的行政素质。要采取积极措施,促进实施主体的执行质量,提高地方政府执政能力,以确保政府建设的顺利进行。再次,培育执行人员的责任意识。使他们认识到自己工作的意义,热爱本职工作,增强责任感。最后,要强化对执行工作人员的自制力、忠诚度的培养,思想文化素质的提高。并且应增强执行人员的执行能力和创新意识。

(三)培育豫西南地区生态协同治理部门领导协调力

生态协同建设是一项庞杂的工作,领导者必须提高协调能力,以处理这些复杂而全面的工作和问题。要提高领导干部的协调能力,首先,要提升其对豫西南城市生态文明建设的工作的认识程度,树立强烈的制度意识和全局意识,培养统筹全局的能力;其次,各部门领导要加强沟通和工作人员的交流,以增进相互了解,增进共识。

(四)挖掘民间组织及民众个人的豫西南地区生态协同治理潜力

(1)应积极推进环境污染第三方治理,充分发挥项目治污效益,充分发挥市场机制的综合作用,加强政府的指导,支持和监督。

(2)应完善产业绿色转型发展机制,实现经济发展与生态保护双赢。首先,应尽快树立企业绿色经济发展教育理念,充分开发利用当地丰富的自然旅游资源和深厚的文化底蕴,大力建设发展研究特色产业;其次,积极参与生态产业绿色转型与发展,完善绿色投融资机制的产业结构调整和发展,同时政府增加对产业绿色转型发展的财政支持;另外,在全域进行设计、试行及推广科学的绿色企业发展考评指标体系,为产业绿色转型发展中国创造一个良好的政治和社会生活环境。

参考文献

[1]徐忠麟,龙淑琴.我国流域生态环境协同治理机制探索[J].治理现代化研究,2023,39(2):81-87.

[2]李海生,王丽婧,张泽乾,等.长江生态环境协同治理的理论思考与实践[J].环境工程技术学报,2021,11(3):409-417.

[3]王太明,王丹.中国特色社会主义生态文明制度建设的理论逻辑[J].北京交通大学学

报(社会科学版),2021,20(4):162-169.

[4]闫海波,赵德义.京津冀生态环境协同治理分析[J].产业与科技论坛,2022,21(14):56-58.

[5]张玉欣,蔡高苗.漓江流域生态环境协同治理的困境与策略研究[J].清洗世界,2023,39(3):179-181.

英国低碳住宅的发展经验及其启示*

王　川　刘　作　刘素芳

摘要:

为了应对气候变化,英国政府提出发展低碳经济、建设低碳住宅,成为世界上积极发展低碳住宅的倡导者和实践者,政府政策鼓励和公民参与在英国低碳住宅的发展方面发挥了重要作用。本文介绍了英国低碳住宅的发展经验,总结低碳住宅建设措施,并结合具体案例进行了分析,英国在低碳住宅建设方面积累的理论基础和实践经验,对我国低碳住宅的建设发展有积极的借鉴意义。

一、引言

政府间气候变化专门委员会(IPCC)的第四次评估报告中指出,人类活动正在促进气候的变化,1970—2004 年,人类活动导致全球温室气体(GHG)排放量增加 70%。建筑物能源消耗占全球能源消耗的约 40%,预计未来几十年全球建筑物的能源需求将继续增长。政府间气候变化专门委员会(IPCC)和联合国环境规划署(UNEP)也强调建筑行业的低碳转型发展对于减缓气候变化的重要性。2014 年,英国皇家建筑师协会(RIBA)发布《建筑师应对气候变化指导手册》,明确指出研究低碳建筑设计模式,发展低碳建筑,对于减缓气候变化有很大作用。

住宅能源消耗量占建筑行业能源消耗总量的四分之三,并且住宅的能源需求量随着

* 项目介绍:河南省软科学研究计划项目(编号:182400410355)。作者简介:王川,女,硕士,南阳理工学院讲师,研究方向为绿色建筑设计研究;刘作,男,博士,南阳理工学院副教授,研究方向为城市规划设计研究;刘素芳,女,博士,南阳理工学院副教授,研究方向为绿色建筑、传统建筑。本文原载《南阳理工学院学报》2020 年第 12 卷第 2 期。

人口的增长还在不断增长，由此可见，提高住宅能效在能源市场中具有重要作用。在英国商业、能源和工业战略部发布的2017—2035年温室气体排放和能源需求预测的报告中指出，2016年英国住宅能源消耗占能源消耗总量（TFC）的30%，并根据家庭数量、零售燃料价格和天气预测估计2035年上升到33%。近年来，英国采用一系列政策标准旨在通过提高住宅的能源效率，增加可再生能源的使用，来减少住宅的能源需求。本文以低碳住宅建设为研究对象，论述英国低碳住宅的建设经验，以期为我国低碳住宅的发展建设提供启示和借鉴。

二、我国低碳住宅发展概况

我国住宅数量庞大，预计到2020年我国住宅建筑面积将达到100~150亿平方米，能源消耗量巨大。因此，低碳住宅的建设势在必行，但是，我国低碳住宅的发展起步较晚，建设相关技术尚不成熟，评估体系不够完善，低碳住宅的普及率不高，尤其是没有一个标准来衡量大量的现存住房是否需要翻新改造，造成我国能源的极大浪费。我国的低碳住宅建设还存在过分追求高新科技组合的误区，造成了低碳住宅建设费用较为昂贵，难以推行。

三、英国低碳住宅的发展历程

20世纪90年代，英国政府和其他主流机构已经开始对建筑能耗感兴趣，以解决一系列政策问题。在经济上，英国政府在提高能源效率方面不断加大财政输出；在政策上，英国政府制定大量节能减排政策，并大力扶持相关企业积极研发节能措施，提供高效节能电器与暖通设备。

2003年，英国政府发布白皮书《我们未来的能源——创建低碳经济》，提出低碳这一概念。2007年，英国政府部门认识到发展低碳经济与减缓气候变化间的关联，针对住宅制定《可持续住宅法典》，以指导建造充分利用可再生能源并具有高能效的住宅。2008年，英国政府颁布了《气候变化法案》，该法案要求英国政府制定具有法律约束力的碳预算，限制每5年允许的温室气体排放总量，规定英国温室气体（GHG）排放目标到2050年将比1990年减少80%。

2009年，英国政府推进碳减排目标（CERT）和社区节能计划（CESP），提高英国家庭的能源效率，发展低碳住宅。碳减排目标（CERT）向所有家庭提供了能源效率措施，成功地推动了相对低成本的节能措施（尤其是阁楼和空腔壁保温）。社区节能计划（CESP）要求天然气和电力供应商向贫困的地区提供节能措施，大幅度降低低收入家庭的燃料费用,提高现有住宅的能源效率,减少碳排放。

2013 年开始,英国采用能源公司义务(ECO)和绿色交易计划(GD),取代之前的碳减排目标(CERT)和社区节能计划(CESP)。它们旨在鼓励住户采取能源效率措施,提高建筑能效,减少家庭能源消费账单,提高住宅舒适度。国家统计局及时对能源公司义务(ECO)和绿色交易计划(GD)进行家庭能源效率统计,进行供应链的碳估算和节能估算,便于及时修正方案。

2015 年,英国政府通过《燃料贫困战略》,关注社会住宅的燃料贫困和健康不平等,并和能源公司一起,采取行动减少燃料贫困。在英国,如果一个家庭需要将超过其总收入(包括所有福利)的10%用于燃料以维持足够的室内温度,则该家庭被定义为处于燃料贫困状态。

2016 年,英国商业、能源和工业战略部(BEIS)根据 CESP 计划,对 88 个家庭进行节能措施的研究报告中指出,60%的家庭实现了节能,突出了节能措施的潜力。

2017 年,低碳能源有史以来首次为英国提供了 50%的电力,英国政府公布了《清洁增长战略》,要求 2030 年新建建筑的能源消耗与现在相比减少 50%。

近年来,新型的低碳住宅建设与改造的综合商业模式开始出现。这些方法强调了整个房屋建设的能源节约,并专注于美学、增加财产价值、舒适以及健康和幸福。尤其是对已有住宅进行改造的好处不仅仅是减少碳排放,提高能源效率,也提高人们的生活质量,促进社会福利和经济发展。

四、英国低碳住宅建设相关措施

(一)建立住宅能源绩效证书制度

2007 年,欧盟建筑能源性能指令(EPBD)推出能源性能证书系统,EPBD 要求所有新建住宅都需提供包含住宅能效、碳性能等信息的能源绩效证书(EPC)。英国政府也大力推动住宅能源绩效证书制度。2008 年 4 月以来,所有新建住宅都必须获得能源绩效证书,现有住宅,要对其进行翻新,在提高质量和安全性的同时,将现有住宅的翻新成本减半,并使其达到与新建住宅类似的标准。政府对房屋进行节能效率测评,对住宅的能源性能量化,针对不同量化后的数值,发放相对应的能源绩效证书(EPC),才能进行租售、抵押,否则不得进入房产交易。EPC 的有效期是 10 年,主要包含能效等级和环境影响二氧化碳等级,还附带有预计的能源使用成本。相关工作人员会综合考虑房屋的墙壁、屋顶、地板、窗户、供暖、热水、照明等能源消耗,并推荐相关措施,来提高家庭能源绩效。英国政府通过建立住宅能源绩效证书制度，推动能源管理体系，更进一步促进住宅能源绩效的改进与提高，形成一个良性循环。

（二）提高住宅的能源效率

提高住宅能效，降低总体能源需求和增加对低碳能源的依赖，以此来降低住宅碳排放。减少住宅的碳排放是实现碳减排目标的重要途径。围护结构是控制室内和室外之间冷热交换的关键元素，可以保证更少的热损失；可再生能源生产可以补偿能源消耗；智能控制系统可以更智能地利用能源，使得能源利用变得越来越高效。

1. 提高建筑围护结构能效

在低碳住宅建造过程中，英国政府十分注重围护结构能源效率的提高，通常使用低能耗绝缘材料，如气凝胶、充气板、真空隔热层等，提高围护结构的能效，从而降低能耗。主要措施包括：消除热桥，气密性控制和真空隔热板（VIP）。真空隔热板通常由压制二氧化硅粉末的微孔芯组成，该芯插入芯袋中并包裹在墙壁和地板中，减少建筑物对能源的依赖。许多建筑物都配备了夏季隔热装置，其中包括用于保护建筑物免受太阳辐射的外部遮阳装置。外墙窗户上安装外部遮光设备，遮光面可以是永久的也可以是活动的，可以是自动或手动控制的，以避免通过玻璃获得阳光，减少夏季的日照。在冬季，通过调整遮光面角度，最大限度获取冬季日照。建筑物选择安装高性能窗户，如双层和三层 Low-E 玻璃。双层或三层玻璃窗根据材料和结构组件不同，发射率不同，每平方米釉面的能耗可减少 40% 以上，玻璃窗的平均热透射率范围是 0.7 ~ 1.5 W/m^2K，充满氩气的双层玻璃的热透射率平均为 1.1 W/m^2K，而充满氩气的三层玻璃可以达到 0.7 W/m^2K，对于现有的玻璃可使用薄膜和涂层来限制太阳能的获取。英国在相关法规中规定了围护结构的热透射率（U），墙体的规定值在 0.12 ~ 0.25 W/m^2K，屋顶的设定值在 0.08 ~ 0.22 W/m^2K，地板的设定值在 0.13 ~ 0.30 W/m^2K。

2. 运用可再生能源技术

欧盟建筑能源性能指令（EPBD）要求新建住宅的能耗接近于零，并要求将可再生能源整合到低碳住宅中。在英国住宅社区中，最常运用的可再生能源设备系统是与电解器和燃料电池系统集成在一起的基于太阳能和风能的发电和制氢系统，来满足家庭冬季空间供暖和夏季制冷的能源需求。系统包括风力涡轮机、太阳能收集器、蒸汽轮机、吸收式制冷系统、电解器、燃料电池系统。房屋中的供暖和制冷需求均由此系统吸收循环提供。在晴天和风力较大时段，风力涡轮机和蒸汽涡轮机将提供电力。电解器中使用过量的电能来产生氢。当风力涡轮机和蒸汽涡轮机无法满足能源需求时，产生的氢气就可用于发电,满足社区所需能耗。

3. 发展智能控制系统

高效智能的系统有助于提高能源效率,智能控制系统几乎总是存在于加热、冷却系统和通风中,并经常应用于照明(例如日光控制或占用控制)。大多数建筑物的供暖都使用热泵供暖,冷却使用较多的是冷凝锅炉,与通风有关的最常见措施是热回收通风。这些设备允许通过双向通信、计算、控制等信息技术控制能源需求与供应,从而大大降低了能源消耗。比如通过建筑能源管理系统(BEMS)监视建筑的通风,供暖和照明。英国还大力推动实施智能电网,电力系统可以进行双向通信、计算、控制等信息技术,使最终用户能够实时对动态资费作出反应。

一些研究已经表明,家庭用电量的反馈本身可以作为一种更有效的行为刺激,并产生储蓄。通过适当的激励和技术,最终用户可以采取更积极的方法,如通过调整能源需求减少电费。通过监视和纠正影响系统性能的条件,先进的控制和自动故障检测和诊断可以显著地节省能源的能耗和成本。

(三)推动现有住宅的翻新

2016 年,英国社区和地方政府在 50 年的英国住房调查报告中指出,截止到 2015 年,英国 37% 的住宅是在 1945 年之前建造的,约 39% 的房屋建于战后时期(1945—1980 年),其余的建于 1980 年后。预计到 2050 年,英国已建成住宅将占住宅总量的 2/3,现有住宅数量庞大,建筑能效较低,大力推进现有住宅的低碳翻新,也是实现碳减排的手段之一。

住宅的翻新工作也得到了政府项目的资助和支持,如舒适住宅(DH)、暖锋计划(WF)和碳减排目标(CERT)。DH 规定了现有住宅的最低维修标准,满足最低能效水平;WF 提供了能源效率措施投资,以消除英格兰的燃料贫困和改善冬季室内温度;CERT 已经强制要求能源供应商推广家庭能效措施,如腔体和阁楼绝缘以及微型发电技术。截至 2018 年 7 月底,在约 190 万幢楼宇内,进行能源效益节能措施改造,能源效益亦有显著改善。英国的"Energiesprong"(能源飞跃)计划,其目标是到 2020 年为市场带来理想的、可行的零净能源翻新解决方案,改变社区并提高人们的生活质量。2019 年,Energiesprong 房屋试点在诺丁汉市推广,得到政府和广大住户的认可,并且此项目赢得英国住房创新奖。在住宅改造过程中,屋顶安装太阳能电池板,墙体采用预制的隔热墙体,并与可再生热系统、光伏板以及通风和控制系统集成,提高了建筑能效。

五、对中国低碳住宅建设的启示

1. 改善既有住宅的能效,促进低碳翻新技术的发展

中国既有住宅存量较大,能源消耗所占比重大,既有住宅建筑能源改造在减少二氧化碳排放方面具有巨大潜力。英国针对既有住宅的能源改造,积极进行低碳翻新技术研究,涉及多种措施和策略,包括绝缘、通风、供暖系统和低碳微发电等。还积极制定了住宅翻新政策,这些政策在提高能效,减少英国能源使用和碳排放方面发挥了关键作用。中国应该积极发展低碳翻新技术,提高建筑的能源效率,并减少改造施工的难度。规划师、建筑师或地方政府相关部门,在进行旧房改造过程中,为广大居民提供信息、鼓励参与和分享整个房屋改造的知识,以及提供可信的当地商人和安装人员的详细信息,在规划和执行整个房屋改造时,发挥中介作用,帮助居民家庭选择合适的技术和材料。

2. 建立统一的住宅能源管理机制,制定和完善相关法律法规

英国建立了住宅能源绩效证书制度,即由相关政府部门对房屋进行能源效率测评,对其能源进行量化,便于统一管理,同时借助于市场化运作模式,接受社会各方监督。针对中国而言,这样的管理模式具有很大的借鉴意义,结合中国的实际情况,可由政府联合相关产学研机构,共同制定和实施相关管理机制,进而对低碳住宅建设起到一定的规范作用。低碳住宅建设不仅依靠先进的技术支撑,也需要法律法规的支持以提供保障力。低碳住宅建设是一个复杂的系统,涉及大量利益相关者,他们各自为营,甚至是有相互利益的冲突,通过立法保证每个人的权利和解决利益冲突。

3. 推广碳住宅建设政策,得益于政府政策扶持

推广低碳住宅建设政策,激励公众参与英国在低碳住宅建设方面处于世界领先地位也得益于政府政策扶持,低碳住宅建设的相关政策与具体项目的实施细节,以及统计数据都是开放共享的。这些政策有利于打破政府和民众之间的界限,让民众了解更多的相关政策信息,并有一定的环境危机意识,进而提高民众的环境保护意识,鼓励广大民众,尤其是房产开发商、施工建设方、设计人员主动参与低碳住宅建设过程中。目前,中国低碳住宅建设还处在探索阶段,项目建设基本靠政府引导,公众在其中的参与度较低。只有不断加强对公众的宣传教育,激励公众参与,鼓励房产开发商、科研工作者以及相关技术实施人员的参与度,才能提高低碳住宅建设效率。

六、结语

英国低碳住宅早期发展的主要原因是减少对生态环境的影响,降低能源成本。随着

低碳住宅的建设和发展,在满足人们基本居住要求的同时,潜在的社会需求也会出现,诸如生活质量的提高,节省家庭能源账单以及舒适健康的生活需求。英国低碳住宅的发展较为成熟,可以为中国低碳住宅的建设提供一定的借鉴意义。中国应该大力发展低碳住宅,使其成为中国节能减排中不可或缺的一部分,以促进中国绿色经济发展。

参考文献

[1]张庆阳. 英国:绿色发展的先行者[J]. 世界环境,2018(3):84-85.

[2]焦杰. 绿色发展背景下土地资源节约集约利用研究:以J省D市为例[D]. 武汉:湖北工业大学,2021.

[3]钟晓萍,于晓华. 长三角区域一体化背景下城乡建设用地增减挂钩政策的创新与完善[J]. 南通大学学报(社会科学版),2021,37(1):34-45.

[4]王亚娜,谢宏全,李凤玲,等. 利用ArcGIS的全国城市土地集约节约利用空间变异分析[J]. 测绘与空间地理信息,2020,43(12):32-34,37.

创新驱动引领河南省文化产业融合发展对策研究*

朱应雨

摘要:

通过对创新驱动内涵及其与文化产业融合发展关系的分析,立足于河南省文化产业发展现状,从产业、区域等方面分析创新驱动如何引领河南省文化产业融合发展,提升创新驱动、产业融合发展对河南省文化产业发展和经济增长的贡献。一是明晰创新驱动的内涵在于供给侧效率的提升,创新驱动能够保证产业融合发展的系统性、领先性和高效性;二是从文化产业生命周期和文化产业全产业链两个维度梳理创新驱动与文化产业发展间的作用关系,建立创新驱动与文化产业发展的联合演进机制,识别河南省文化产业在生命周期中所处的阶段和在全产业链中所处的价值位置,分析与其他产业的融合策略;三是在此框架下,剖析河南省文化产业在融合发展方面的不足,并从跨要素融合、跨市场融合、跨平台融合等方面提出对策,为政府决策提供建议。

一、选题背景

以构建自主创新体系为主导推进创新驱动发展,是当前河南省打好"四张牌"战略的重要方面,也是河南省区域经济发展的重要战略方向。近年来,河南省高度重视文化产业的发展,将文化产业发展纳入各级政府扶持重点范围,2016 年文化产业固定投资额(547.66 亿元)快速增长,增速(47.6%)远超全省平均水平(13.7%)。文化资源的丰富性和强渗透性特点决定了文化产业向其他产业渗透、融合的天性,因此,与相关产业融合

* 项目介绍:河南省软科学研究计划项目(编号:182400410159)。作者简介:朱应雨,男,河南南阳人,南阳师范学院经济与管理学院副院长、副教授,研究方向为文化产业、区域经济、中小企业研究。本文为内部资料。

的作用日益受到学者与政府的重视。但仍存在产业层次较低、与其他产业融合度不高等问题,如何从文化大省变为文化强省,需要创新驱动的引领,因此本课题立足于创新驱动,探索文化产业融合发展策略,具有一定的现实意义。

二、国内视域下创新驱动引领文化产业转型升级经验借鉴

1. 区域发展经验:深圳

(1)充分借鉴外界优秀文化产业发展经验。①大芬油画村经验。大芬村最初原为香港画家招募画工进行临摹创作的地点,最后成为借助复制没有知识产权的世界名画(复制品)成为知名的油画村。此后政府将其作为特色文化品牌进行打造,一方面加强宣传力度,另一方面对市场进行规范和引导。②方特文化经验。华强方特也是借鉴外部优秀经验的典型代表,以创意设计为基础和底蕴,产业布局于电影、演艺、游乐等方面,形成了各板块互为补充的产业帝国。从大芬村和方特的成功经验可以看出,要结合本地发展情况,借鉴已有经验,在此基础上进行创新,进而有效提升文化产业所带来的经济活力。

(2)以科技力量为支撑。以南山区为例,其秉承技术为本的理念,注重技术投资,同时注重本产业核心科研优秀人员的培养,借助新兴科技的支撑扩大市场、开拓市场。就南山区本地情况而言,其传统文化资源相对薄弱,通过发展科技支持文化产业等政策的实施有效扩展了文化辐射范围,带动了当地文化及经济的发展。

(3)注重政府引领作用。为了促进文化产业的进一步发展,深圳政府出台了一系列扶持政策,尤为注重资金的大力扶持。提出并实施"新十大文化设施"建设,刷新深圳新文化版图,大大提升了深圳新的文化气质,有效解决了东西部文化分配不均衡问题,进一步让文化设施惠及更多民众,也有力促进了当地经济的发展。

(4)秉持开放理念。文化产业发展离不开经验及技术的借鉴,因此应当怀着开放及学习的心态去运用好世界上多元的文化发展资源,并时刻结合当下本国经济的发展来创新文化产业开展形式,综合促进当地经济发展。为了进一步开展文化产业,注重多领域人才的吸纳,正是不同文化的碰撞才更有力地促进深圳当地文化产业的蓬勃发展。

(5)注重人才培养。任何产业的发展都离不开人才的支撑:①注重以开放心理对待投身深圳发展的人才;②有自身完善的培训机制,环球数码还将培训做成一个系统化的产业;③有一定的柔性及硬性淘汰机制,将不符合本企业的人才淘汰,将有价值的人才留下;④政府奖励机制,进一步吸引更多人才来深圳发展。

2. 企业发展经验:方特

(1)紧紧把握"科技元素"。方特利用自主研发的一系列产品逐步迈入行业领先行

列,凭借人工智能技术、大数据技术等进行动漫制作,有效提升了动画片产出效率及产出质量。

(2)牢牢贯穿“主题”元素。方特依托“文化+技术”助力方特第四代自主品牌主题公园,将创意和市场相结合,打造“有灵魂的主题公园”。

(3)将“创意元素”紧紧贯穿于方特主题公园始末。在影视制作领域,方特秉承“创作+原创”的理念,设计出一系列的原创影片,进一步将创意元素运用到方特主题公园的创作之中,更好地促进了方特主题公园的发展以及文化产业的转型升级。

(4)创新产业模式,打造新型产业链。方特创新性地打造出一条“创、研、产、销”一体化的新型产业链,涉及范围从创意源头到末端市场,使其在同类型企业中具有强劲影响力。

(5)拓展国际市场,提升发展空间。方特逐步开拓海外市场,始终秉承“让世界读懂中国,既是中国自身的需求,也是外界对中国的需求”理念,开创了中国文化科技主题公园“走出去”的先河,持续引领中国文化产业走向世界。

3. 品牌发展经验:台儿庄

(1)台儿庄古城品牌打造。古城注重品牌营造及创新,并依托创意元素的融入以及市场情况的把握,成功实现了文化产业转型升级,提升了自身的知名度和体验度。①建筑品牌。在古城转型升级过程中,塑造了极具特色的建筑品牌文化,通过添加古城元素、园林景观等,使古城焕发出了活力。②商业品牌。通过打造以传统商业购物街为主题的商业街市进一步推广商业品牌,游客在多个景点的游览中获得心理上的满足,感受古城的魅力。③非遗品牌。台儿庄地区有着极为丰富的非物质文化遗产,大运河文化是民族融合的产物,是活着的美丽遗产,是中华文明的金色名片。④节庆品牌。古城每天有特定主题的演出剧,通过演员真实演绎,让游客感受到了与大运河相关的历史故事。⑤服务品牌。在古城的转型升级过程中除了完善自身硬件设备以及宣传措施做到位,更注重以人性化的服务推进古城的综合发展,提升游客满意度。

(2)台儿庄古城品牌提升经验。①票价策略。针对不同类型的旅游演艺项目以及景点门票,票价要定位合理,与品牌价值相符。②宣传造势。通过宣传造势让更多人知晓,并借助极具特色的“大运河文化”等塑造出了鲜明的品牌。提出“全员营销”理念,通过创新性的营销活动逐步走进了国内中途、远途旅游资源市场。③拓展市场。除了重视国内市场开发,古城将目光放到国际市场,通过一系列营销活动的开展提升国际影响力。

三、创新驱动引领文化产业转型升级保障措施

(一)创新管理机制,优化文化产业的政策环境

1.进一步深化文化管理体制改革

重视文化制度和机制创新,以期最大限度地满足人们的精神和文化需求,建立和完善科学高效的文化管理体制,从多层次管理向统一部门管理转变。

应当完善国家文化产品,建立适应市场经济的现代文化企业制度,完善公司治理结构,不断提高竞争力和开拓广阔市场的力量,为文化发展提供坚实的制度基础,并持续推动文化发展。

2.整体布局,科学规划,统筹实施

(1)科学规划文化产业布局。一方面,充分挖掘和利用当地现有的文化资源,依靠市场资源配置,促进跨区域兼并,发挥文化产业所具有的独特作用。另一方面,加强文化产业布局的总体规划,引导各地区依托资源,从文化要素角度出发,从优势企业的角度出发,依据现有条件走差异化、特色化的文化产业发展道路。

(2)明确文化产业定位。始终对当地特色文化资源进行挖掘,形成具有经济效益以及社会效益的文化产业。

(3)文化产业绿色发展。绿色发展是实现资源节约、环境友好、生态良好的重要系统工作,在实际发展过程中,应积极与国家产业政策、地方规划和社会经济发展相协调,进一步构建文化绿色产业体系。

3.不断提高行政服务水平和质量

(1)改进和完善政府采购公共文化服务机制,加快出台《文化产品政府采购实施办法》,为政府采购公共服务奠定法律基础,扩大公共采购的范围,加强公共采购和执行补充措施。

(2)将创新文化产品列入政府采购公共服务清单,扩大公共采购范围,对项目报告、预算编制、机构采购、项目监测、业绩评价等实施标准化流程管理,为社会力量承担政府的公共服务职能提供体制和政策依据。

(3)改善公共消费的治理。除发展文化基础设施和基本服务系统外,应加大公共文化服务供给,可通过向基层社区提供移动产品和替代服务,积极发挥财政税收作用,通过各级文艺团队下基层、进社区等丰富农村文化生活,实现对农村低收入群体的"文化低保"。

(4)建设现代公共文化服务体系。一方面要完善公共服务设施建设,立足当前经济社会发展水平、环境条件和文化建设需要,规划更多公益性质文化单位和文化布局,进一步完善文化基础设施;另一方面要加快智慧政务建设。随着信息技术、网络技术和移动通信技术的发展,政府应高度重视智能政务发展,将信息技术与政务处理相匹配,提高公共文化服务的网络化、数字化、智能化和移动性水平。

(二)完善人才机制,确保文化产业的智力支撑

1.以大学、科研院所为依托培养人才

(1)加强产学研合作。一方面,文化企业与高校、研究所的有机衔接,需要明确人才需求点,高校、研究所则要充分了解企业需求,深化产学研合作,培养企业所需的人才;另一方面,要加强产学研创新机制建设。文化企业应与高校、研究所等搭建创新合作平台,建立创新合作机制,加快创新成果转化。

(2)提高人才培养质量。首先,合理设定专业,课程设置应当与文化产业发展相结合,强调产业特点,提供文化创意课程,与综合性大学合作,重视实践指导,开设相关实训室,提高人才创造力和实践能力;其次,提升教师综合水平,加强专业教师的培训,积极鼓励高校教师开展交流、科研与教学活动,借助专业培训活动的开展提升师资水平,同时促进文化产业教师队伍的建设与完善;最后,注重在职培训,使企业员工获得生产所需的知识和技能,提高当前或未来职位的工作绩效,最终提高企业的整体生产力。

2.以优惠政策为导向引进人才

(1)制定优惠政策引进人才。以北京为例,为发展北京文化创意产业,吸引和留住更多人才,北京启动了文化创意产业发展战略,出台一系列优惠政策,先后颁布了《北京市促进文化创意产业发展的若干政策》《北京市文化创意产业集聚区认定和管理办法(试行)》等,大大推进了北京文化产业综合化、多元化发展。

(2)促进人才流动。允许和鼓励科技人员离岗加入文化产业创新创业中,到相关文化企业兼职从事科研活动。开展引入文化企业人员的兼职试点,完善文化产业人才流动机制。

(3)推出人才保障政策。一方面,要建立健全人才保障机制,为引进高层次人才在社会保障、子女入学、工商注册等方面提供方便和服务,消除其后顾之忧;另一方面,要为高水平从业人员创造高品质生活环境,通过基础设施的改善和文明城市的创建吸引文化产业人才。

(4)充实人才激励政策。首先,在具有创造性设计的文化产业发展中,积极实施财政

鼓励政策；其次，根据企业自身特点，探索有利于利润分享制度的革新；最后，鼓励用人单位增加对人才的投入，文化企业可以单独设置人才引进、培训、奖励机制，考虑单位经营成本，整合社会力量，培养和引进文化人才。

（三）发挥市场作用，提升文化产业质量和效益

1. 培育文化市场主体，提高文化企业竞争力

（1）加快文化产业市场经济建设，培育市场主体精神。明确市场在资源配置中所起的决定性作用，进一步明确市场机制决定生产什么、如何生产、为谁生产等问题。政府应当加快转变职能，建立有效的产权制度，尽快规范文化市场秩序，建立符合地方特色的有价值、有竞争力、有秩序的经济体系，促进公平竞争和人才及资本的流动，加快市场精神的培育。

（2）为文化行业建立统一开放和竞争有序的市场体系，应充分利用市场形成机制及其自身的调控作用，提升文化产业发展的综合水平。一方面要坚持市导向理念，生产要素、价格和产品数量由市场机制自由决定，充分实现供求平衡；另一方面，文化产业相关企业应当制定科学发展战略，维持市场的正常经济秩序，并纠正市场的缺陷。

（3）加强市场监督，保护知识产权。一方面，在经济转型过程中，制度对市场操作和资源分配方面发挥着重要作用，需要完善文化市场监管体制，从制度层面制定相关条例，逐步培养企业的市场意识。另一方面，要加强市场监督，建立统一执法机构，维护文化市场正常秩序。加大对违反市场规则参与者的惩罚力度，提高市场参与者的市场意识，特别是加大对知识产权侵害的处罚力度。

2. 拓宽文化产业融资渠道，完善文化企业金融环境

（1）宏观层面：完善顶层政策，发挥政府引导作用。①制定完善文化产业政策法规，加快制定文化产业发展的若干政策，不断加大对文化产业发展的援助和引导力度。政府通过法律和经济手段，促进文化体制改革，制定对文化产业融资的金融政策；②政府可设立专项基金和创新基金，将必要的创新资金投入预算，开发新的文化产品和项目，鼓励文化企业创新发展，加快金融产业投资贷款等平台建设。

（2）中观水平：完善市场体系，建立融资合作网络。①完善资产评估制度。文化企业融资难的一个重要原因在于企业自身的信用问题，其主要融资渠道是银行贷款，因此，建立有效的文化产业资产担保体系，制定相应的资产评估担保机制十分重要。②积极培育和发展文化产业保险市场。保险中介机构可以分担部分与文化企业相关的风险，是一种间接融资方式。知识产权侵权保险可有效控制文化产业风险，应当支持实力雄厚的保险

公司开发并设计知识产权侵权保险体系，致力于文化产业保险市场的发展和持续扩大。③构建差异化的资本市场体系。资本市场具有融资、资源配置、激励等作用，政府部门应加强沟通协调支持，积极提供方便、优质、高效的服务，推动相关部门简化程序，鼓励文化企业在中小企业板、创业板上市。

(3)微观层面：提高企业信用，拓宽融资渠道。①发展知识产权证券化，可作为融资与知识资本化的有效纽带，是文化产业投资融资的新趋势。对拥有大量知识产权的文化产业，可以打破对中小文化企业的资金限制，满足资本需求。同时，相对较低的中介利率降低了成本和融资风险。②加快金融商品和融资模式创新。文化企业信用风险高，现有金融服务和金融工具难以支撑文化产业项目的投资。因此，需要创新文化产业金融支撑体系，加快金融产品创新步伐，运用"互联网+金融"的创新贷款模式创建融资平台。③增加企业自身的积累和形象。文化产业中，中小企业占相当大的比重。这些公司应当引入现代治理体系，完善企业组织结构，提高科技研发能力，不断提高市场占有率，可以降低市场同质化现象，增强风险抵抗力。同时，应当增加企业信用，争取金融企业的支持。

3. 转变文化产业发展方式，完善文化产业链

要促进内容革新的同时，确保文化产业上游产品品质。文化产业链上游产品质量直接决定下游产品的开发，要重点做好文化产业链的创造性规划、产品核心和生产能力的改善以及产业链整体的扩展。在此基础上，加强核心产品和知识产权保护的研究开发。

要前后延伸文化产业价值链。比如一部电影或电视剧热播后，可以开发产业链条上的延伸产品，如纪念品、服饰、玩具等，关联产品的开发不需要太多的设计和营销投入，经营风险较低。

(四)创新技术与业态，做好文化产业转型升级

1. 新技术助力文化产业升级

(1)以新技术保障文化产业创新发展。新技术正在成为推动传统文化传承与创新的力量，这种现象是因为互联网、人工智能、新材料以及新工艺等在文化产业的广泛应用，互联网时代正改变各行各业的生产经营活动。在新设计方面，时尚产业迈向智能制造，数据在全产业链中各环节的驱动作用已逐步显现；在消费市场方面，奢侈品消费的增长正朝着设计师品牌(小众化)方向发展。

(2)新技术推动文化产业价值结构调整。采用新技术加速文化产业升级过程中最重要的问题：①避免产业价值链"低端锁定"的"伪升级"。发展中国家产业升级过程主要集中在工艺水平和产品质量的提升上，只有少数情况下在功能升级和区域价值链升级上

获得成功。为了防止文化产业的“伪升级”现象发生,文化产业的功能升级必须开拓新思路。②加强区域价值链的构建。区域价值链,强调在独立自主的基础上的相互作用和双赢,加快提高新技术的过程中主导性。因此,为了打破双重低位锁定困境,加快文化产业的升级,需要强调区域价值链在独立自治的基础上作用。

(3)新技术促进文化产业结构升级。在科技突破的引领下,以互联网为代表的信息技术的快速发展,使人们进入信息化时代。人工智能、“互联网+”智能终端、大数据、互联网等现代技术已经渗透到文化产业中。文化产业结构的转型与升级必须以新技术为根本驱动力,而国家将数字创意产业纳入战略性新兴产业目录,无疑为文化产业利用新技术实现产业结构调整与升级提供了良好的机遇。

河南省有着丰富的文化资源,这些文化资源只有通过新技术的转化和发展,才能将静态竞争优势转化为动态竞争优势。特别是新技术已成为文化产业发展的根本动力,要进一步强调文化产业数字化的重要性,提升文化产业竞争力是文化产业实施创新驱动发展战略的重要环节。

2. 新业态保障文化产业顺利进行

新业态,是指不同产业之间的重新组合及企业内部产业链和外部价值链各个环节的分化、融合、行业跨界整合,或者是结合信息及互联网技术所形成的新型企业、商业乃至产业的新的组织形态。

(1)新业态将实现文化产业的新突破。新业态发展趋势已成为追求新的经济增长点、培育新产业、优化产业结构、追求竞争优势的战略定位。其发展取决于三个重要因素:信息技术革命、产业升级、消费者需求的反向选择。在文化技术创新、需求增加、消费变化等因素下,文化产业新业态逐渐破坏了传统文化产业边界,改造了文化产业内在结构与层次,极大地拓展了文化产业发展空间,为文化产业价值链的升级创造了有利条件。

(2)新业态衍生文化产业新链条。国家就文化产业发展提出了“带状开发”的概念,是指在数据丰富的时代,通过传统的地域循环,文化产业的空间环状模式,被线状的条纹状分布所替代,进行有机的市场方向的分配和合并的文化产业的大部分要素。基于我国文化产业发展形势与格局变化,我们应该进一步拓宽视野,深谋远虑,将文化产业发展与提升国家文化竞争力、维护国家文化安全、传承创新华夏文明结合起来。

(3)新业态成就文化产业新格局。由于新技术革命背景下文化产业新旧业态的交替越来越快,“新兴文化业态”已经成为一个动态的、相对的概念,很难对其内涵与外延进行准确的界定。从全球文化产业的发展潮流来看,以数字技术、互联网技术为代表的新兴文化业态已经迎来发展的大好机遇。在新兴文化业态视域下,区域文化产业竞争力主要体现在产业融合能力、产品创新能力、资源整合能力、市场拓展能力四个方面。由于文化新业态蓬勃兴起，文化资源的分配方式被重新定义，文化产业竞争格局正悄然变化，一些地区的文化产业表现出“弯道超车”的快速发展态势。面对趋势，新兴文化业态对于提升文化产业竞争力的重要性将越来越凸显。

3. 加快新产业发展的文化产业

（1）新产业为文化产业的发展注入新动力。①新技术形成的新产业。数字文化是指使用数字技术编辑、处理内容、通过网络推广数字内容产品的新的公用模式，主要特征是内容制作的数字化、经营过程的数字化、产品形式的数字化、通信渠道的网络化。②传统产业被新技术改造形成的新产业。在扩大产业链的原则上，这种转型和升级后的新产业必然会推动传统产业链的升级和转型。产业链包括上游的出版、媒体、旅游、动画等，下游销售服务等环节。③由产业交叉边界整合形成的新产业。随着新经济快速发展、产业升级、跨国产业投资和产业操作一体化，产业间关系不再是单纯的输入、输出关系与上游、中下游的关系。产业的界限越来越模糊，新的经济产业和产业相继出现。随着大数据、云计算、移动互联网发展，因特网和传统经济的融合正在加速，正以前所未有的速度推动产业升级，实现生产和消费的宽度和深度渗透，促进生产一体化服务。

（2）新产业为文化产业发展营造新机遇。产业融合不仅是理论上的一个重要概念，也是政策文件中的一个热点问题。它起源于以信息技术为核心的新技术的发展与应用，导致了产业界的交叉与融合。产业融合不仅可以扩大文化产业的发展空间，还可以形成新的市场结构，从而改变一个地区的产业结构和经济增长方式。其主要功能是：①有效促进产业结构优化升级，促进新业态的出现，建立现代新产业体系。②促进文化产业融合的发展。在企业竞争和合作关系的变化中，市场结构的合理化可以大大提高行业的整体效率。③促进企业组织产权结构的重大调整，促使企业组织内部结构的创新。正是由于文化产业融合功能带来的多重效益，推动文化产业融合日益成为提升文化产业发展空间的政策重点。文化立法逐渐成为我国文化建设的重点之一，也是我国文化产业未来发展的重要方向。

（3）新产业为文化产业发展创造新优势。①在文化产业与其他产业融合的过程中，识别出这些价值创造活动的优缺点，并通过对文化产业与其他产业的整合，对文化产业与其他产业的价值创造活动进行重组、优化和创新，不但具有更高的附加值与更大的利润空间，而且创造了更为多样化的产品与服务，其竞争力自然会逐渐提高。②文化产业集群优势的培育，需要特别强调发挥龙头企业的核心作用。要重点培育一批对文化产业发展具有引领作用的大型文化企业，通过产业集群发展有效发挥大型文化企业对本区域的龙头引领作用,并逐步地建立健全文化产业集聚发展的扶持政策,从而形成具有地域特色与产业竞争优势的文化产业集群。

参考文献

[1]吕璐.河南省文化产业与科技融合发展的对策研究[J].魅力中国,2018(32):99.

[2]李旭.河南省旅游产业融合测度与评价[J].开发研究,2021(2):117-123.

[3]候诗雨.我国农村产业融合水平的测度与评价:基于省级截面数据的分析[J].现代商业,2021(21):74-76.

[4]李梦竹,杨纯纯.承德非物质文化遗产与旅游产业融合度评价指标研究[J].保定学院学报,2021,34(3):31-37.

[5]杨书娟.山东省旅游产业与文化产业融合度分析[J].经济研究导刊,2020(9):172-173,178.

[6]胡联,许涵,彭艺璇,等.长江经济带产业融合水平评价及空间变异分析[J].江苏海洋大学学报(人文社会科学版),2021,19(5):109-121.

郑州智慧航空城建设路径研究*

孙月梅

摘要：

郑州智慧航空城建设对于区域经济的创新发展，以及郑州国家中心城市建设等具有重要的实践价值。航空城的形成与演进是以枢纽机场为推动性单元，这也是区别于一般城市形成与演进的重要特征。智慧航空城建设应以信息技术与物联网的集成运用为主导，来实现要素的高效配置以及重构航空城的空间结构，以人为本，实现可持续发展。建设智慧航空城也就是建设创新型的航空城。本研究的主要目标在于，在郑州航空港区临空经济梯度发展基础上，通过信息技术的集成运用，将实验区建设成具有可持续发展并面向未来的示范性航空大都市，以最终满足人们的生产和生活需要，并激发人们的创新热情。课题在郑州航空港区临空经济梯度发展的基础上，结合智慧航空城市建设的相关指导思想，综合分析郑州智慧航空城建设的比较优势，进行郑州智慧航空城建设路径设计：临空产业科学发展，城市运行与管理智能化，以创新为驱动力，"互联网+"政务服务推进制度创新，等等。并提出郑州智慧航空城建设路径实现的保障措施：信息平台与网络安全建设，智慧交通便利客、货流转运，构建生态安全网，培养和引进创新型人才。

随着城镇化建设的持续推进、技术的更新换代、经济的快速发展，以及由此所引领的生产和生活方式变革为特征的新时代，激发了人们的更多需求。在城市空间结构重构的功能实现过程当中，智慧城市概念的提出，为解决城市发展面临的问题以及城市向更高形态演进提供了可行的实施方案，更能满足人们对理想城市的设想。

---

* 项目介绍：河南省软科学研究计划项目（编号：192400410247）。作者简介：孙月梅，女，河南永城人，博士，郑州工业应用技术学院商学院讲师，研究方向为产权理论、创新管理及组织结构治理。本文为内部资料。

郑州航空港区作为国家战略和重要的区域经济发展增长极,其战略地位居河南“三区一群”之首,是河南发展开放型经济的重要支撑,是郑州快速融入全球经济一体化的重要带动力,将引领郑州发展向以航空枢纽为推动性单元的周边区域转移,进而形成大城市的多中心发展,并助力郑州国家中心城市的建设。自 2017 年以来,郑州航空港区在临空经济快速发展的基础上,围绕“构建新型智慧城市”的中心原则,着力进行智慧航空城建设。

一、智慧航空城建设指导思想

依托信息技术集成运用,通过互联网和智能传感器终端,实现信息的互通互联,并以创新为第一驱动力,通过整合各类生产要素,将实验区建设成具有可持续发展并面向未来的示范性航空大都市。该研究对于河南省委、省政府和郑州航空港区管理委员会制定航空城建设规划具有重要的实证支撑。同时,对于其他大型枢纽机场或中心城市发展临空经济,建设智慧航空城具有重要的实践借鉴意义。

1. 智慧城市的两维属性:技术和社会

随着经济的发展,人口规模的增加及流动,在城市发展过程中,全世界范围内普遍存在着环境污染、交通拥堵及公共安全危机等严峻问题,美国 IBM(国际商业机器公司)于 2009 年提出“智慧城市”概念及其解决方案,引领城市发展通向技术导向的可持续发展道路。

智慧城市的内涵主要包括三个方面:①以信息技术的集成运用为基础对城市运行核心系统,比如工商业活动、民生、环保、政务服务等各项关键信息进行感知、分析并反馈。②在与自然环境相和谐的基础上城市发展具有内生性。③旨在让城市中的人们生活得更美好。

智慧城市具有两维属性。①技术属性。智慧城市是建立于信息技术之上,以信息技术为主导并实现向更高级城市形态演进。其最主要特征是基于信息技术的集成运用,通过信息的收集、整合、测算及其反馈等各环节,实现资源的有效配置并对城市运行各系统进行智能管理,并重构人们生产与生活的空间结构。②社会属性。通过互联网以及智能传感器终端的运用,能够更有效地了解人们的需求,并将这种信息反馈到城市管理系统。在此形成与演进的过程中,更加重视民主政府的建设以及其职能部门行政服务水平的提高,旨在激发生活于其中的人们的创新热情,满足人们的生产和生活需要并最终实现人的全面发展。由此,智慧城市就具有了明显的社会属性。

2. 以人为本

城市的主体是人,人既是城市形成与演进的创造者和推动者,又是城市形成与演进的最终目的。智慧城市是一种基于技术之上并超越技术的城市发展新形态。

因此,一方面,智慧城市建设提倡以个体推动城市建设以及社会演进,以人的需求为根本出发点和推动力,积极建造适宜人们生产与生活的物质世界,更要力求营造人全面发展的社会、经济、政治和文化环境。另一方面,智慧城市建设是为了满足人们的需求和人的全面发展。通过互联网和智能传感终端能实现信息的传输,在数字包容的基础上实现海量信息的获取,一定程度上便捷了交易过程中信息的流动,节省了信息成本和交易成本,便捷了人们的生产与生活。

另外,在信息共享基础上,可以让人们获得更多的参与社会的机会,激发创新潜能,让各个层面的人都可以体会到智慧带来的便利与发展机会,让生活于其中的百姓能够安居又乐业。这个特征既是智慧城市建设的起点也是其最终目标。

3. 可持续发展

城市是一个囊括人们生产与生活各项内容且互相关联的复杂开放系统,系统自身与周围环境之间和系统内部各要素之间都存在着物质、能量与信息的交换。

在信息技术集成运用的基础上,城市系统内部以及各要素之间可以实现信息的传输,对于生产过程中的管理以及市场流通领域,能够实现生产要素的高效配置,更好地节约时间和劳动力。

在信息全面获取并科学运用的同时可以实现空间结构的科学规划、生态环境支持系统的保护、污染的有效检测与控制等。通过先进技术的运用,城市各系统和要素之间通过信息的集成与反馈,在自我调节、自我代谢与成长的演进过程中,可以从自然环境中获取发展与演进的能量,实现生产、生活与环境相和谐的可持续发展,从而实现向理想城市演进。其实质是运用技术提高城市运行管理效率,优化城市的演进路径。

4. 以枢纽机场为演进起点

航空城的形成与演进是以枢纽机场为推动性单元,该单元形成后能以较快的速度向外扩散,并且通过其强大的极化效应和扩散效应不断地扩大所在区域的经济规模,最终使得所在的经济空间成长为区域经济的增长极。

机场的主要功能在于极大地节约时间的航空运输。为了节约产业内部的组织成本,以及由运输而引起的时间成本,产业链中各环节可以在全球范围内实现分工与合作。

以航空运输为主要带动力,由机场的枢纽地位而形成的经济空间,使得更多的优势资源进入,并不断吸引着与机场基础设施和航空运输相关的产业,如航空制造与维修、物流业(特别是冷链物流)、会展业、金融服务、餐饮业等在机场周边聚集。

在产业关联的模块化运作以及时间演进的交叉发展路径过程中,机场周边区域逐渐成长为生产活动或商业活动的重要节点,并且随着人口的流动、生活环境的改变以及公共设施与服务的供给,具有城市功能的航空城应运而生。在此过程中,因枢纽机场的极化效应带动临空产业从最初的地理位置临近演化到组织一体化发展。在产业集聚的扩散效应以及城市演进的一般规律作用下,因机场为起点发展而成的航空城,其形成与演进具有一般城市的共性,但机场是航空城区别于一般城市的重要特征。

二、郑州智慧航空城建设的比较优势

1. 新郑机场的枢纽地位日益显著

郑州新郑机场经由民用航空局批复,现已成为我国第 12 个 4F(最高等级)飞行等级的机场。自 2011 年以来的具体旅客吞吐量、货邮吞吐量、起降架次及其同比增长见表 1。

表 1　2011—2019 年新郑机场客、货流吞吐量与同比增长

年份	旅客吞吐量/万人次	同比增长/%	货邮吞吐量/万吨	同比增长/%	起降架次/万架次	同比增长/%
2019	2912.93	6.6	52.20	1.4	21.36	3.2
2018	2733.47	12.49	51.49	2.43	20.89	7.09
2017	2429.91	17.0	50.27	10.1	19.57	9.9
2016	2076.32	20.0	45.67	13.2	17.81	15.3
2015	1729.74	19.4	40.33	8.9	14.45	4.6
2014	1580.54	20.3	30.04	44.9	14.77	15.5
2013	1314.00	12.6	25.57	69.1	12.78	17.0
2012	1167.36	15.0	15.12	47.1	10.92	17.5
2011	1015.01	16.6	10.28	19.8	9.30	10.5

数据来源:根据《2011—2019 年度机场生产公报》整理所得。

经由郑州并由新郑机场搭建起的"空中丝绸之路"航线,现已具有较大的客、货流转运承载能力。2018 年起,国际及地区客运航班全面推行全时段通关。2020 年,中原龙浩航空串飞郑州、广州"双基地"国家货运航线开通,该航线在既有航线网络基础上开通首尔航线,极大地提高了卢森堡航线的空中中转能力。至此,郑州航空货运能力及其国际

航空货运枢纽地位显著增强。目前，新郑国际机场三期工程建设项目已全面进入施工阶段，未来几年，新郑机场的国际化航空枢纽地位将被赋予更为重要的意义。

2. 地面交通网络发达

郑州具有发达的立体化交通运输体系，在全国范围内承载着交通转运的重要功能。

（1）铁路方面，以郑州为中心的"米"字形高铁网即将全面建成并已陆续投入运营，也就是以郑州为中心在京广和徐兰高铁的基础上增设四个方向的高铁路段，分别实现中原经济区与西南地区、山东半岛、东南沿海、西北地区之间的交通运输通道。目前，最后一个至济南段高铁项目正式进入电气化施工阶段。不久，郑州的"米"字形高铁将全面开通，并极大可能地节约区域之间客、货流转运的时间成本。在城际高铁方面，新郑机场至郑州东站的城际高铁的开通运营，实现了高铁网络与航空运输的无缝链接。

（2）公路方面，郑州和开封至新郑机场的高速公路、商登高速公路、连霍高速以及郑州外环的绕城高速等多条高速公路均在实验区交汇，此外，国道 107、103 配合通过往郑州、新郑及其乡镇的公共交通等更加便捷。发达的地面交通网络将实验区与郑州以及周边城市连在一起，便利了人们的生产与生活，较快地形成整体性的区域发展格局。

（3）实验区内便利的综合交通运输体系，将加快客流和货流的转运速度，极大地降低了货物集疏的流通成本，是郑州航空港区建设成为国家货运枢纽的重要保障。同时，日益显著的航空枢纽地位、发达的地面交通体系也是郑州建设航空城的强有力的推动性单元，实现由枢纽机场向航空城演进。

3. 空港用地充足

郑州智慧航空城建设与可使用土地具有密切关系。随着政策的跟进，以及实验区经济发展状况，其批准用地面积从起初的规划 138 平方千米，到新郑综合保税区的 189 平方千米，随着实验区的发展以及上升为国家级航空经济示范区，2013 年 3 月 7 日，国务院批准并规划实验区面积为 415 平方千米，实际代管面积为 430 平方千米，并预留有充足的产业发展用地，可用土地实际控制在 770 平方千米范围内。

（1）在产业发展用地方面，实验区在城市规划与产业发展协同的基础上确立"一核、三中心、三板块"的产业发展空间结构。其用地面积分别为：空港核心区占地面积为 54.08平方千米，以机场区域向其北、中、南三个方向辐射成分别形成三个区域，用于城市综合服务的北部片区占地面积为 98.5 平方千米；中部片区占地面积为 92.8 平方千米，主要用于临港型商业贸易会展；南部片区规划面积为 170.5 平方千米，主要用于高端制造业聚集区。

（2）在实验区临空产业发展、人口聚集以及航空城建设等快速发展的基础上，2019

年 11 月 15 日,实验区新增代管面积 73 平方千米。该区域定位于现代城市田园区、郊野休闲生态引领区,其规划使用主要在于田园休闲以及生态保护等方面的功能实现。至此,现实验区总规划面积为 488 平方千米,其产业发展与生活用地相结合将形成“五区、八廊坊、多板块”的空间结构,随着城市功能的逐渐增强,实验区将形成生产、生活与生态等协同演进的空间发展格局。

三、郑州智慧航空城建设路径设计

1. 临空产业科学发展

机场作为一种资源,是临空经济和航空城演进的独特先决因素。基于机场的基础设施及其航空运输功能,区域经济在加入航空枢纽的因素之后,其空间范围内产业类型和结构就会发生显著的变化。机场的航空运输功能作为一种推动力,能有效地促进新型产业的兴起,并带动传统地方产业或者特色产业的结构调整与升级,进一步扩大区域经济的总量并提高其质量。

郑州智慧航空城建设是新郑机场枢纽地位、临空产业发展以及人们生活场所的选择等因素相互作用的结果。新郑国际机场的航空枢纽地位的提升能促进临空产业体系的梯度发展。实验区临空产业的科学发展是郑州智慧城市建设的产业基础和主要任务。实验区应通过空中丝绸之路提高对外开放的能力,在临空产业体系逐渐形成的同时以临空产业带动传统地方产业转型升级,并提升实验区和郑州周边区域的整体经济效益。

2. 城市运行与管理智能化

智慧城市首先是基于互、物、云、大、移等信息技术组合,以及智能传感器终端的使用,将人与人、人与物以及城市各关键要素之间建立联系,有效提高信息的获取、传输和交互的程度,并将信息集成分析的结果反馈到各职能分支系统,并在信息交互流动过程中实现对政务、工商、民生、环境以及公共安全等在内的各系统的合理控制与管理,旨在实现城市各系统要素更协调地运行。

信息技术在产业发展中的应用能促进企业生产经营智能化,并能对传统制造业以及运营模式进行智能化改造,实现对组织成本和市场交易成本的节约,在人工智能运用于生产过程的同时可以节约大量劳动力。通过产业发展的智能化改造与升级,可实现产业结构的重组并优化企业的运营模式。郑州智慧航空城建设涉及生产和生活方面的基础设施、公共服务、临空产业规划、生态环保等方面,科学运用信息技术对实验区进行智能化的空间规划,可实现郑州航空港区管理委员会以及职能分支部门实时控制与管理,实现其科学发展。

3. 以创新为驱动力

在城市形态演进的路径方面，每一次技术革新都将重构城市的空间结构及其运作模式。航空城是以航空枢纽为逻辑演进起点，以航空运输为主要依托进而发展起物流业、高新技术制造业、服务业等各临空产业，在临空经济与区域经济耦合作用下，实现临空产业渐次形成与升级。在此演进过程中，通过信息网络的空间布局以及智能传感器终端的使用，实现信息的传输。在信息高效获取的基础上，配合便捷的交通运输体系，通过客、货流的快速转运，实现航空城内部生产要素的高效配置，并重构航空城的空间结构，进而规制航空城的演进方向。依据熊彼特对创新的定义，能够实现生产要素重新组合的活动称为创新。所以，智慧航空城是典型的创新型城市。创新型城市建设根本上要以产业的创新发展为引领，产业创新发展的绩效和方向代表了城市创新发展的绩效和方向。智慧航空城建设应以创新为驱动力，更应以产业的创新发展来规制城市的演进方向。

郑州智慧航空城建设在临空产业处于成长与成熟期，更应注重以技术创新来带动临空产业的创新发展。技术创新能够提高产品的知识含量及其在市场销售中的附加价值，是临空产业体系构建的中心环节和核心任务。由于高校、科研院所、企业在创新的时间序列中所具有的创新功能不同，所以，郑州在建设智慧航空城的过程中，在实现创新要素重新组合并节约资源的同时，应将高校和科研机构纳入要素配置的范围内。首先应当依托当地的大学和科研机构，将高校和科研机构作为创新要素的供给主体来极大可能地驱动智慧航空城建设。同时，更注重引进国际化的科研机构，为实验区提供更加前沿的高新技术支持。

4. “互联网+”政务服务推进制度创新

政务服务是智慧城市评价体系中二级指标的第一个重要指标，可见政务服务在城市运行与管理中的重要性。基于信息技术对城市演进的驱动作用及其对城市建设的支撑，政府的行政服务职能应当适应技术进步的要求，提高信息技术在行政服务中的广度和深度。推进“互联网+”政务服务，在互联网、移动通信网络、人工智能、智能传感器终端等多种途径相结合的基础上，能够实现信息的共享和开放，从而把政府服务延伸至街道、社区及其百姓个体，让政府的公共服务最大可能地惠及大众。“以人民为中心”运用新技术完善政府治理体系，能够在全社会范围内激发人们的创新热情以及个人社会价值的实现。

由于郑州航空港区行政区划复杂，郑州省直机关和航空港管委会应大力推进“互联网+”政务服务，提高管委会及其所属职能部门的公共服务水平和社会管理能力。为适应新技术的发展及其对城市建设的驱动作用，其措施如下：①应建立适合实验区组织机构特征的行政管理体系，有利于减少生产要素的流动成本以及实验区行政管理成本；②按照自贸区投资、金融、贸易和监管等便利化的标准和要求，积极推进行政审批、要素市场体系建设、对外开放等领域的改革，突破深层次的体制机制矛盾与障碍；③完善法律法制保障制度、创新监管服务模式，建立符合国际化和法制化要求，又能促进临空产业科学发展的各类政策与制度。总之，在新技术集成运用的同时，实现技术与制度的共生演化，也即在生产力与生产关系相互作用的同时实现航空城向更高级形态演进。

四、郑州智慧航空城建设路径实现的保障措施

在以上对郑州智慧航空城建设路径设计分析的基础上，为保障建设路径的实现，需要一系列的保障措施作为支撑，具体如下。

1. 信息平台与网络安全建设

由政府主导的智慧城市建设，其各机构内部在运用信息管理系统基础上实现信息的传输、沟通和管理。由于智慧城市建设的根本目标是满足人们日常生产、生活的需要，并实现人的全面发展，此目标的实现需要各种新技术及其技术应用模式的创新，并以更智能的方式对信息作出反馈。这就需要在城市建设过程中加大硬件基础设施建设，并且让信息操作系统更好地服务于人民的生产和生活。

郑州智慧航空城建设是在产业发展与航空城形成与演进的实践路径过程中，将技术融入这一过程，并很大程度地规避一般城市发展所存在的问题，实现其智慧化运行与管理。从城市的整体运用状况来看，需要在全社会范围内实现郑州市、郑州航空港区管委会、产业组织和个人之间的信息共享。通过信息平台与各系统子平台之间的信息层级传输与运行，可以确保在协同数据库基础上，实现信息开放与共享。

智慧城市的核心是信息的感知、判断和响应。首先是知道城市运行的情况，其次是通过对数据信息的识别、判断，最后是依据一定的标准作出相应的响应。在这个过程中，由于信息的多渠道传输，不可避免地会出现信息的泄露。一方面是技术原因；另一方面是人为因素。所以，在信息技术带给人们以及社会更大便利的同时，一定程度上也存在着隐患。为了让技术更好地服务于人们的生产和生活，一方面需要在技术上实现突破；另一方面应加强道德建设以及信用体系建设。郑州在进行智慧航空城建设的同时，更应在信息安全流动中运用法制来更好地维护信息产权，才能更好地享有实验区发展带来的好处。

2. 智慧交通便利客、货流转运

信息技术和“物联网”的集成运用就是个体使用智能产品，并且通过互联网或移动通信网络，实现个体与个体之间以及个体与组织之间的信息传输，但是个体与实体产品的

位置移动需要交通运输体系来实现。智慧城市建设为智能交通体系提供了良好的基础条件与需求环境，使智能交通运输体系从应对交通问题回归到以人为本、人与自然相和谐的发展理念，更加关注信息化社会的资源、能源、环境等问题。

郑州智慧航空城建设，其智慧交通方面所采取的具体措施为：①构建郑州市区与实验区之间的交通系统一体化发展的信息系统，进一步对人们出行的整体过程实现信息的采集，以实现实验区与主城区之间更加高效的联系；②建立高效的交通信息控制体系，对于路线指引、停车指引、违章检测、事故应急处理以及突发事件援救等信息，应由智能监控和集成控制中心统一指挥；③以信息技术和智能化交通体系为核心，结合信息管理系统的优化升级实现交通体系信息技术的更新换代。

3. 构建生态安全网

第一，航空城的形成与演进与其生态环境具有较大的关联性，其特殊的逻辑演进起点，在智慧航空城建设过程中既是其独特的优势，同时也不可避免地存在着负面影响。

第二，应在信息技术与物联网技术基础上，通过生态智能技术的集成与创新应用，实现从生态环境中获取城市可持续发展的能量，从而维持航空港区与其所处生态环境的平衡发展状态。

第三，郑州航空港区应在能源、交通、流通、环境和建筑等方面实现生态环境的智能集成监控运营。具体措施为：

（1）实验区在智慧航空城的规划方面，应充分考虑机场的噪声和限高要求，在机场两翼、机场跑道及其远端等区域合理规划生产、生活用地，在充分利用土地的同时实现与自然环境共生演化，并将人文因素物化在城市规划内容之中；

（2）应在原有生态系统，比如小清河、黎明河以及南水北调工程等基础上，维护生态环境与实验区发展之间的平衡，提升河流水系之间的连通并强化其生态保护功能，并在其两边规划城市绿地和生态绿地，重点突出生态系统对航空城建设的重要功能；

（3）运用太阳能路灯或节能技术为实验区各楼宇和马路照明等。通过生态智能技术的集成运用，创建面向未来的可持续发展的智慧型航空大都市。

4. 培养和引进创新型人才

第一，智慧城市的建设以及日常的运行需要巡查、维修、养护、设备升级以及后期技术指导等，特别是在信息高度传输基础上实现要素配置方面，不仅需要数据信息方面的高级专门人才，更需要兼具管理能力和高新技术创新方面的复合型人才作为城市建设以及城市运行与管理方面的组织者。人才支撑力度不够，一定程度上可引起管理失策、协调不力等各种问题，更是产业发展动力不足的关键因素。对于智慧航空城建设，其最重要的特征在于创新性，更需要创新型人才作为发展演进的重要动力之一。

第二，由于实验区相比于郑州市区较为偏远，在交通、居住环境、购物、教育、医疗等方面条件较为薄弱，相对缺乏吸引人才的明显优势。在人才战略方面应采取如下措施：

（1）基于客观的现实条件，实验区各职能部门、企事业单位，应注重对内部员工的素质提升，提高其专业技能和管理能力，并带动其他员工的能力成长。

（2）在引进人才基础上要留得住人才。提高高层次人才引进待遇，并制定高层次人才在工作时间、工作场所，以及日常管理等方面制定相对宽松的管理规章制度，提高信息交流与工作融合的机会，以最大限度地留住人才。

（3）针对实验区的实际状况以及未来发展需要，通过与当地高校，如郑州大学、河南大学等，开展协同育人项目，定向培养具有明确岗位的专业技能人才。

人才战略是一项持续工程，各岗位人员都应该不断深化岗位知识和基础工作技能，紧跟城市建设的需要，提高适应时代发展的综合素质。

参考文献

[1]胡联，许涵，彭艺璇，等. 长江经济带产业融合水平评价及空间变异分析[J]. 江苏海洋大学学报（人文社会科学版），2021，19（5）：109-121.

[2]孙月梅，翁玲玲. 智慧航空城建设的几个关键问题[J]. 中国经贸导刊，2020（5）：144-145.

[3]傅振瀚. 大数据时代的智慧城市建设与发展困局化解[J]. 智能建筑与智慧城市，2018（12）：56-57.

期刊数字化产业中的生产创新与品牌建设*

向　飒

摘要：

在期刊数字化产业转型过程中，内容产业的生产模式发生了转变，专业生产内容、用户生产内容和大数据挖掘得到了长足的发展；从传媒产业层面看，数字化的发展使得期刊电子传媒产品的生产、经营模式都发生了变化。通过以市场需求为推手，丰富产品类型，拓宽传播渠道，最大限度地整合传媒资源，做强产业链条，实现多元化、纵深化发展，最终实现规模的扩大，综合竞争力的增强。期刊的品牌建设，首先，要坚持内容为王，让内容为期刊品牌助力；其次，期刊的品牌形象要根据生产方式加以维护，在特定风格的影响下进行内容的创造和再加工；最后，制定个性化的推送，面对海量信息资源，如何订购用户感兴趣的内容，利用大数据的挖掘技术掌握用户的特点，针对具体的用户进行推送，达到最佳的传播效果，未来数字出版的发展趋势是个性化和精准度会进一步提升，期刊用户的阅读体验也需随之提升。

一、媒介融合对传统期刊的影响

数字传播技术的飞速发展，已经打破了报纸、广播、电视、杂志、网络媒体、移动媒体、通信服务等传统的行业界线，使原来出版业中各种媒体间的界限越来越模糊，媒体与其他信息资源也出现融合，相互融合的速度也越来越快，传媒媒体的传播手段日益创新、内

---

* 项目介绍：河南省软科学研究计划项目（编号：182400410246）；河南省优势特色学科平台项目（编号：2017-XWXY-015）。作者简介：向飒，女，湖南长沙人，硕士，《郑州大学学报》编辑部编审、郑州大学新闻与传播学院硕士生导师，教育部学位中心评审专家，中国科技期刊研究会学术委员会委员，河南省高校学报研究会常务理事。本文为内部资料。

容也日益形态多样化,正在重构传媒产业的业务形态和行业边界。

面对数字出版浪潮,期刊社应该意识到现代内容产业和各种媒体的融合发展是不可逆转的趋势,技术厂商、网络服务商等纷纷转向数字出版,全新的产业链运作方式为数字出版的发展注入了巨大活力。目前,期刊数字化产业链主要是期刊社、出版社、技术商、图书馆、机构用户、网络运营商、跨平台渠道、大型数据库网站等。媒介融合给出版业带来了新的发展机遇,对于出版业来说,意味着内容将会在更多的平台上发布,形成多渠道的分发通路。

电信、广播电视和出版业三大产业正在多层次、多平台、多渠道走向融合,出版业纵向的市场结构向横向市场结构裂变。信息内容、传播方式和通信服务方式发生很大变化,极大地拓展了信息通道,在文字、动漫、视频等形式上给出版带来更多机会。

大数据时代下,在全媒体转型过程中,内容产业的生产方式发生了很大转变①,伴随着生产方式的变化,传播的渠道和平台也在发生着改变,信息传播不再是大众媒体的单向传播,而是综合了多种表现方式与功能的传播,由以前的纸质传播、电视、广播等转变为了以网络为核心,搭载各类社交媒体、App 等渠道的革新,传播模式越来越丰富多样,受众的选择余地变得越来越大,交互式体验也更好。

二、期刊数字化发展的背景分析

1. 技术背景分析

技术在传统期刊数字化转型中的作用越来越重要,数字化技术不仅仅改变了传统出版及其运营模式,更多是通过技术创造新的核心价值——提供内容的集成,让传媒主体从“信息提供商”向“专业的信息服务提供商”转型。

(1)技术使得表现形式更加丰富。技术发展打破了传统的地域和媒介形态限制,促进了多种媒体的融合。和以往传统的纸质期刊相比,新媒体借助数字转换技术,通过综合运用文字、图片、音频、视频等多种手段,具有更加丰富的表现形式,实现了各种文字、数据、图像、音乐、动画、电影、视频信息的组合,具备了搜寻信息、发布信息、交流、谈话、编辑、存储、交换、放映、打印等多种功能。

(2)技术有效地扩大期刊媒介的信息传播渠道,特别是 QQ、微博、微信等新媒体技术影响越来越大,改变着原有媒介形态,扩大了市场份额,加速了传媒市场的淘汰率,拓展

① 由以前的 Web1.0 到 Web.2.0 和 Web3.0,结合 Web3.0 时代交互功能的进步,双向甚至多向的复杂内容生产模式。以前的生产方式是无用户交互的网页表现方式,网站提供给用户的内容是网站编辑进行编辑处理之后的,是网站到受众的单向行为,受众的主观能动性和创造性较小。

了信息传播渠道。

(3)技术促进了内容资源的深层次整合。利用数字技术网络技术等搭建的集成出版平台,通过数据库技术、超链接技术、关联检索技术等建立不同刊次内容信息的关联,这种资源的重新整合、再利用为用户查找信息提供了极大的便利,促进了信息流通和科学进步。

(4)技术变革了信息出版模式。2012 年我国"联讯读报 4.0"技术,将手机报刊的看、听、评、搜、存等功能一体化,实现在多平台的无纸化阅读,并支持主流移动终端(如 iPhone、iPad 等),在阅读中实现多种互动功能。

2. 受众背景分析

数字技术拉近了期刊媒介与受众之间的距离,受众与媒介能迅速有效地掌握彼此的供需结构,极大地拓展了媒介的双向互动功能①。受众需求的多样化和受众市场的细分化是数字时代营销服务的特点,传媒将市场细分以满足受众多样化的需求,受众按照自己的需要,只对喜欢的内容付费。

受众行为从获取大众信息向获取个性化信息转变。随着数字化时代的到来,受众从信息的接收者变为信息传播的参与者。之前,受众在媒体测量中充当"数字受众"的角色,是由收视率、收听率、阅读率所概括的一种量化的受众。如今,受众逐渐成为"意见受众",一定程度上反制和主导传播,变成一种主体性、个性化、主动性受众。

受众参与内容生产,分享话语权。媒介融合时代的传播模式是:用户⟷传播⟷用户。传统的传播链是单向的;媒介融合下的信息的内容传播与接收是双向的,用户既是内容的接受者,也是内容的创作者、评论者、分享者。受众可以主动地选择内容、寻找内容、订阅内容,也可以生产内容、传播信息。

受众在网络上获取信息的习惯已经形成②。网民使用手机上网的比例达99.1%。互联网改变了年轻读者的阅读习惯,很难再恢复他们传统的阅读模式。

3. 产业背景分析

新闻出版业有两种属性,也就是两种功能。一种功能是社会公共服务功能。像新华

---

① 受众越来越强调参与到内容生产过程中,并对传媒产品提出意见和服务需求,媒介产品也越来越难满足受众需求。只有不断地开发出精确满足受众需求的小众化产品,实现"精确传播",才能适应竞争的需要。

② 《中国互联网络发展状况统计报告》显示,截至 2019 年 6 月,我国网民规模达 8.54 亿,较 2018 年年底增长 2 598 万,互联网普及率达 61.2%,较 2018 年底提升 1.6 个百分点;我国手机网民规模达 8.47亿,较 2018 年年底增长 2 984 万。

社、《人民日报》、中央电视台等国家的主流媒体,首要的任务是当好党和人民的喉舌,不能按照市场竞争的方式来生存和发展。另一种功能就是要通过市场满足人们的多样化需求。只有补充更多的媒体才能满足不同人群、不同职业、不同文化修养、不同社会人们的需求,这就需要多样化的载体,通过市场化的发展以满足多样化的需求。

近年来,国家新闻出版总署相继出台了《关于进一步推进新闻出版体制改革的指导意见》《关于进一步推动新闻出版产业发展的指导意见》等文件,报刊出版体制和机制发生巨大变化,中国期刊生产力和创造力进一步解放,传播手段不断创新,图书、报纸和期刊等传统出版媒介借助现代科技升级换代,产业结构加快调整,新兴业态迅猛发展,新闻出版传播力和影响力明显增强。2014 年 8 月,中央全面深化改革委会员第四次会议审议通过了《关于推动传统媒体和新兴媒体融合发展的指导意见》。

三、期刊数字化产业中的生产创新

1. 专业生产内容模式

(1)坚持内容为王。大数据时代下,媒体环境和用户的阅读方式发生改变,用户不再局限于阅读纸质期刊,阅读的形式日益多样化。因此,培养用户的阅读习惯,需要坚持“内容为王”的原则,做精品的内容。高质量、稀缺的内容是永不过时的,内容是数字出版环境下的核心竞争力。传统期刊作为内容的生产主体也在不断地革新,做更优质、适应时代的内容。

(2)融合社交媒体。媒介融合已经成为业界共识,新媒体具有方便、及时、互动性强等特点,借助于中国知网、万方数据、微信、微博、客户端、豆瓣、知乎等平台,扩展了用户的接触面,进一步提升期刊的影响力。借助新的平台,不再是以前单一的“传者—受者”模式,而是在与用户的互动中革新内容的生产方式。

(3)挖掘品牌价值。传统期刊做有特色的内容有赖于纸质媒体的版面设计及整体的印刷风格,而随着新媒体的发展,传统期刊面临转型,为吸引用户阅读,可能推送相似的内容,导致同质化严重,用户的忠诚度下降。为此,要挖掘期刊背后的品牌价值,针对期刊的特点,明确定位、设计风格。要寻找其中的差异化,提升用户的忠诚度,通过品牌定位挖掘背后的差异化,转变生产内容的形式,使之更加适应用户的需要。

2. 多模态复合出版模式

新一代数字技术如云技术、可视化技术、区块链技术等快速渗透到出版的各个生产出版环节。整合出版数据库的内容资源,采用多媒体技术和人工智能技术来实现多模态出版,深度重构期刊形态:众多数字出版平台崛起出现,跨平台、融媒体、多模态版本、数据化和智能化成为期刊数字化出版的新方向。

3. 大数据技术生产内容模式①

(1)通过数据挖掘获取用户信息。数据挖掘将会在根本上重构传统的出版模式,形成新的出版形态和产业链。有效获取用户的信息,定制个性化需求内容。如建立在大数据基础上,通过对市场用户的信息采集、挖掘、分析整理推送相关内容,完成第一道产业链。在初步的数据挖掘中,大数据已经了解到用户的喜好,可以根据调查的数据进行相关内容的推送。并通过后台数据的总结可以实现对用户的了解,更好地推送内容。

(2)通过数据分析培养用户偏好。数据分析建立在数据挖掘的基础上,内容的生产者不仅仅是出版商,更多的是大数据的采集分析者、出版的运营者,借助大数据提升自身在内容生产和趋势预测方面的影响力。在完成第一道产业链后,继续采集分析用户的信息(如阅读习惯和偏好),培养固定用户群,为其提供个性化内容服务,根据不同用户精准化推送,根据用户的评论改良内容推送形式和文本,实现由内容产品到产品的推荐模式,形成第二道产业链。

(3)借助数据分发实现平台传播。数据分发建立在数据分析基础上,但随着互联网发展,新媒体的传播渠道日益丰富,传统出版无法满足高效、精准的信息分发,而新型内容分发平台借助本身挖掘的用户信息发展起来,通常是抓取内容,所有内容在此聚合,又分发给不同的用户。基于数据挖掘、分析和分发,完成大数据产业链生产内容的新形式,实现第三道产业链。

四、强化期刊数字化产业中的品牌建设能力

1. 整合内容品牌资源,强化资源构建的品牌化

高品质的产品是掌控未来、持续成长的永远的准则,而其价值的核心,始终是内容产品的生产和发布。

内容资源的整合是期刊数字化发展模式的关键词。传统纸质期刊内容价值的增值是单向链条进行,而要加快期刊数字化转型,必须创新内容的深加工方式,实现多层次内容加工,多级多次生成,多点多面发布,辐射式拓展价值增值渠道,打造立体多样的期刊内容增值模式。

---

① 借助于大数据技术客户端可以根据用户的浏览收集用户的阅读偏好,通过机器把关来推荐用户接收到的信息,后台根据大数据技术来分析用户定制内容,从而将智能聚合的新闻推送给用户,减少人力成本。同时通过用户对于自身设置的“标签”进一步精准定位,实现完全“私人订制”的阅读体验。

内容资源整合是要根据期刊自己的特色、受众以及作者的需求,将类型各异、格式不同的信息资源进行结构化集成和整合,实现信息的标签式品牌管理,将文、图、音频、视频全部存入数据库中,这是一种多层次、多角度的内容整合。

2. 发挥社交功能,打造门户平台的品牌化

未来的期刊定位不再仅仅是一个纸质期刊的编辑部,而是演变成为一个针对社会特定群体的服务性网站。打造一个好的品牌门户网站,最核心的关键是"数据挖掘"与"用户交互"的相互支撑。

用户交互是期刊与受众之间的意见交互、情感交流,将是期刊生存发展的生命线。期刊保持与用户、客户、社会之间保持开放与交互,在期刊门户网站中读者网络社区中发掘内容资源,通过网上投稿、微信、微博、论坛、快讯等,以及网上的用户反馈、用户调查、社区议题等,能最大限度地调动用户受众的积极性,找到读者喜欢看的信息内容、特别关注的内容方向,发现期刊的商业机会与社会价值。

利用相应的数字媒体技术对内容数据资源进行深度加工和开发,形成细粒度"碎片化"数字内容,用多媒体技术把文字、声音、图形、图像等信息加以融合,从而满足读者的个性化产品需要。作为集成了传媒产业链各个环节的期刊信息服务平台,用内容产品的创新来提供新的增值服务,完善服务功能。

品牌期刊信息服务平台应当主要包括在线采编系统、内容生产系统、复合出版系统、评价反馈系统、知识服务系统等,具有反应快速、手段先进、协同创新、规模效应等特点。

因此,品牌期刊尽量做大做强期刊内容信息服务平台,通过信息资源的分析、加工、整合,形成规模化的海量数据内容,提供给作者大量的深度关联度文献,满足用户对专业知识的个性化需求,才能快速适应期刊产业在大数据下的变革。

3. 加强新媒体合作,塑造流通渠道的品牌化

媒介技术的发展改变了内容传播渠道和产品营销的方式,大众的阅读载体不仅从传统纸质期刊向新兴媒体转移,而且数字阅读的形式正在从有线网络的在线阅读向无线网络传输的移动阅读转移,电子书、平板电脑、智能手机等移动数字化的全新终端越来越普及。

相对于传统媒体而言,移动终端更加时尚和便捷,信息储存和检索功能的先进性更加获得受众青睐。移动互联网带和新兴媒体形态来了新的发展机遇,推动了智能终端的升级换代和网页数量的大规模扩展,从传播分享向沟通服务方向发展。产业整合与跨界经营不断涌现,数字出版品牌意识不断增强。

传统媒体在和新媒体的融合过程中强化品牌意识,不仅获得原有内容现时销售的利

润，还通过网络上创新再造能力，开发期刊内容的价值延续获得利润增值，提高传统期刊市场的占有率，增强了自身的核心竞争力。

4. 深化期刊知识服务意识，强化个性化、精准化的知识服务

（1）强化品牌服务意识。用户思维要求期刊必须始终抱有强烈的品牌服务意识，不断拓展服务内容和服务渠道。期刊编辑者不仅要关注行业读者关心的问题，及时关注国内外市场新趋势、产业新动向、管理新理念，而且要围绕平台、网站、终端、数字化产品以及广告等，为受众提供多方面的超值品牌服务。期刊的服务意识要求我们必须颠覆了传统的期刊出版的概念，才能找到巨大的市场需求。

（2）个性化品牌服务。期刊个性化服务是指对细分的读者提供独特的延伸服务，给读者带来附加价值的同时，为编辑部带来较高的利润价值的活动。个体在数字化时代体现了明显的独立性和需求差异性，信息传播将由大众传播转为高度集中化的小众传播，为读者带来按需定制的个性化阅读体验，这种态势促使传统期刊业根据日益个性化的受众需求，针对细分化市场，面向各种小众化群体，为特殊人群提供各种分众化的信息定制服务。

（3）专业化品牌服务。从长远看，期刊的服务最重要的优势在于提供专业化的知识服务。信息传播渠道的丰富化以及受众的兴趣多元化导致期刊市场日益细分化和专业化。受众的多样化需求，决定了传媒业必须产生不同专业媒体与其适应，期刊的专业化服务是市场的需求。通过针对不同兴趣族群的最大程度的细分，建立起专业化服务的受众市场，这将为数字化转型后的传统期刊创造一个新的市场空间和成长领域。

五、提升河南省期刊出版产业数字化、智能化发展的路径

1. 资源路径——强化复合出版内容资源，提升品牌资源建设质量

（1）跨媒体复合生产出版一种跨平台、融媒体、多模态产品的同步生产模式，也是大数据和人工智能时代期刊数字化出版的最终路径。大规模高质量的数据是知识图谱的素材和标引的基础。数据知识采集、数据知识存储、数据知识解析、数据知识标引、数据知识组合是内容生产开发的关键知识要素。

（2）期刊内容资源的复合生产出版是期刊数字化出版的核心竞争力，期刊内容资源生产的关键是通过智能算法满足作者写作内容和读者需求内容的精准对接，从而实现满足不同读者需求的跨媒体复合出版。

因此，复合出版的关键技术就是采用XML（可扩展的标识语言）语义技术将期刊内容碎片化，将已有的期刊内容切分成多个知识单元，对知识数据进行深度标引与文本语义

分析,将海量期刊数据转化为有效的结构型数据,从而实现期刊知识的提纯、内容的关联以及资源的链接,形成元数据模型,完成对期刊信息资源进行过滤、精炼与提升,生产出多媒体产品内容出版物,实现期刊知识数据资产内容的定制与重组、自主出版。

总之,优质期刊品牌内容资源的开发和整合是通过精选对接内容资源,通过结构化、知识化、精准化的过滤、加工和提炼,打造多媒体产品服务和资讯信息服务形式。

2. 流程路径——互联网技术优化出版的流程,助推品牌期刊内容的建设

(1)选题审稿环节实现选题策划便捷化和审稿评价智能化;编辑出版环节实现编校文稿的自动化和出版高效化;生产印刷环节实现生产多元化和印刷按需化;推送发行环节实现推送高效化和发行定位精准化。

(2)通过数据采集、数据存储、数据管理、数据集分析和数据处理等大数据技术,实现从文本挖掘到智能知识图谱展现,优化了品牌期刊数字化出版的运作流程,完成品牌期刊内容的精准抓取、准确推送、细粒度的个性化服务。新的互联网技术助推期刊品牌建设,协助作者内容创作、提高写作效率;辅助出版商应对专家审稿、内容重复率检索、数据真实性识别。

(3)通过人工智能技术、大数据技术和云计算技术等实现内容的内部关联,实现生产开发的智能化,满足用户个性化需求,开发出针对专门领域的内容产品,实现期刊数字化内容和用户需求的精准匹配;借助文本挖掘技术实现内容的自动化标注,引入审稿评议软件能智能化地筛选审稿专家、识别论文的学术不端行为和抄袭行为,优化审稿决策流程,提高出版流程内部工作效率。

(4)推送发行自动系统采用智能技术和算法通过对内容数据的快速获取、存储、管理,以及对用户数据信息的深度挖掘,将内容数据、用户数据和知识需求深度融合,实现推送传播的精准化和高效化。

总之,流程的优化创新完成期刊出版各流程环节的升级转型,实现期刊出版流程的便捷化、自动化、高效化、智能化。

3. 服务路径——开发高附加值决策工具,提供品牌期刊知识服务解决方案

未来的期刊的服务工作就必须跳出传统期刊的狭隘服务概念,形成以知识服务为核心的服务模式。品牌期刊不仅要为用户提供个性化的内容服务、阅读服务、资讯信息服务以及多媒体社交化服务,而且要提供高附加值的问题解决方案。

通过大数据技术、人工智能技术来引导用户的知识服务需求,开发品牌决策分析工具和应用小程序,将内容产品出版服务、数据出版服务、资讯信息服务、问题解决方案服务变成期刊的知识出版的服务模式,从而延展品牌期刊知识服务的深度和广度,提升品

牌期刊的知识服务的质量。使得期刊数字化出版目标由原来的信息服务真正转变成为用户提供解决问题的知识服务。知识服务的发展方向是根据客户的深层次需求,对目标客户的个案需求进行分析并提供有价值的知识解决方案以帮助其决策并完成高效的服务工作。

4. 机制路径——品牌期刊资源免费开放获取,建立科研成果开放存缴制度

(1)开放数据已经成为出版业和知识产业的共识,数字传播和开放科学体系已经形成规模。开放获取政策将会改变商业出版模式和产业业态。在以市场用户为核心的服务模式下,期刊的品牌建设需要不断创新发展,提高资源利用率,开放存取(OA)也因此成为时下备受学术期刊青睐的模式。

(2)开放存取期刊是采用作者付费出版、读者免费获得、无限制使用的基于网络运作的电子期刊出版模式,开放存取模式可以提高论文的传播扩散力,进而提高期刊的影响因子,从而提高期刊的品牌建设。事实上,据不完全统计国际上已建立了120多个OA期刊网站,英国ISI(英国科学信息研究所)收录的近6000种期刊中,近90%的期刊允许作者将自己撰写的文章作为开放式电子文档进行储存。

因此,我国期刊出版行业应尽快通过数据共享建立高效便捷的开放获取科研成果的制度和开放出版支持机制,支持利用大数据技术来评价开放科研成果,支持从科研经费中支付开放出版APC(文章版面费),建立公共资金资助的科研项目成果的开放存缴制度,构建开放存缴的机构知识库。

参考文献

[1]郭寅曼,季铁,闵晓蕾. 文化大数据公共服务平台的可及性交互设计研究[J]. 艺术设计研究,2021(5):50-57.

[2]刘芳,王遵富,梁晓婷. 文化大数据与智能设计平台综述[J]. 包装工程,2021,42(14):1-8,39.

[3]周子洪,周志斌,张于扬,等. 人工智能赋能数字创意设计:进展与趋势[J]. 计算机集成制造系统,2020,26(10):2603-2614.

[4]高峰,焦阳. 基于人工智能的辅助创意设计[J]. 装饰,2019(11):34-37.

[5]向勇,白晓晴. 全程创意生产观下文创产品的设计策略研究[J]. 工业工程设计,2021,3(4):5-11.

提升河南省科技创新能力的法治化环境研究*

谷　玲

摘要：

河南积极实施创新驱动发展战略，着力提升经济发展的质量和效益，推动了"富强河南"建设，但也面临一些瓶颈和问题。注重推动科技创新平台超常规发展，配置高效的创新驱动体系，促进科技成果转化应用。需要从多方面打造配套设施，进一步优化制度环境，创新工作模式和工作机制、打造创新创业平台。本课题立足于河南科技创新能力的发展现状和行业实践，结合国际国内相关立法实践经验，指出目前科技创新能力提升过程中的具体法律风险，针对性地提出法律监管的改进意见等观点。

一、河南省科技创新能力的法治化环境现状评析

（一）河南省科技创新能力的环境要素总体情况

1. 科技创新能力

科技创新是一项复杂的系统工程，涉及多方面的社会关系，由多要素、多环节构成，包含了组织创新、管理创新、体制创新与制度创新的综合，是集合各种资源、要素的重新分解与组合。科技创新能力是相对综合的概念，科技创新能力是指企业、学校、科研机构或自然人等在某一科学技术领域具备发明创新的综合实力，包括科研人员的专业知识水平、知识结构、研发经验、研发经历、科研设备、经济势力、创新精神等七个主要因素。

---

* 项目介绍：河南省科技厅招标课题（编号：192400410330）。作者简介：谷玲，女，河南周口人，中共河南省委党校副教授，研究方向为经济法学、公私合作。本文为内部资料。

2. 河南省科技创新能力的环境现状

河南省高度重视提高科技创新能力，不断出台举措加大政策支持力度，完善创新体系，先后颁布了《河南省建设支撑型知识产权强省建设试点省实施方案》等规范性文件，特别是2016年河南省委、省政府出台了《关于贯彻落实〈国家创新驱动发展战略纲要〉的实施意见》，提出了"三步走"战略目标，安排部署了科技创新的八项战略任务。另外出台实施了《河南省深化科技体制机制改革实施方案》等8个科技创新政策文件，从而形成支持创新的政策体系。同时，河南省委、省政府出台实施了《关于加快推进郑洛新国家科技创新示范区建设的若干意见》，提出了30条具有突破性、前瞻性、实用性的政策，初步构建了有效支撑示范区发展的"1+N"政策体系。此外还出台了《关于实行以增加知识价值为导向分配政策的实施意见》等政策文件，促进科技成果的有效转化。

河南省科技创新能力发展存在的突出问题有三个：①科技创新能力的横向比较差距较大，与东部发达地区的差距呈现越拉越大之势。②创新成果的市场转化能力较弱，河南省目前在基础研究、应用研究发面的投入、所占比重较全国平均水平还有一定距离，研发水平和能力还相对弱势，对科研成果的市场转化率也有待于提高。③河南省内各地由于地区科技科技发展能力发展水平的差距，存在着不平衡性，造成了协同能力较弱，整体上削弱了河南省的综合创新能力。

（二）河南省科技创新能力提升的法治化环境要素

1. 健全法治化环境的必要性

（1）科技创新的主体活动依赖法治的保障。创新活动首先仰赖于个人自由创新的思想、权利的充分保障而能够充分发挥出的潜能，因而自由是科学研究当中最需要被尊重的品质、科研人才也应当享受社会的高度认可和尊重。因此，立法应捍卫科研主体的思想自由、科研行为的自由、表达观点的自由以及对持有作品不被侵犯的权利，综合平衡和维护好权利保护和社会效益、科研开发与经济应用的关系，均衡立法中的利益衡量，对科研活动中的无序行为进行规范和调整。

（2）科技创新活动中资源的有效配置需要法治保障。科技创新是一项复杂的系统工程，整个科技创新活动包含了复杂的过程：从创新思想、研发、成果转化等需要一系列配套有效的资源，囊括了物质资源、经济资源、金融资源、数据资源等，只有资源进行了合理化配置，科研创新活动才有可能持续地跟进。而法律就是配置资源的最为有效的方式和手段，通过法律对资源主体的设定、资源享有的权利义务规定、资源转移的流程、资源的转变等内容进行详细规定，便可以实现政府作为资源的管理调控主体和市场作为自发调配资源流向的主体,两者之间良性的互动关系,使资源在科技创新活动中能够最优地进行调配而产生最大的经济价值和经济收益,达到资源利用效益的最大化。

(3)科技创新活动的良性运行需要法治调控。科技创新的系统性、复杂性和探索性决定了它必须是一种高度组织化、规则化和程序化的活动,要求排除任意性和专断性的干扰。法律通过进一步下沉和深入社会、经济等活动当中,探寻到经济内在活动规律进而制定最有效的保障措施,就是调控科技活动行为的最规范、有力的方式。法律的执行过程就是将权利义务关系充分释放到社会行为中,并对一切不规范的行为进行强制性惩罚,对合法合规行为进行鼓励和支持,从而对科技创新活动的良性运行激发出持续性动力。

2. 科技创新法治化环境的要素构成

(1)立法环境。1982 年《中华人民共和国宪法》把发展科技确立为基本国策,全国人大及其常委会陆续制定了十几部与科技发展有关的法律规范,国务院及有关部门陆续颁布了一系列有关科技的政策法规。河南省出台了《河南省专利保护条例》《郑州市专利促进和保护条例》《洛阳市专利促进和保护条例》《河南省著名商标认定和保护办法》《河南省专利行政处罚裁量标准(试行)》等地方性法规,构建了较为完备的知识产权法律法规制度体系。

(2)执法环境。将科技创新管理体制机制进一步理顺,规范政府科技主管部门的行政执法行为,使政府职能“从目前以直接组织科技创新活动为主,转向以宏观调控、创造良好环境和条件、提供政策指导和服务、促进各组成部分间和国际间的交流与合作为主,进一步简化政府工作程序,提高政府行政效率,减少企业负担”。将政府对科技创新法律法规的执行能力纳入法治政府年终绩效考核评价准则的重要内容,同时作为对公务人员奖惩、晋升、考评的重要参考依据。

(3)司法环境。保护知识产权是激发创新最坚实的司法保障,司法作为最后一道防线发挥着主导作用。最高人民法院发布的《中国知识产权司法保护纲要(2016—2020)》,首次系统地、创新性地提出知识产权司法保护工作的基本原则、主要目标和重点措施,成为我国知识产权审判体系趋于完善、审判能力走向成熟的重要标志,为知识产权审判事业发展夯实了制度、组织、经验和理论基础,让世界更加了解知识产权司法保护的“中国智慧”和“中国经验”。

(4)法律文化环境。加强科技创新法律的宣传和教育,提高人们的科技创新法律意识,通过法律的运用能够创造的空间、环境和意识,能够充分激发人们的创造理念,整个社会中以创新的氛围鼓舞人们形成以创新为荣、尊重知识和人才、保护知识产权的良好风气。

二、提升河南省科技创新能力法治化环境遇到的突出问题

(一)河南省有关科技创新的法律制度不健全

1. 科技领域的立法能力不足

(1)立法规定内容滞后。前述关于科技领域的相关立法早已陈旧,与科学技术领域日新月异的变化和进步相比显得相当滞后了。尽管进入新世纪以来,国家也先后对部分已经滞后的法律法规进行了部分修订,但是从整体上而言,缺少与科技创新所需的法律规章制度。河南省同样也面临如此状况,已颁布的法律法规相对滞后,迫切需要重新修订。

(2)存在立法真空。就已有立法而言存在一定的法律真空、权力真空,未能对科技创新主体和运行进行有效规范。河南省目前已印发的有关企业科技创新的相关的规定,数量虽然不少,但大多数都是效力层级相对较低的法规或者政策文件,约束力和强制力都远远不够。

(3)实践操作中也会发现不同的法规之间、同一部法规的不同条文之间也可能存在相互冲突或者衔接不顺畅的情形,这些问题都造成了在适用规则时的不确定性。

(4)立法技术滞后,内容不健全、不完善。立法内容缺乏创新性、前瞻性,许多规定自立法之时就已经显得滞后了,有些规定概括性、原则性过强造成了法律实践性差,激励与约束规制机制的不健全,影响了科技法律的实施效果。

2. 制度设计的前瞻性、创新性不足

相比较于社会改革领域中的改革与创新行为而言,科技领域的创新活动更加具有超前性、探索性,科技创新法律制度必须及时地跟进科技发展的脚步,不仅仅是追踪、紧跟,也必须做到适时性超前,将未来一个阶段性可以预计的、目标性的任务提前设计规划,用可能引发的未来变化作为调控当前正在进行的科技行为,这样在调控的重点、内容、方式和方法方面就会有持续更新的思路,法律自身天然的滞后性特点也才会更好地被回避,其引导、规范、教育等事先价值和作用才能发挥出来。

(二)河南省科技创新能力的法治化程度不高

1. 现有科技创新资源分配不均衡

河南各地市之间创新能力不一,难以形成创新的协同性、关联性。但从单个指标来看,科技投入较大的地市创新后劲较足;有的地市各类总量指标较低,但是经济社会发展

的人均水平和效益较高。

(1)对成本与效益的评估不足。科技创新的成果主要应用于经济发展领域,对创新投入成本和收益进行立法的技术性分析势在必行。在制定科技法律法规政策之前,必须科学衡量和界定科技创新成本与效益的法律定义,通过对成本—效益的经济分析,选择最有效率与引用价值的路径和方法。

(2)对保密和公开的衡量应充分评估和理性选择。知识产权制度是构建对知识产权权利人的保护,但是如果保护的过多过细难免会造成对科技公开促进社会经济发展的制约,需要在两者之间做到动态的平衡和选择。

2. 科技管理体制的制度化机制不健全

(1)政府的科技创新平台机制发育尚需加强,在一定程度上存在着政府的监管、服务职能发挥不到位的现象。

(2)技术创新体系不完善,中介服务体系不健全,对科技发展的监测、预警和评估机制不健全。

(三)科技法律的执行力不够

1. 执法行为"虚置化"现象严重

近年来河南省知识产权纠纷案件呈迅猛上升趋势,各类知识产权行政执法办案量呈现逐年连续增长。行政执法力量地区分布严重不均,执法方式方法有待更新,人员资金严重不足,执法力量不够等问题较为突出。科技立法被"虚置化"的现象严重,"科技法如何被实施"成为制约科技法治建设的"老大难"问题。同时,新兴技术和互联网技术的飞速发展使得行政机关在执法过程中面临无法可依的困境,规定的模糊不清使得执法行为缺乏法定的尺度和标杆,实务操作中各种新型案件层出不穷,给执法带来较大难题。

2. 科技执法体制面临改革

(1)执法分散化现象严重,协作能力不足。由于知识产权行为涉及部门众多,在具体的执法行为中难免交叉、重复或者拖延等不可避免。

(2)执法机构权责设置不够合理,影响了执法公平和效率。

(3)执法程序和标准缺乏统一的标准。现行法律对知识产权的执法规范、程序和标准没有明确的规定,实践中执法部门往往依据部门规定、有关政策理解或者参照一般的行政执法行为进行操作,实施中出现各自为政的乱象。

(四)知识产权案件审判的影响力不高

1. 科技类案件审判的“技术性”有待加强

2018 年 3 月,河南省挂牌成立了首个知识产权审判专门机构——郑州知识产权法庭,但是仍面临深化司法改革,面对新型、重大知识产权案件裁判难度增大等难题,难免出现案件判决尺度不一、地区之间犯罪打击力度不均衡、处罚力度难以把握等问题。

2. 对知识产权保护的司法力度不够

(1)案件取证困难且诉讼时间过长。由于知识产权是一种无形的智力成果,很难找到有形的证据材料去证实,特别是处在研发过程中的阶段性产品更难。权利人也很难证明自己的损失和损失程度,这就导致案件审理起来举证艰难,时间难免拖沓不决。

(2)对胜诉一方的赔偿标准过低,达不到诉讼的目的。我国现行知识产权保护的有关法律规定,对当事人的损害赔偿标准是补偿性原则,侵权行为人仅仅只是对受害人权利受到损害的实际有形价值进行赔偿,即使通过法院的诉讼也很难达到其受到损害的全部价值。这样的判决就不能有效地打击和遏制侵权行为的发生。

(3)缺乏统一的审理标准。“恶意侵犯”和“情节严重”是我国惩罚赔偿适用的前提,但是相关法律却未明确规定适用标准,给司法中的运用造成极大的困难。

(4)新型疑难复杂知识产权纠纷案件审理困难,对市场主体新型竞争手段的研究不足。

三、提升河南省科技创新能力法治化环境的具体建议

(一)建设以促进科技创新为核心的法治体系

1. 尽快出台适用于科技创新的基本法

在整合现有法律法规的基础上,将有关科技创新法律法规中的基础性、重要性规则进行整合、创新和优化,明确规定政府、科技主管部门以及相关部门的职责权限、科技创新的中长期计划、科技创新资源的配置方式和原则以及途径、科技创新主体的组织和活动原则以及权利和义务等重要内容。进一步完善相关法律体系,增强可操作性,形成体系完备、操作性强、效用放大的统一的科技创新法律体系。

2. 完善与科技创新能力相关的法律法规体系

(1)增强科技创新法律的价值导向。目前,各类地方性法规是我国为数最多的法律

渊源,将创新的精神、自由的氛围、创业的环境等价值理念进一步融入法律法规和政策体系中,政府主管部门配合同步采用各种措施增强科技创新的社会氛围。

(2)加强对科技创新现有法律的修改、解释和完善工作,逐步构建出体系完整、内容科学、设计超前的科技法律有机整体。河南省人大常委会机关应统筹省内立法,确保省内在知识产权方面的法律、法规的协调一致,同时做好对接国家法律法规的进一步细化和应用解释。

(3)加快制定与科技创新工作相关配套的法律法规。在加大对科技创新的财政支持、税收减免、权益保护、风险体系等方面提供更多的资金补给、技术支持和政策扶持,优先保护生物技术、材料技术、信息技术等高新技术行业的发展。

(二)把握好科技战略、法律和政策三位一体的关系

1.培育科技创新政策与科技创新能力之间的互动关系

(1)注重政策的整体性。政府以及科技行政主管部门应在制定科技政策使统筹兼顾,同时把握好政府在宏观调控、指引规划方面的职能,将整个科技创新活动的流程全部纳入规划中。

(2)注重政策的连续性。政府以及科技行政主管部门出台的科技政策应当保持一致性、连续性,充分考虑未来科技战略实施的步骤和举措,保证政策的前后衔接,在科技研发领域带动更多的企业或者团队持续性地跟进项目,力保科技研发攻关项目的稳定性。

(3)注重政策的动态性。河南省内各地区的科技创新能力不一致,在各地市之间也可以建立协同性交流、学习和分享平台,通过在政策和科技创新效能之间打通互动关系,构建科技创新政策和创新能力动态平衡机制。

2.培育兼具科技、管理水平的复合型高素质法治人才

在人才培养机制方面要继续下大功夫,加强法律专业技术人员开展知识产权业务培训,增强专业技术人员权利保护意识的主动性、积极性,对知识产权案件的预防、处理、调解水平不断提升。同时,加大与高校人才培养合作的力度,把知识产权教育纳入教育课程之中,培养兼具科技知识、法律知识的专业人才。

(三)提高科技法律政策的执行力

1.构建立法与执法的良性互动关系

科技领域的立法之后必须考虑法律的实施和执行问题,运用系统、全面、联系方法整合政策与法律的转化与对接,增加执法与司法的运用反馈,将立法与执法效果、效果反

馈、回溯追踪机制作为改进立法的重要依据，为立法进一步增强执法效率产生综合性效果，谋求科技创新全面的、平稳的可持续发展。在出台新的法律法规后，应及时明确相关制度实施的细则、流程与相关配套规则的完善，注重建立法律实施的反馈机制。

2. 更新执法理念

（1）从科技管理向科技服务理念的转变。持续深化科技体制改革和开放式创新，激发创新创造的活力动力。以河南省的郑洛新国家级自主创新示范区为例，“科技区划”也需要如经济区划那样重新考量，做到更加“去行政化”，凸显机构的服务性，科技执法从管理向服务转变。

（2）从政府主导向市场主导转变。政府将民营资本的力量充分调动起来，充分发挥市场的主导权，营造更好的营商环境，将民营企业家更多的发展思路定位于科技研发、技术攻关和创新创业的能力方面，是未来几年河南省在科技研发的关键突破口。

（3）建立科技执法的数据化信息共享平台，促进科技信息公开和共享。建立、完善科技报告制度和科技成果信息系统，向社会公布科技项目实施情况以及科技成果和相关知识产权信息，提供科技成果信息查询、筛选等公益服务。进一步在科技报告制度、成果信息系统建立、科技成果信息采集、加工与信息公开服务等方面细化规定，确保能够实现在全省范围内的信息共享。

（四）提高知识产权案件审判的影响力

1. 探索创立省内统一的“知识产权司法标准”，积极发挥司法示范引领作用

进一步更新知识产权审判理念，充分认识中央《关于知识产权审判领域改革创新若干问题的意见》对知识产权审判提出的新任务，以及创新型省份建设对知识产权审判提出的新需求，对知识产权创新的主体权利实行严格保护、对转化成果的保护要注重营造公平竞争的良好环境。

河南省高级人民法院已经筹建全省知识产权审判智库，聘请行业专家、学者协助法院审判解决技术调查、咨询、鉴定等专业问题，建立符合知识产权特点的专业化审判机制，推进技术调查、技术咨询、技术鉴定、专家陪审的技术事实、查明体系有效运转，建立符合知识产权案件特点的专业调解机制。此外，要构建和完善司法机关和行政机关、相关中介组织之间的交流沟通机制，合力解决技术事实认定难问题。进一步加强行政保护和司法保护的衔接，统一侵权认定标准，形成知识产权保护合力。

2. 加强知识产权司法保护，探索适用惩罚性赔偿

最新修订的《商标法》就加大了恶意侵犯商标专用权的惩罚性赔偿数额，民法典侵权

责任二审稿也明定了知识产权保护的惩罚性赔偿责任,扩大了其适用范围。表明了立法机关日益重视惩罚性赔偿制度的设计和应用,为了更好地约束任意侵权行为必须严惩侵权人,保护受害人的利益。

要牢固树立“保护知识产权就是保护创新”的审判理念,依法公正高效审理每一起知识产权纠纷案件。坚持全面赔偿原则,在确定赔偿数额时,综合考虑侵权故意、侵权行为持续时间、侵权获利等因素,逐步提高民事侵权赔偿数额,并探索实行惩罚性赔偿,让侵权人付出足够的代价。为了使惩罚性赔偿制度在河南省的知识产权案件司法审判中取得较好的效果,必须结合河南省的实际情况,区别具体案件具体对待,法官在充分考量具体的影响情节,在建立明确的裁判标准时让法官拥有适当的自由裁量权。另外,还需要不断优化案件审理机制、诉讼裁决机制、事前预防机制以及失信惩戒机制等相关规定,才能使司法保护的效果真正落到实处。

参考文献

[1]谷玲. 创新驱动发展背景下优化科技创新能力的法治化环境[J]. 河南司法警官职业学院学报,2020,18(2):48-51.

[2]谭波. 创新驱动战略下地方科技体制的法治保障研究:以河南省为例[J]. 晋中学院学报,2019,36(4):50-58,69.

[3]潘冬晓,吴杨. 美国科技创新制度安排的历史演进及经验启示:基于国家创新系统理论的视角[J]. 北京工业大学学报(社会科学版),2019,19(3):87-93.

[4]黄磊,延婷,杨晟颢. 新时代高校素质教育实践路径探析[J]. 北京教育(高教),2019(6):46-48.

营商环境优化与 FDI 区位选择*

——基于从严反腐的准自然实验

马凌远　尤　航

摘要：

反腐败对于营造良好的营商环境，进而推动经济持续健康发展尤为重要。本文利用党的十八大后的从严反腐政策构造准自然实验，基于政策对不同城市营商环境冲击的异质性评估了反腐败对城市 FDI 区位选择的影响。研究发现，反腐政策显著提升了城市 FDI 的流入，这一结论在考虑了假设检验和相关干扰因素后依然成立。影响机制检验表明，反腐败营造的良好营商环境，能够通过改善政商关系、提高要素市场发育水平、完善产权保护机制进而影响 FDI 的区位分布。研究结论为持续从严反腐，营造良好的营商环境，进而强化 FDI 进入的区位优势，提供了理论与经验支持。

一、引言

20 世纪 90 年代以来特别是加入世界贸易组织（WTO）后，外商直接投资（FDI）已成为中国经济发展的重要推动力量。据《世界投资报告 2019》显示，2018 年中国实际利用 FDI 位于全球第 2 位，连续 28 年位居发展中国家之首。然而，在 FDI 流量和存量不断攀升的同时，近年来其增速放缓的问题却日渐凸显。当前，中国经济发展正面临内外双重困境，如人口红利逐渐消退、资源和环境约束加大、“逆全球化”思潮与贸易保护主义倾向

---

* 项目介绍：河南省软科学研究计划项目（编号：202400410077）；河南省高等学校重点科研项目（编号：20A790030）；2021 年度郑州航空工业管理学院研究生教育创新计划基金项目（编号：2021CX17）。作者简介：马凌远，男，辽宁营口人，博士，郑州航空工业管理学院副教授，研究方向为国际贸易理论。尤航，男，硕士，研究方向为区域经济研究。本文原载《郑州航空工业管理学院学报》2021 年第 4 期第 39 卷。

抬头等问题大大削弱了中国对 FDI 的吸引力。FDI 增速的放缓,既不符合党中央全面开放新格局的战略要求,也将会对我国经济的“创新驱动”、高质量发展造成制约。因此,现阶段如何保障和促进 FDI 持续平稳增长已经成为我国决策层和学术界关注的焦点问题。

习近平总书记在 2018 年亚洲博鳌论坛开幕式上指出:“中国吸引外资过去主要靠优惠政策,现在更多要靠改善投资环境。”中国吸引外资的内部环境发生了变化,营造更富吸引力的营商环境将是保障 FDI 持续平稳增长的关键举措。以优惠政策吸引 FDI 曾作为地方政府的主要手段,但其政策的制定存在较大的弹性空间,且过程监管很难落实到位,这些因素易导致腐败频发;营造优良的营商环境同样可以吸引 FDI,但这一举措并非针对特定群体,而是最大限度地挤压了官员的设租空间(宋林霖、何成祥,2019)。党的十八大以来,反腐败显著提高了官员的设租成本,政府为此可以营造积极的营商环境以吸引 FDI 的流入。相关数据显示,我国在 2003—2012 年间,因腐败问题共查处政府官员和国有企业的副厅级以上干部 300 人,而在党的十八大召开后的 2013 年就查处腐败高官 186 人,2014 年更是高达 380 人之多(党力等,2015),足见党中央从严反腐的力度和决心。

那么,从严反腐是否通过改善营商环境进而促进了 FDI 的流入呢?已有研究鲜有涉及。从笔者掌握的文献来看,仅高远(2010)、周灵灵(2015)就我国反腐败政策对 FDI 的影响进行了检验,但他们的研究主要聚焦党的十八大以前的反腐,而党的十八大后我国的反腐力度加大,影响更为明显。此外,他们的研究并未就内生性问题作出很好的处理,而党的十八大的从严反腐为此提供了一个很好的准自然实验。基于此,本文将深入探究在我国吸引外资内外部条件发生变化的背景下,反腐败是否对外商直接投资产生影响?异质性的营商环境是否对不同城市的政策效应存在显著性的差异?其主要是通过何种机制实现的?

本研究的边际贡献在于:①以往文献主要关注腐败对外商直接投资的影响,本文实证考察党的十八大后从严反腐对外商直接投资的影响,是对已有研究的拓展。②以往实证研究主要聚焦于宏观层面,利用国家或省级层面的数据分析反腐对外商直接投资的影响,鲜有对中观城市层面的研究。本文基于中国 286 个地级市数据,考察反腐对 FDI 的影响,是对已有研究的补充和完善。③如何处理好内生性问题是实证研究的关键。本文将党的十八大后的高压反腐政策作为一项“准自然实验”,采用广义双重差分方法(Difference-in-Difference)评估反腐败对外商直接投资的政策效应,这在很大程度上降低了由内生性问题所导致的回归偏误。

二、文献回顾与研究假说

随着跨国公司全球经营战略的实施，东道国制度环境中的腐败因素引起学术界广泛关注。纵观已有文献，腐败对FDI影响的观点大致分为两类：一是腐败与FDI正相关，腐败充当FDI的“援助之手”；二是腐败与FDI负相关，腐败充当FDI的“掠夺之手”。

一方面，“援助之手”论认为，腐败为外国投资者提供了利用东道国制度缺陷的机会，进而有利于吸引外资流入。Egger、Winner（2005）发现跨国公司主要通过谋求政治关联以获取在东道国经营的便利性，并指出腐败促进FDI流入。且在随后的研究中发现，腐败对FDI的促进作用随着时间的推移而减弱（Egger、Winner，2006）。廖显春、夏恩龙（2015）的研究发现，地方政府倾向于降低社会福利权重，从而增加腐败并导致盲目招商引资与恶性竞争，即东道国腐败程度越深，FDI流入越多。

另一方面，“掠夺之手”论认为，腐败影响外商投资者对东道国经营风险的判断，由此增加的不确定性抑制了FDI。Habib、Zurawicki（2001）基于111个国家1994—1998年的面板数据的实证研究发现，腐败对外资企业和本土企业投资皆产生负面影响，因本土企业在自己的地盘更谙于应对腐败，所以腐败对外资的负面影响相对较大。魏尚进（1997）基于跨国面板数据，同样得到腐败抑制FDI的结论。

腐败对FDI影响的相关研究已取得大量成果，但研究反腐败对FDI影响的文献却相对有限。Busse（1996）较早探讨了反腐败与FDI的关系，认为反腐败可以通过改善投资环境进而吸引FDI。高远（2010）是国内首个研究反腐败对FDI影响的学者，他认为反腐败与FDI正相关。周灵灵（2015）基于中国1998—2013年省级面板数据，提出了反腐败与FDI的U型关系假说。通过梳理已有的文献，发现研究者大多认为反腐败对FDI流入有促进作用。

优惠政策和优化营商环境是政府吸引FDI的两个重要手段。一方面，针对竞争激烈的国际市场，政府需要提供优惠政策吸引FDI。另一方面，为进一步激发市场蕴藏的活力，政府必须营造积极的营商环境。地方政府要在两种手段之间作出权衡，更依赖于哪种手段取决于两种方式的相对成本。

相比较而言，打造优良的营商环境同样是为了吸引FDI，能最大限度地挤压寻租空间（宋林霖、何成祥，2019）。可见，营造积极的营商环境更具备现实可行性。此外，FDI具有较高的沉没成本，使得FDI对制度环境的不确定性非常敏感（张中元，2013）。党的十八大以零容忍的态度坚持反腐败斗争，体现了党和国家对营造良好制度环境的决心，这样的政治环境可以有效降低不确定性给外商投资企业带来的经营风险和损失。例如，腐败会导致一些企业获得优先进入市场的机会,由此会产生垄断行为,而反腐败有助于打破垄断和减少寻租(高远,2010)。

进一步,反腐败为市场营造了良好的经营环境,但这一政策对不同城市的影响是不同的。相比较而言,营商环境好的城市在行政审批、市场进入等方面具备明显优势,同样的反腐政策在这些城市更多地扮演“锦上添花”的角色,边际效应较小。而营商环境差的城市可能存在更多设租的机会,反腐政策对这些城市更可能是“雪中送炭”,政策效果更明显。对此,本研究提出:反腐败有利于吸引 FDI,且政策效应在营商环境较差的城市更明显。

营商环境涵盖了政务环境、市场环境、法治环境等一系列影响市场主体经营活动的外部因素,这些因素直接影响着引进外资数量的多寡。

首先,从政商关系角度看,企业的日常运营依赖政府提供的服务,这将导致跨国公司面临行政上的约束(Aidt,2009)。比如企业申办营业执照、获取经营许可等,这些经营环节无不需要管理部门的层层审批,而对审批速度的把握为官员创立了寻租空间。腐败规制减少了行政壁垒的出现(聂辉华、李琛,2017),跨国公司减少了建立游说机制和寻求政治关联的费用支出,有助于降低外商投资企业的制度性交易成本(Busse、Hefeker,2007),进而增强东道国对 FDI 的吸引力。

其次,在要素市场方面,自 1994 年分税制改革以来,地方官员展开了以 GDP 为核心的政绩考核的“晋升锦标赛”(周黎安,2007)。在这样的背景下,地方政府普遍存在对要素禀赋分配权、定价权、管制权的控制,使生产要素的价格与其价值相背离。要素市场扭曲表现为资源配置的低效率,也体现在恶劣的投资环境。如地方政府给予大型国有企业更多的政策支持,效率低下的国有企业却拥有要素的优先索取权,体现出我国要素市场的扭曲(卢峰、姚洋,2004;靳来群等,2015)。反腐败切断了官商之间的利益输送链条,减少了政府在要素市场的错配行为,进而提高要素市场的发育水平以吸引 FDI。

最后,东道国是否有完善的知识产权保护体系是外商投资者考虑的重要指标之一(Javorcik,2004)。由于知识产权具有易被复制和盗用的特征,在知识产权保护水平较低的国家或地区,外资企业面临较高的知识产权侵犯风险,为维护知识产权所需投入的诉讼成本也更高。而反腐败挤压了知识产权保护中可能存在的设租空间,如授权许可、专利申请和产权维护等行政审批事项。进一步地,地区知识产权保护水平的提高有利于制度比较优势的形成,增加了竞争者的侵权成本、减少技术的溢出、保障外资企业的利润,由此强化了吸引外资企业进入的区位优势。基于此,本研究提出:反腐败可以通过改善政商关系、提高要素市场发育水平、完善产权保护机制吸引外商直接投资。

三、结论与政策建议

积极利用外资是加速我国经济高质量发展的有效途径。本研究将党的十八大后的从严反腐政策作为一项新时代的长期重要政治任务,采用双重差分法评估营商环境优化对我国 FDI 流入的影响。研究发现:反腐败能显著促进外商直接投资增长,这一结论在识别双重差分假设检验和控制相关干扰因素后依旧成立。影响机制发现,反腐通过改善政商关系、提高要素市场发育水平、完善产权保护机制吸引外商直接投资。以上研究结论具有如下政策启示:

(1)即使在“优惠政策”的推动下,某一城市的 FDI 可能出现快速增长,但这种情形终究不是“长远之计”,最终只会导致地方政府招商引资的“逐底竞赛”,腐败频发,使得 FDI 发展后劲不足。因此,应进一步加大反腐倡廉力度,完善市场机制并推动公平竞争,防范行政机构的设租行为,降低外资企业的制度性交易成本和经营环境的不确定性,营造有利于各类市场主体公平竞争的外部环境。

(2)部分城市因营商环境恶劣而阻碍了 FDI 流入。从各国长期发展经验来看,持续优化营商环境、建立新型政商关系等完善市场经济的举措,对于转型经济体尤为重要。具体来讲,以政商关系为核心的营商环境建设,主要应体现在“清白”和“亲近”。前者指政府要处理好与企业的关系,与其交往要制度化、透明化,用制度规范和约束权力,后者是指政府应合理地听取和采纳企业的建议,进一步转变职能,对公职人员不作为、慢作为、乱作为等现象依法惩治。

参考文献

[1]宋林霖,何成祥.从招商引资至优化营商环境:地方政府经济职能履行方式的重大转向[J].上海行政学院学报,2019,20(6):100-109.

[2]娄成武,张国勇.治理视阈下的营商环境:内在逻辑与构建思路[J].辽宁大学学报(哲学社会科学版),2018,46(2):59-65,177.

[3]娄成武,张国勇.基于市场主体主观感知的营商环境评估框架构建:兼评世界银行营商环境评估模式[J].当代经济管理,2018,40(6):60-68.

[4]江静.制度、营商环境与服务业发展:来自世界银行《全球营商环境报告》的证据[J].学海,2017(1):176-183.

新时代乡村产业振兴的战略取向、实践问题与应对*

安晓明

摘要:

乡村振兴是新时代解决我国社会主要矛盾和应对世界百年未有之大变局的必然要求,而乡村产业振兴是乡村全面振兴的物质基础。乡村产业振兴要“三位一体”构建乡村产业国内国际双循环发展新格局:通过多元化、特色化、绿色化、共享化、数字化和优质化推进乡村产业自身现代化;以要素配置市场化促进一、二、三产业和城乡产业融合发展,构建现代化产业体系;更好利用国际国内两个市场、两种资源,在满足国内消费需求,尤其是保障国家粮食安全的基础上进一步融入全球产业体系。同时,要充分发挥农民的主体作用,发展壮大农村集体经济,以共享发展促进共同富裕。目前,在一些地区的乡村产业振兴实践中存在目标认识单一、目标设置短视、项目选择低质化和同质化等问题,产业振兴的软硬环境也有待完善。应正确把握乡村产业振兴的战略取向,目标设置要多元化并兼顾长短期,项目选择要因地制宜并坚持生态优先和利农惠农优先,通过基础设施提质、创业支持、服务优化等积极营造良好的乡村产业振兴环境。

一、引言

世界处于百年未有之大变局,中国特色社会主义建设进入新时代,我国社会主要矛盾转化为人民日益增长的美好生活需要和不平衡不充分的发展之间的矛盾。在全面建设社会主义现代化国家的新征程中,要抓住世界大变局的机遇,应对世界大变局的挑战,

---

* 项目介绍:河南省软科学研究计划项目(编号:212400410129)。作者简介:安晓明,女,湖南新化人,博士,河南省社会科学院副研究员,硕士生导师,研究方向为区域经济、农村经济。本文原载《西部论坛》2020 年第 6 期第 30 卷。

必须解决好社会主要矛盾。当前,我国发展不平衡不充分问题在乡村最为突出,实施乡村振兴战略,是解决人民日益增长的美好生活需要和不平衡不充分的发展之间矛盾的必然要求。乡村振兴,产业兴旺是重点。我国是一个农业大国,尽管近年来农村经济社会快速发展,但是农业农村发展整体上仍然相对滞后,且内部发展不平衡问题日益凸显;与此同时,城乡间要素双向流动越来越频繁,城乡融合发展不断深化。产业发展不但是农业农村发展的物质基础,而且是城乡要素流动和经济交往的动力和载体。因此,乡村产业振兴是乡村全面振兴的物质基础,也是乡村振兴的根本动力。推动乡村产业振兴,是解决我国农业农村发展不平衡不充分问题,促进城乡融合发展的需要,有利于重构乡村产业体系,有利于助推乡村全面振兴,有利于促进城乡、区域协调发展和社会和谐稳定,进而推动经济高质量发展。

自党的十九大提出乡村振兴战略以来,各地在乡村产业振兴实践中进行了多方面的有益探索,学界也对乡村产业振兴的理论和实践进行了大量研究,取得了丰硕的研究成果。但是,总的来说,学界对乡村产业振兴的研究还处于早期探索阶段,对于乡村产业振兴的战略取向还没有形成系统性的认识。笔者认为,明确乡村产业振兴的战略取向是有效推动乡村产业振兴的前提,有必要在科学认识乡村产业振兴的目标取向和主体取向的基础上,进一步探究系统化的乡村产业振兴路径取向,进而为乡村产业振兴的实践提供理论指导和政策参考。同时,虽然各地在乡村产业振兴的探索和实践中取得了一定的成效,但还面临诸多现实难题,具体的项目实施也可能与战略取向存在一定的偏离,而目前学界在这方面的研究还比较少见。对此,本文在已有研究成果的基础上,进一步系统化阐述乡村产业振兴的战略取向,并针对笔者在课题调研过程中发现的乡村产业振兴实践中存在的若干问题,提出更好地推进乡村产业振兴的几点建议。

二、乡村产业振兴的战略取向

简单地讲,战略取向就是由什么行为主体通过怎样的路径实现怎样的目标。从实践行动来看,路径取向是战略取向的核心,但战略路径又是由行为主体和战略目标决定的。因此,明确乡村产业振兴的战略取向,就是在科学认识其战略目标和行为主体的基础上进行路径选择。

1. 乡村产业振兴的目标取向:“三位一体”构建乡村产业发展新格局

乡村产业振兴的目标是多元化的,可以从不同的维度进行分析。在开放条件下,乡村产业的发展不是孤立的,不但与城市产业发展紧密联系并共同构成国家整体的产业体系,而且与国外产业发展相关联并成为世界产业体系的有机组成。因此,乡村产业振兴

具有三个维度的目标取向:

(1)从自身发展来看,要实现乡村产业现代化,为乡村全面振兴提供新动能和物质基础。目前,我国乡村产业现代化水平总体上低于城市产业,尤其是农业的规模化和集约化程度还较低。加快推进乡村产业现代化,必须抓住新一轮科技革命和产业变革的历史机遇,不但要利用先进的网络技术、数字技术、智能化技术等提高市场效率和产品质量,还要通过一、二、三产业融合发展和新产业新业态新模式对传统乡村产业体系进行现代化改造。

(2)从城乡关系来看,要实现城乡产业融合发展,加快构建现代化产业体系。现代化产业体系不但要求各产业自身现代化,而且要求各产业之间相互联系、互动发展,形体一个全面发展、整体协同、良性循环的产业体系。目前,我国乡村产业发展水平落后于城市产业,而且长期的二元经济结构导致城乡间的要素流动和经济交往还存在一些障碍。因此,乡村产业振兴需要城市产业的带动,需要通过要素配置市场化促进城乡资源的双向流动,进而建成城乡一体的现代化产业体系。

(3)从国际经济交往来看,要在满足国内消费的需求基础上进一步融入全球产业体系,形成国内国际双循环新发展格局,为世界经济发展做出积极贡献。面对世界百年未有之大变局,党中央审时度势,提出要构建"以国内大循环为主体、国内国际双循环相互促进的新发展格局"。乡村产业振兴也应立足新发展阶段,贯彻新发展理念,构建新发展格局。乡村产业振兴要在满足国内需求,尤其是保障国家粮食安全的基础上,扩大对外开放,积极融入全球产业链和供应链,提升价值链,培育核心竞争优势,形成国内国际双循环新发展格局。

总之,乡村产业振兴要通过乡村产业自身的现代化驱动乡村全面振兴,要通过一、二、三产业融合发展和城乡产业融合发展加快构建现代化产业体系,要在满足国内消费需求的基础上进一步融入全球产业体系,"三位一体"促进乡村产业国内国际双循环发展新格局的形成。

2. 乡村产业振兴的主体取向:充分发挥农民主体作用,发展壮大农村集体经济

乡村产业振兴的主体也是多元化的,包括政府、企业、集体经济组织、社会组织和农民等,需要调动各方面的积极性,协同推进乡村产业振兴。产业发展直接的实践主体是劳动者及其为完成生产经营活动而形成的组织,而我国是社会主义国家,实现共同富裕是社会主义的本质要求。因此,在乡村产业振兴中,必须坚持人民主体地位,也就是要充分发挥农民的主体作用,让农民成为乡村振兴的主力军,并让农民共享发展成果,最终实现共同富裕。在推动乡村产业振兴的过程中,农民应实实在在地获得利益,农民真正受

益才能实现乡村全面振兴，乡村产业也只有植根于当地群众中才能保持旺盛的生命力。尤其是在打赢脱贫攻坚战后，农民贫困风险依然存在，乡村产业发展依然要依靠农民、造福农民，让农民成为乡村产业振兴的实践主体和受益主体。

在乡村产业振兴中，发展壮大农村集体经济是体现农民主体地位、发挥农民主体作用最为有效的方式。这里并不是要否定其他经济形式在乡村产业振兴中的重要作用，而是强调发展集体经济在有效组织农民、激发农民积极性、增加农民收入等方面具有独特优势。我国乡村的自然资源大多属于农村集体，这为发展壮大集体经济提供了基础和条件，要通过组织创新把农民有效组织起来，提高规模化组织化程度。无论是发展村级集体经济，还是发展专业合作社和推动行业自律，农民的主体地位都应得到充分的体现。一方面，要深化农村集体产权制度改革，确立农民产权主体地位，调动农民生产经营积极性；另一方面，要建立起农民与乡村产业之间的合理有效的利益联结机制，通过品牌塑造、龙头企业带动、发展集体经济等方式，把小农户与现代农业发展有机衔接起来，激发农民参与乡村产业发展的主人翁精神，并促进农民收入增长及其自身的现代化发展。

3. 乡村产业振兴的路径取向："六化"推进产业现代化

从构建国际国内双循环发展新格局来看，乡村产业振兴要更好地利用国际国内两个市场、两种资源：既要立足国内市场，以保障国家粮食安全为重点，"藏粮于地、藏粮于技、藏粮于民"，通过供给侧结构性改革满足国内人民日益增长的美好生活需要；也要面向国际市场，扩大对外开放，融入全球产业体系，在促进自身产业链、供应链和价值链优化升级的同时满足国际市场需求。从加快构建现代化产业体系来看，一、二、三产业融合发展和城乡产业融合发展都需要完善社会主义市场经济体制，通过市场化配置促进要素资源流动，实现产业间的协同和产业链的整合，进而形成先进的、协调的、可持续的、自我净化的现代化产业体系。从乡村产业自身的现代化来看，要通过多元化、特色化、绿色化、共享化、数字化和优质化（本文统称为"六化"）等实现乡村产业生产方式、经营模式和产业体系的现代化。乡村产业现代化是构建现代化产业体系和国内国际双循环发展新格局的基础，也是乡村产业振兴实践直接面对的问题。

三、乡村产业振兴实践中存在的若干问题与应对

从目前各地的乡村产业振兴实践来看，一些地区的实践探索与乡村产业振兴的战略取向还存在一定的偏离，主要表现在目标设置出现偏差、项目选择不尽合理、产业振兴环境有待完善等方面。在进一步推动乡村产业振兴的具体实践中，需要正确把握乡村产业振兴的战略取向，合理设置产业振兴目标，科学选择产业振兴项目，积极营造良好的产业

振兴环境,以促进乡村产业振兴的顺利实施和高质量实现。

(一)目标设置的偏差与合理化

目前一些地方对于乡村产业振兴的目标设置存在偏差,主要表现在两个方面:

(1)对乡村产业振兴目标的认识单一,没有兼顾产业发展目标和农民致富目标。乡村产业振兴需要植根于乡村,以农民为主体,要确保农业、农村、农民受益,才能实现真正的乡村产业振兴。因此,乡村产业振兴不能局限于某种产业的兴起,更不能只是小部分人受益,而应当充分尊重乡村产业发展的规律和特点,充分保证农民在其中的主体地位。如果只是外来企业家或新型农业经营主体受益,而农民利益却被边缘化,这不是真正的乡村产业振兴。一些地方实践中,就产业谈产业,没有把带动农民的发展和致富这个因素考虑进去,导致乡村产业振兴实践的目标出现了偏差,也会导致乡村产业振兴难以长久。笔者在调研中就发现,有一些地方倾向于选择某种产业打造一两个典型,而典型的背后是大量的投入和补贴,面上工程也比较好看,常常成为被参观的"盆景"。但是,实际上只是看着热闹,对于农民和农村的长远发展并没有太大的价值。并且一旦脱离这种高投入高补贴的模式,这些产业将很难实现自我发展。如某地发展高端民宿,前期打造出了一些较好的样板房,吸引了不少人去参观;但由于远离大城市,高昂的住宿价格使游客望而却步,难以带动周边的消费,不仅当地农户受益不大,而且部分民宿已经处于荒废状态。

(2)对乡村产业振兴目标的设置短视,没有统筹长期目标和近期目标。乡村产业振兴中的产业发展应是长期的、可持续的,而非短期的繁荣兴盛。但是目前一些地方偏重于短期的效果,忽视长期的考量和设计,急于求成,很可能透支乡村产业发展的未来。如笔者调研的某地,有企业家回乡创业,在当地政府的劝说下建了一个近千亩的软籽石榴基地;虽然软籽石榴价值较高不愁销路,市场前景比较理想,但是这一片区域有被水淹的隐患,从自然地理条件来看,并不适合种植软籽石榴。由于有政府的鼓励和支持,企业家种上了软籽石榴,并在前期能得到一定的财政补贴;但是后续的发展存在较大风险,一旦遇上水淹,企业家和参与农户都将面临严重的损失。

设置合理的乡村产业振兴目标至关重要,直接决定着乡村产业振兴的成效。虽然各个地方的实际情况不同,但在乡村产业振兴的目标设置上均应进行多元化考虑,并兼顾长短期目标。

一是目标设置多元化。从乡村产业振兴的战略取向来看,乡村产业发展应当多元化、特色化、绿色化、共享化、数字化和优质化,并体现农民主体地位,因此,乡村产业振兴的目标设置应该尽可能地考虑多元性。必须确保产业发展是绿色的、可持续的,是具有当地特色的，是能促进乡村经济多元协调发展的，是能有效带动农民增收的，同时还应充分发挥当地优势，充分尊重乡村特点和乡村固有价值；必须确保目标设置既有利于当地产业的长期发展，又有利于充分发挥农民的主体作用，能充分带动当地的就业。当然，对于一个具体的项目，设置的目标并非越多越好，应当根据实际情况选定两三个目标，并分清目标的主次和优先级别。从实际操作来看，可以先确定一个主目标，然后围绕这个主目标确定子目标。比如，以某一产业发展为主目标，子目标可以设置为带动周边农户就业、改善当地生态环境，或者是提高当地交通通达程度、促进乡风文明建设和社会治理等。

二是目标设置兼顾长短期。乡村产业振兴不是一蹴而就的，需要经过长期的努力才能实现。因此，在目标设置上要考虑目标的长期性，同时兼顾近期目标。在目标设计中，应具备战略性眼光、前瞻性视角和全局性高度，在确定长期目标后再确定阶段性目标，确保既能在短期内看到显著效果，又能促进长期目标的实现。各地应当根据当地实际情况，遵循乡村产业振兴的战略取向，在充分论证的基础上，做好乡村产业振兴规划，在规划中明确乡村产业振兴的长远目标和分阶段目标，如乡村产业振兴的远景蓝图和五年、十年规划等。在此基础上，通过规划引导乡村产业振兴实践，激发乡村产业发展活力，推动乡村产业振兴的顺利实现。

（二）项目选择的偏差与优化

产业振兴依托于各种具体的产业项目，产业项目一旦实施，将对原有产业格局产生重要影响。如果产业项目选择不合理，将对乡村产业发展带来负面的、消极的影响。目前，一些地区的产业项目选择存在不合理，主要表现在两个方面：

（1）产业基础薄弱导致的项目选择低质化。乡村产业振兴要走提质增效的道路，实现产业高质量发展。但是目前我国乡村产业发展普遍存在层次低、规模小、布局散的现象，产业领域大多集中在传统农业、基础农业、乡村旅游以及技术含量较低的工业，产业布局较窄，且往往处于产业链低端。由于产业基础薄弱，在谋划产业振兴项目时，容易陷入定势思维，满足于在原有产业基础上的规模扩大及粗放式开发。在农业领域的项目，可能只是农业生产规模的扩大，但生产方式未出现明显进步，不能满足发展现代化农业、建设现代化农村的需求，还占用了大量农村资源；在乡村旅游业方面的项目也大多比较粗放，品位不高，缺乏对当地旅游资源的深度精度挖掘、开发和整合，不仅造成了资源浪费，也制约了乡村旅游业的发展；在工业领域的项目，创办的企业大多技术含量偏低，生产效率较低，产品质量和附加值也不高。

（2）盲目跟风导致的项目选择同质化。乡村产业振兴要因地制宜，坚持特色化发展。

各个乡村所拥有的自然生态环境、人文地理、社会资源、产业基础都各不相同,因此,每个乡村的产业项目选择都应当具有特色。但是,目前来看,由于一些乡村产业振兴项目的成功经验被大力宣传和推广,而其他地区可能并不清楚自己的乡村是否适合采用这些模式,或者说他们并没有找到适合自己的产业项目,导致其简单模仿成功地区的经验模式,造成产业项目的盲目跟风。这些跟风项目不仅缺乏当地特色,难以体现乡村的固有价值,无法适应市场的多样化需求,产业发展后续动力不足,还带来项目的雷同和同质化竞争,不利于从整体上提升乡村产业发展水平。产业项目是推动乡村产业振兴的实践载体,项目选择要坚持高质量发展的要求,遵循产业发展规律和市场规律,注重规划引导,发挥乡村优势,不断提高产业项目的含金量。

1)项目选择要因地制宜。乡村产业振兴的项目选择要坚持因地制宜的原则,充分利用乡村的固有价值和优势。首先,乡村产业振兴项目选择要结合当地资源禀赋和产业特色,要依托当地的自然和人文资源优势,发展具有地方特色的、附加值高的、带动效应强的产业项目。其次,乡村产业振兴项目选择也要契合当地的发展规划,选择的产业项目应当符合地方规划的功能性要求,并能与现有产业联动发展,形成集群效应。最后,乡村产业振兴项目选择要与农村贫困治理、返乡创业等重大乡村发展事业相结合,鼓励新型农业经营主体、返乡创业者等积极发展种养殖业、农产品精深加工、创意农业、仓储物流、农村电商、民宿康养等产业项目。

2)项目选择要坚持生态优先。要遵循乡村产业绿色发展的战略取向,坚持生态优先的原则选择乡村产业振兴项目。一方面,要严格落实项目环境评价与监测制度,严格执行项目环评标准,确保产业项目不对当地的生态环境产生负面影响,保持乡村产业发展的绿色属性。另一方面,要注重保持地方生态面貌的完整性,项目选择要建立在对当地整体生态环境的保护上,要注重维护农村民居的地域性和乡村山水林田湖草生态系统的完整性,不破坏乡村原有的自然风貌和固有价值,所选项目最好能与原有的乡村生态风貌融为一体,共生互动。

3)项目选择要坚持利农惠农优先。农民是乡村产业振兴的实践主体,也应是受益主体。因此,项目选择要坚持利农惠农的原则,充分调动农民发展生产的积极性,让农民在产业项目中受益。首先,乡村产业振兴项目要有效增加农村就业和农民收入,通过发展产业项目,为当地老百姓提供更多的就业岗位和物质福祉,提高农民的收入水平。其次,乡村产业振兴项目要和当地的相关经济主体建立深度合作关系,积极寻求利益互惠点,在获得多方支持的同时实现共享发展。最后,乡村产业振兴项目选择要充分调动农民的主动性、积极性,要充分尊重和听取农民群众的意见和建议,保障农民群众的话语权;同时,也要积极促进农民接受新思想,拓宽农民眼界,提高农民技能,增强农民自我发展和参与乡村产业振兴项目的能力。

（三）发展环境的不足与完善

良好的产业发展环境是乡村产业振兴的必备条件，但目前一些地方的乡村产业振兴环境无论在硬件上还是软件上都有待完善，需要积极营造契合乡村产业振兴战略取向的良好环境。

一些地区乡村产业振兴所需的配套基础设施和功能不健全，或者与产业振兴的需求不相匹配。由于我国城镇化的快速推进，大多数资源偏向大城市，小城镇基础设施相对薄弱，综合承载能力弱，城镇功能配套不完善，城镇布局不合理。而在农村，基础设施建设更是滞后，配套设施也不完善。一些地区的农田水利、农村公路、冷库、宽带等基础设施建设无法满足乡村产业发展提质增效的需求；一些地区的农村物流体系尚未构建起来，从田间地头到消费者之间的物联网络还没有打通。因此，无论是发展地区性的传统农业项目、小规模商贸和服务型产业项目，还是发展具有高度外部关联性的原料导向型及市场导向型产业项目，不匹配的基础设施条件都是影响乡村产业成长的重要因素，要在这样的发展环境中推动乡村产业振兴，无疑会面临很多障碍。

一些地区乡村产业振兴的软环境也有待提升，或者与产业振兴的战略取向不相匹配。一方面，创业文化落后，缺乏自主创业文化氛围，导致推动乡村产业振兴的主动性不强。当地农户以及返乡下乡创业群体是乡村产业振兴的实践主体，而我国农耕文化中小富即安、乐于满足的传统小农思想在一些地区仍然存在，农民创业的主动性和积极性不强，很多产业项目都是政府在主导和推动。这在早期的乡村产业振兴实践中是不可避免的，但是随着产业的发展，政府的作用应该更多地转为服务和宏观指导，企业、新型农业经营主体、农户等市场。主体则应成为乡村产业振兴的主导和推动主体，需要由他们来积极主动地推动乡村产业的发展。否则，产业发展就缺乏内生动力，未来发展空间将受到极大限制。另一方面，政府在乡村产业振兴中的作用也有待完善。①公共管理服务水平和环境有待提升。一些地方行政职能部门分割、多头管理仍然存在，审批程序繁杂，大大加重了创业者的负担，并且越落后的地区这种情况往往越严重。②创业企业“办事难”“负担重”等问题仍然存在。调研发现，返乡下乡创业企业在乡村产业振兴中占据重要地位，但是由于政府部门和社会各界对返乡创业认识不足，存在扶持政策滞后、流于形式、难以落实等问题。③政府不恰当干预经济的现象仍然存在。由于信息不对称容易导致产业项目选择困难，有些地方政府出于政绩考虑或者主观善意，利用自身的信息优势，通过行政手段推动乡村项目的选择和产业的发展。但是，政府并不是万能的，这种违反市场规律的行政干预，必然存在一定的弊端，也成为实践中一些项目搁浅的直接原因。

乡村产业振兴离不开良好环境的支持。在推动乡村产业振兴的过程中,除了要在产业上下功夫,还要在产业之外下功夫。要创新乡村产业管理方式,培育主动创业氛围,完善农村基础设施和公共服务体系,积极营造契合乡村产业振兴战略取向的良好环境。

(1)加快农村基础设施建设,提升设施质量和配套能力。政府应加大财政向"三农"倾斜的力度,加快农村交通、水利、电力、生态环境等基础设施建设,提升农村发展的综合承载能力,为乡村产业振兴创造良好的物质条件。要大力完善乡村网络建设,实现农村网络全覆盖,加强通信、宽带、冷库等基础设施建设,积极构建农村现代物流体系,促进农产品"上网",推动乡村产业发展走上提质增效的道路。积极推动县域范围内科技、教育、文化、卫生、体育等事业的发展,优化城镇功能布局,提升县域综合城镇能力,为当地农户和返乡下乡的创业能人营造良好的生活环境,提升他们在乡村产业振兴中的主体地位和积极性。同时,通过基础设施的完善和配套能力的提升,吸引资本和人才下乡,促进乡村产业振兴。

(2)营造主动创业氛围,大力支持乡村创业。①要营造有利于创业的舆论环境。积极开展创业政策的宣传推介,充分利用报纸、杂志、电视、广播、网络以及微博、微信等媒体大力宣传创业文化,尤其要宣传那些创业成功者的典型事迹,扩大示范效应,营造一个大力支持创业的舆论环境,提升当地农户和返乡能人的创业意愿,引导和带动更多的创业主体积极主动地投身到乡村产业振兴中来。②要树立创业典型,建立创业能人信息数据库,挖掘致富能手。榜样的力量是无穷的,特别是身边的榜样更有说服力。通过树立典型的方式,以榜样的力量增强创业群体的创业信心,引导他们投身乡村这片创新创业的沃土,辐射带动周边更多的农户就业创业,为当地乡村产业的繁荣发展注入新的动力。③要提供更好的农村创业服务,培养更多的农村创业人才。

(3)优化公共服务体系,为乡村产业振兴提供优质服务和配套支持。①要建立乡村产业振兴项目信息平台。在省—市—县各层级建立乡村产业振兴项目库,打造信息共享的乡村产业振兴项目交流平台,及时发布产业发展和项目推进信息,促进区域间产业合作和信息共享,避免产业雷同和正面撞车,推动乡村产业的特色化、多元化发展。②要借助各类综合平台,推广"互联网+政务服务"。建立乡村产业振兴项目绿色通道,为乡村产业振兴项目提供优质、高效、便捷的网上政务服务。持续探索更加有效的服务模式,开通政策咨询、市场信息等公共服务通道,为乡村产业振兴项目提供高效便捷的政务服务和社保、医疗等相关配套服务,促进乡村产业发展的提质增效。

参考文献

[1]祁迎夏,刘艳丽.整合与重建:西部乡村生态振兴的新轨迹[J].西安财经大学学报,

2020,33(3):46-52.

[2]何磊.新时代乡村振兴战略的主攻方向与实践要求:学习习近平关于乡村振兴战略重要论述[J].中国延安干部学院学报,2019,12(3):11-16.

[3]郭险峰,严涵.对比视角下的中国乡村振兴战略理论认知与实践路径[J].四川行政学院学报,2018(3):81-86.

[4]杨丹.乡村振兴战略视阈下的农民合作社:定位、作用和发展路径[J].中国农民合作社,2018(1):49.

红色文化与河南革命老区乡村振兴融合发展研究*

张新勤

摘要:

河南革命老区拥有丰富的红色文化资源,但多数革命老区地处偏远,其经济社会发展相对落后。红色文化与河南革命老区乡村振兴融合发展中存在红色文化资源缺乏深度挖掘、红色文化的认知存在代际差异、红色文化的传播形式同质化、红色文化资源开发人才缺乏等问题。以红色文化资源合理有效开发为契机,因地制宜,发展特色产业,打造特色品牌,推进一、二、三产业融合发展,延长红色文化资源产业链,实现河南革命老区高质量跨越式发展。

河南作为华夏文明的主要发源地,拥有深厚的历史文化底蕴。河南人民在长期的革命斗争中形成了光荣的革命传统,红色基因代代相传,在河南革命老区这片沃土上创造了具有河南本土特色的红色文化。改革开放后,虽然河南省经济发展速度较快,但多数革命老区地处偏远,经济社会发展相对落后。习近平总书记于 2019 年 9 月 16 日在河南考察调研时首先来到位于大别山革命老区的信阳市新县。习近平总书记说:“吃水不忘掘井人。我们绝不能忘记革命先烈,绝不能忘记老区人民,要把革命老区建设得更好,让老区人民过上更好生活。”河南革命老区拥有丰富的红色文化资源,如何发挥红色文化的引领作用,推动河南革命老区乡村振兴是一项非常紧迫而重要的任务。

一、红色文化内涵及主要表现形式

学术界关于红色文化概念与内涵的界定至今尚未形成共识和定论,主要有两种观

* 项目介绍:河南省软科学研究计划项目(编号:202400410127)。作者简介:张新勤,女,河南驻马店人,博士,黄淮学院经济与管理学院讲师,研究方向为思想政治教育、公共政策分析。本文原载《河南农业》2021 年第 12 期。

点:第一种观点认为红色文化是中国共产党领导人民在革命战争年代创造的文化;第二种观点认为红色文化是中国共产党带领人民在革命、建设和改革开放过程中创造的文化。第一种观点强调了红色文化具有革命的属性,忽略了红色文化随时代的发展而变化。本研究比较认同第二种观点,认为红色文化是不断发展变化的,不同时代具有不同的时代特征。

河南红色文化是中国共产党领导河南人民在革命、建设、改革过程中形成的具有河南本土特色的物质和精神文化总和,是马克思主义理论与河南人民革命斗争实践相结合的产物。河南红色文化主要有两种表现形式:红色物质文化和红色精神文化。

1. 红色物质文化

红色物质文化主要包括历史遗址、英雄故居和革命纪念场所等,历史遗址见证重要历史事件的发生,在革命战争年代保留并传承下来,具有极其重要的历史纪念意义;英雄故居是为缅怀在革命斗争作出重要贡献的英雄人物,对其曾经居住地方进行修建;革命纪念场所是为纪念某个历史事件或者具有重大影响力、做出卓越贡献的人物而建造一些场所,供后人瞻仰缅怀。

2. 红色精神文化

习近平总书记于2019年9月在河南考察时指出,鄂豫皖苏区根据地是我们党的重要建党基地,焦裕禄精神、红旗渠精神、大别山精神等都是我们党的宝贵精神财富。

在革命战争年代,河南这片热土上孕育了杨靖宇、彭雪枫、许世友等革命先烈,新时期又涌现了"全国农村支部书记的榜样"史来贺、"全国乡镇党委书记的榜样"吴金印、"全国十大女杰"刘志华、"最美村干部"裴春亮等先进模范。新时期的河南红色文化精神体现着坚定的理想信念、艰苦奋斗的优良作风、实事求是的宝贵品质、无私奉献的高尚情操、与时俱进的精神追求,是对革命年代红色文化的传承和发扬。

二、红色文化与河南革命老区乡村振兴融合发展中存在的问题

1. 红色文化缺乏深度挖掘

调研过程中发现,部分革命老区对当地红色文化史料缺乏深入研究,停留在比较浅的层次,尚未将红色文化精神内涵渗透到革命老区人民日常思想行为中,还未成为实施乡村振兴战略的精神动力。多数红色景区的纪念馆较重视红色革命遗物陈列、图片的展览,形式不够丰富,缺乏震撼力,主要因为缺乏对红色精神深层次挖掘,互动与体验项目较少,难以与参观者形成思想上的震撼与共鸣。当前河南革命老区都在开发红色旅游景点,将乡村振兴战略与将红色文化、区域经济融合发展,爱国主义教育与革命老区红色文

化相结合,虽然取得了一些成效,但在红色文化的宣传上具有商业化的包装,缺乏对红色文化资源的深层次的开发。只注重红色文化资源短期的经济价值,尚未较好地理解红色文化精神的内涵,其重要的育人功能未能充分发挥。

2. 红色文化的认知存在代际差异

经历过革命年代的老一辈人对红色文化的认识极其深刻,对于他们来说具有不同寻常的意义。随着社会经济的不断发展,人民生活水平不断提升,年轻一代在物质以及精神领域的追求与经历过革命年代的前辈存在较大的差别。通过访谈 100 位河南革命老区(驻马店)的大学生对河南红色文化的认知得知,2/3 以上的学生整体上对河南红色文化只是有所了解,非常了解家乡红色文化的学生比例不足 4%。在问及对自己家乡的革命事迹了解程度时,非常了解的学生比例不足 6%,七成学生表示有所了解。对 20 世纪五六十年代出生的革命老区村民进行访谈发现,对当地红色文化非常清晰了解的比例超过六成,并且可以说出当时发生的革命历史及具体的英雄事迹。由此可以看出,代际之间对红色文化的认知及传承存在较大的差异。90 年代以后出生的孩子对红色文化的认识较少,甚至对自己家乡的一些历史事迹都不甚至了解,他们认为战争年代的红色文化故事离他们的生活太遥远,对此也不感兴趣,与出生于 20 世纪五六十年代的长辈们在思想上产生较大代沟。革命老区红色文化研究与传承中出现了断代现象,红色文化研究的学者以较年长者居多,青年研究者较少。

3. 红色文化的传播形式同质化

近年来,河南省委、省政府投入一定的人力物力大力发展红色旅游,也形成了一些红色文化品牌,但绝大多数红色文化资料只是作为旅游景点进行开发,呈现出很强的趋同现象,只是对革命时期文化精神进行简单解读和物质遗址的简单修复。在调研中发现,革命老区的红色文化传播形式多采用课堂教学展示、讲解员带领参观红色景区等形式,各景区讲解员讲解水平参差不齐,讲解略显枯燥,缺乏一定的趣味性。部分革命历史纪念馆通过 VR(虚拟现实)等高科技元素来传播河南红色文化,取得了良好的效果,但是,多数革命老区缺乏这些高科技元素,红色文化的传播仅仅局限于红色景区的开发与宣传,传播模式较单一。特别是河南省内经济发展落后的革命老区,对红色文化资源开发的投入资金不足,主要用于对文物、遗迹的保护与修葺上。

4. 红色文化资源开发人才缺乏

在调研中发现,河南红色文化资源管理与开发人才缺乏,主要表现在三方面。①党史研究方面人才,对当地革命历史及革命精神进行研究的专家和学者不足,导致对本土红色文化资源未能进行科学合理的开发。②综合型人才。由于缺乏经营与管理的综合型人才，红色文化产业缺乏系统、长远的规划与设计，影响了当地红色文化产品的开发及产业化。③红色旅游专业人才。目前，多数红色旅游景点专业人才匮乏，再加上红色景区的讲解员对当地历史文化了解不深，对红色文化的内涵和精神无法深刻理解与把握，影响了红色文化的传播与普及。正是由于革命老区人才政策与创业政策不完善，人才培育机制不健全，对人才的吸引力不强，未能解决革命老区人才外流现象，导致革命老区红色文化人才缺乏，成为革命老区的乡村振兴发展的主要的瓶颈因素。

三、红色文化与河南革命老区乡村振兴融合发展的路径

1. 挖掘红色文化内涵以提升乡风文明

河南红色文化涵盖了我国革命、建设、改革开放的各个时期，数量多、分布广、影响大。据 2015 年出版的《河南省革命遗址通览》统计，仅新民主主义革命时期，河南省内党的重要历史事件和重要机构旧址、重要历史人物活动纪念地、革命领导人故居、烈士墓和纪念设施等遗址就有 2 606 处。在乡村振兴战略实施过程中，以红色文化引领乡风文明建设，引导革命老区基层党员干部学习党史，弘扬优良革命传统，深入开展红色文化宣传教育，激发革命老区人民的爱国热情，培育良好家风、民风，构建良好的乡风文明氛围，激励革命老区人民为美好生活而努力奋斗。

(1)深入挖掘河南红色文化的内涵，充分发挥红色文化的育人功能与价值，以河南红色文化思想去引领革命老区人民的价值观，让革命老区人民在开发红色文化资源的同时传承优秀的红色文化精神，激励更多的有志青年回乡创业，积极投身到革命老区经济社会建设中，助推革命老区经济社会发展。

(2)将河南红色精神文化的内涵融入革命老区人民的日常生活行为规范中，如信阳田铺大塆将红色文化与家风家训家教相结合，弘扬孝道文化，营造民主友爱的家庭氛围，将红色文化与职业道德相结合，树立奉献社会、爱岗敬业的职业观，将红色文化与旅游观光、度假修养、体育健身相结合，培育民众积极健康的生活方式，取得良好效果。

将红色精神融入传统节日庆祝活动中，不断丰富革命老区人民的精神文化生活，唤醒革命老区人民的文化自觉，提升革命老区人民的精神面貌，推动革命老区呈现文明乡风、良好家风和淳朴民风的革命老区乡村新风尚，不断提升革命老区的乡风文明建设的效果。

(3)在红色文化资源开发过程中，深度挖掘革命老区的革命遗迹遗址、珍贵文物以及可歌可泣的烈士事迹等蕴含的红色精神，创作更多反映河南本土红色文化的优秀特色艺术作品，讲好河南红色故事，用普通大众容易接受的方式提升民众的参与感、交流感、体

验感、趣味性,寓教于乐,让人们在愉悦氛围中得到精神的洗礼,革命老区在丰富与繁荣群众文化生活的同时提升本土红色文化的影响力,使河南红色文化更加深入人心,为革命老区的乡村振兴提供持续的精神动力和智力支持。

2. 拓展红色文化传播模式以增强文化自信

针对河南红色文化传播模式单一、同质化的现象,各革命老区应结合当地情况采用多种方式与手段拓展红色文化的传播模式。

(1)加强地方革命史研究,广泛收集与当地革命有关的文献书籍、手稿、图片、口述史等相关资料,通过数字化信息处理技术对红色文化资源进行整合,构建红色文化资源数字化数据库,不断完善数据库平台,利用现代虚拟仿真技术,将开发和整理的文化资源在网上供民众随时查阅。建立一个实物资源的目录、介绍和指导体系,帮助民众了解文化实物资源,实现虚拟与现实资源的全方位推介。

(2)各个革命老区可因地制宜对当地红色故居、旧居、遗迹、遗址等进行合理的修缮与维护,尽可能使其恢复原有的容貌,利用5G、VR和云等现代高科技手段创设历史情境,生动再现不同历史阶段发生的历史事件,以数字化技术提升教育效果,让参观者沉浸在当时的历史发展情景中,更加深刻体验当时的历史场景,充分激发参观者的爱国主义热情,使红色文化传承更加深入人心。

(3)借助互联网新技术,创新红色文化资源传播模式,可以通过微信公众号、官方微博、红色教育App和抖音、快手短视频等形式定期免费组织革命老区人民接受红色传统教育,陶冶他们的情操,同时,定期更新红色文化官网、公众号或红色教育App等,大力宣传当地红色文化资源中富有教育意义的典型人物事迹和故事,与民众随时保持互动交流,创新红色文化传播模式,提高革命老区人民对当地红色文化的认同感及自豪感,增强革命老区人民的文化自信。

3. 发展红色文化产业以促进产业兴旺

产业兴旺是乡村振兴的重要组成部分,发展产业是推动乡村产业兴旺的有效途径。革命老区拥有丰富的红色文化资源,将革命老区旅游文化作为切入点进行红色文化传承,整合各种红色元素,为乡村振兴提供丰厚的红色文化基础。习近平在河南新县考察时指出,依托丰富的红色文化资源和绿色生态资源发展乡村旅游,搞活了农村经济,是振兴乡村的好做法。

(1)大力开发革命老区红色文化资源,传承革命老区红色文化精神,以红色旅游为依托,通过开展多种形式的活动,让游客全程参与进行亲身体验,形成吃、住、行、游、娱、购的红色文化产业链。优化红色产业结构,推动一、二、三产业融合发展,可有效解决革命老区人民的就业问题，增加革命老区人民的收入，带动革命老区的经济发展。

（2）红色产业建设在遵循因地制宜原则的基础上，充分利用本地优势资源，发展特色红色产业，加强革命老区红色文旅融合，打造特色品牌，树立品牌效应，提升红色故事的传播力度、广度和深度，在潜移默化中影响和教育民众。强化特色产品的加工销售，做好市场供求关系预测与判断，做到不盲目跟风，发展具有区域特色创意红色产品，延伸红色文化产业链，提升红色文化价值链中的各项活动价值，进而提高产品附加值。

（3）开发红色体验线路，为党员干部开展党性教育。如大别山干部学院开发了“走读大别山”红色体验线路，将散落在大别山的红色革命旧址串起来，让参观者在感知、体验红色文化中接受思想洗礼，这一线路带动了新县、罗山县等地经济的发展。

4. 加强人才队伍建设以推进老区振兴

弘扬和传承红色文化，实现革命老区乡村振兴，人才是关键。

（1）制定合理的人才政策与创业政策，为投身于革命老区建设的人才提供施展才能的机遇和平台，为在革命老区创业的人才提供资金方面的支持，培养、吸引、留住文化传媒、党史、大数据云计算、旅游管理和法律等专业的优秀人才，鼓励广大学子特别是生于革命老区的大学生，回报家乡，将自己所学知识积极运用到革命老区建设中来，推动革命老区乡村振兴。

（2）大力支持革命老区人民传承红色文化，对于弘扬革命老区的红色文化、在革命老区治理工作中做出突出贡献的人员进行奖励和表彰，充分调动各类人才的参与革命老区建设的热情，为推动革命老区可持续发展提供源源不断的创新活力和发展动力。

（3）培育革命老区的乡贤，如老干部、老党员、教师、革命英雄及致富带头人等，利用他们在当地较高的威望将革命老区的人民凝聚在一起，齐心协力推进革命老区乡村振兴。

习近平总书记强调，要坚持扶贫同扶志相结合，注重激发贫困地区和贫困群众脱贫致富的内在动力，注重提高贫困地区和贫困群众的自我发展能力。充分利用革命老区红色文化资源，以红色精神为引领，因地制宜，推动一、二、三产业融合发展，延长红色文化资源产业链，推进革命老区实现高质量发展。

参考文献

[1]孙伟. 红色文化与乡村振兴的契合机制与实践路径：以新县田铺大塆为分析样本[J]. 河南社会科学，2020，28（7）：99-104.

[2]田大治. 河南红色文化融入高校思想政治教育创新研究[J]. 行政科学论坛，2020

(8):58-61.

[3]曹鸣岐.论河南省红色文化整体影响力提升对策[J].河南牧业经济学院学报,2019,32(6):47-51.

[4]彭梦圆,李鲁卿.革命老区乡村振兴的持续性力量:有效开发红色资源:以湖南省汝城县为例[J].中国商论,2021(23):190-192.

河南省科技支撑乡村振兴存在的主要问题与对策*

张祝平　刘卫星

摘要：

乡村振兴战略是在新时代发展理念的引领下，建设美丽乡村和推进城乡发展一体化的重大实践探索。河南省在科技支撑乡村振兴方面存在的主要问题为：农业科技创新机制有待进一步完善；乡村基层科技人才流失和人才缺乏现象并存；农民科技创新意识仍然较为薄弱；农村经济发展滞后与基础设施建设滞后。针对这些问题，应强化科技特派员队伍建设，以科技助力河南农业品牌建设，加大涉农新媒体的推广普及力度，加大对科技兴农的资金投入等。

一、河南省推动科技支撑乡村振兴工作的意义

1. 科技是乡村振兴战略的有力支撑

党的十九大报告首次将乡村振兴战略作为国家战略提出，并指出农业农村农民问题是关系国计民生的根本性问题，必须把“三农”问题摆在重要位置。随后，习近平总书记在全国乡村振兴战略实施大会上强调，各地区、各部门必须充分理解实施乡村振兴战略的意义，优先实施乡村振兴战略，坚持抓好乡村振兴工作，让乡村振兴成为全党和全社会的共同行动。科技工作者有条件、有义务、有能力参与乡村振兴战略，科技创新已成为助推乡村振兴战略的主要力量。中共中央、国务院颁布实施的《乡村振兴战略规划（2018—

---

* 项目介绍：河南省软科学研究计划项目（编号：202400410004）；河南省科技智库重点调研课题（编号：HNKJZK-2021-06A）。作者简介：张祝平，男，河南滑县人，中共河南省委党校科技文化教研部教授，研究方向为科技创新、农村经济；刘卫星，男，博士，河南省科技厅科研平台服务中心工作人员，研究方向为科技创新政策。本文原载《黄河科技学院学报》2021 年第 10 期第 23 卷。

2022 年)》明确指出,“要以科技创新引领和支撑乡村振兴”,并将“强化农业科技支撑”作为一个重要章节单独提出,详细指出了“提升农业科技创新水平、打造农业科技创新平台基地、加快农业科技成果转化应用”等一系列指导性意见。

科学技术是第一生产力。一个地区的技术创新水平在很大程度上决定了该地区经济和社会发展的基本面貌。抓好科技创新,加强科技支持,抓好科技支撑乡村振兴的整体发展,对于河南省这一传统农业大省而言尤为关键。全面实施乡村振兴战略,坚持农业和农村发展的重点,从根本上解决农业发展、农村富裕、农民致富面临的问题,要在农业和农村地区实现“产业兴旺、生态宜居、乡风文明、治理有效和生活富裕”的一般要求,需要坚实的科技创新作为支撑。

虽然河南省作为新兴经济大省和工业大省的现实地位已经基本确立,但传统农业大省的状况并未根本改变。目前农村人口占河南总人口的 59.43%,河南肩负着中国“大粮仓”的使命,肩负着维护国家粮食安全的政治责任。虽然河南农业取得了长足的发展,但仍存在着一系列问题,如规模大而不强、优质高端农产品供应不足、农业深层次矛盾突出等。在“优”字上做文章,在“特”字上下功夫,在“精”字上求创新,不断推动农业供给侧结构性改革深入开展,加快培育农业农村发展新动能是河南亟待解决的问题,也是河南全面实施乡村振兴战略的必然要求。乡村振兴战略的全面实施迫切需要强有力的科技创新作为支撑,河南一贯高度重视科技对“三农”工作的推动作用,对科技支撑乡村振兴作出了一系列具体部署。河南省政府工作报告指出,要“加强农业科技创新,在生物育种、农业智能装备等领域突破一批关键共性技术,强化农业技术推广和成果转化”。《中共河南省委、河南省人民政府关于推进乡村振兴战略的实施意见》明确指出:“坚持以科技兴业,加强农业科技创新,加快农业技术转移和成果转化”;“建设现代农业产业园、农业科技园”;“运用现代科技和管理手段,将乡村生态优势转化为发展生态经济的优势”;“大力发展文化、科技、旅游、生态等乡村特色行业”;“支持各类社会力量广泛参与农业科技推广,探索公益性和经营性农技推广融合发展,允许农技人员通过提供增值服务合理取酬”。

推动河南农业全面升级、农村全面进步、农民全面发展,离不开现代科技的有力支撑。贯彻落实全国、全省实施乡村振兴战略工作会议精神,抓好高质量推动乡村振兴战略实施,助推中原更加出彩,离不开科技创新的引领和支撑。加强科技支撑河南乡村振兴的研究,对于河南走出一条以科技支撑乡村振兴、以乡村振兴助力科技发展的新路子具有重要价值。

2. 科技创新有利于推动农村新业态的聚集

(1)科技创新为乡村振兴中僵化的产业模式提供新的方向。科技的快速更新模式深度挖掘地方农业产业的附加价值，促进地方农业种植业、养殖业、旅游业等相关产业与乡村现代化建设的有机融合。农业与科技创新的全方位融合能够成功将传统的农业生产模式转化为现代化农业发展方式。科技与农业的一体化发展，能够有效地防止农业产业发展的“边际效益递减”趋势，也就是防止当地农业缺乏活力而导致效益逐步下降，科技支撑乡村振兴是农业发展稳中求进的最好办法。科技创新也在很大程度上丰富和激发了农村的产业潜力，充分利用大数据、物联网等现代信息技术，催生“互联网+农业电子商务”“互联网+农产品安全”“互联网+农村金融”等新业态的形成，扩大并延伸农业产业链条，更新农村产业体系，促进乡村振兴。

(2)农村科技创新项目的发展能够有效促进贫困户脱贫致富。科技被广泛用于农村的生产生活之中，能够有效改善农村居民的生活条件，有利于乡村基础设施的修建，提高乡村资源的利用效率，在当地居民享受传统农业利益的同时也增加了二、三产业的经济收入。例如在可发展科技创新项目的乡村地区，农民可以成为股东，不管是自营还是政府统一规划经营，居民都能在发展农业的基础上多一份经济收入；发展科技创新项目时，当地居民一部分可以直接参与建设，一部分可以在项目投产后就近找到工作，进一步促进科技创新项目的完成。科技支撑乡村振兴战略的实施可以增强当地居民的就业能力，使当地居民有更多的就业选择，实现收入增长。由此可见，科技创新助力乡村振兴战略不仅可以推动当地农村科技的快速发展，而且可以促进农户增收，加速脱贫，促进乡村振兴。

(3)科技支撑乡村振兴模式的实施能吸引农民工和青年大学生返乡创业就业、城镇劳动者下乡创业就业。科技创新项目的建设可以促进一部分人下乡创业，当地居民也更愿意留在自己的家乡，投入家乡的建设，因此能够有效保留乡村人力、财力、物力，汇聚乡村人力资源，让更多的人投入乡村建设，从而更好地实现乡村振兴。科技成果转化项目的发展需要聚集设计规划、项目建设、“互联网+”、市场营销等各方面人才资源，可以有效增加农村的人才储备和资金聚集，有利于促农业传统产业的转型升级和新型涉农产业业态的产生。

二、河南省科技支撑乡村振兴中存在的主要问题

1. 农业科技创新机制有待进一步完善

(1)农业科技创新体制机制有待完善。科研院所、在豫高校、涉农企业产学研有机结合不够紧密，缺乏有效衔接的协同创新机制；科研成果的评价机制不尽合理，这种情况在高校尤为突出。现有的科研导向导致高校教师重论文发表数量而轻视发明的质量、重视科研成果奖项而轻视实际产品的应用价值成为普遍现象。高校科技创新成果转化与推

广有待加强,农业技术攻关的关键性问题仍然没有得到有效的解决。高校科研成果有效转化比例较低,且成果转化的经济收益分配机制不完善,广大科研工作者的创新和创业热情需要进一步激发。

(2)部分基层乡镇干部及村干部科技实践能力匮乏。部分乡镇干部的文化水平相对较低,习惯于在工作中仍然沿用旧方法、旧策略,缺乏创新意识。科技兴农是农业农村发展方式的深刻变革,是实施乡村振兴战略的必由之路。但是,有些基层领导对政策缺乏深刻认识,部分农业企业只是依据相关涉农补贴政策简单地走流程,忽视农村产业的融合特色化和打造高质量服务、农村企业品牌以及农村企业竞争力的培育。

2. 乡村基层科技人才流失和人才缺乏

河南省在农村科技人才领域的人才缺失和浪费并存现象一直存在。

(1)农村的生活条件差,基础设施落后,农民的创新意识薄弱,科技创新工作难以开展和推进。大学生毕业后,向往城市的生活和环境,不愿意回到农村工作。一些科技人才认为农村的环境限制了自身更好的发展,到农村工作一段时间后,想方设法返回城市工作。农村科技人才的不断流失和匮乏现象,极大地阻碍了农村科技创新工作的开展。专业人才的供给不足,造成很多农村产业项目内容基本一致、竞争能力弱。伴随着农村产业项目的快速推进,优秀人才缺乏的问题愈来愈严重。人才培养培训体系建设滞后,导致解决这一问题的难度不断加大。

(2)乡镇设置的农业服务中心多为空壳机构,专业人才匮乏。据统计,全省包括农业服务中心人员在内的农村实用人才中具有大专及以上学历的仅占5.7%,小学及以下学历的占62.5%,年龄在40岁以上的占65.3%,技能带动型人才仅占总数的9.9%。

3. 农民科技意识仍然较为薄弱

(1)大多数农民的文化层次低,对于新的科学文化知识缺乏学习兴趣。多数农民只关心农业生产的产量及眼前利益,忽视科技创新带来的长远利益;关注传统产业传统耕作,缺乏对新技术的学习。

(2)大多数农民安于现状,一些农民由于年龄较大,对于新产品和新技术的接受程度相对较低,更多地认可传统农业种植方式方法和畜产品养殖方式。部分农民想通过采用新技术改变传统农业的种植方式和畜牧业的饲养方式,但是不敢也不愿意承担新技术以及新产品推广面临的风险。

(3)年轻人外出打工赚钱者越来越多,农村留守人员以老人和儿童居多,而老年人对于高科技应用到农业和畜牧业当中的知识了解不足,无法达到预期的效果,造成农业科技成果转化推广效果不佳。

4. 农村经济发展滞后与基础设施建设滞后影响科技兴农

河南省农村基础设施不完善严重制约了农村经济的高速发展和科技兴农。一些乡村生态生活环境的破坏和基础设施的不完善制约着科技推动乡村振兴的实施,在供水、供电、通气、修路、组网等基础设施建设方面相对滞后,尤其是通信设备相应落后,农村软硬件设施的匮乏造成了对于科技支撑乡村振兴的一大制约。

农村产业的科技含量水平仍需进一步提升。农村企业大多数存在有产品无品牌宣传、有品牌宣传无生产规模、有生产规模无产业可持续发展的现象,尤其是科技含量较低,农产品供给仍以低端销售货源为主,高质量绿色无污染农产品比例相对较低。农村企业科技创新能力普遍偏弱,科技成果转化率普遍较低,农产品深加工能力普遍较弱。农村企业生产规模普遍偏小,且大多数产品的生产仍然停留在初级加工状态,产品质量认证系统落后,农产品标准化程度低,产业链条较短、附加值较低,缺乏人才施展个人才华的平台,对各类人才尤其是科技创新型人才吸纳承载力不强。

5. 农村科技创新缺乏充足的资金支持

(1)涉农科技创新资金投入不足。近年来,虽然各级政府在不断增加对农业科技创新的资金投入比例,但是,由于一些地方政府政策的不完善以及监督力度较弱,导致用于农村农业科技创新的实际资金根本无法满足农村农业科技创新的资金需求。例如:截至2018年年底,我国的高新技术企业总数量已达到18.1万家,但是涉农高新技术企业的数量仅有不足一万家。在科技研发投入方面,我国农业科研投资强度目前仍然不足1%,远远低于世界一流国家的平均水平,也低于全球农业科研投资强度的平均数。我国涉农高新技术企业正处于规模小、数量少、发展缓慢、创新动力不足的困境中。河南省的农业、畜牧业大县每年对农业和畜牧业科技创新资金的投入更是微乎其微,而且许多乡镇的农村技术推广机构没有足够的资金完善科技创新所需要的实验设备和实验场地,设备仪器等物资又极度匮乏,根本不具备完成科学技术创新的基本条件。

(2)缺乏社会资金的积极参与。政府对农村农业科技的投入力度不足,公益性、基础性科研支持机制仍然有待完善,而且对不同创新主体缺乏差别性支持方式。河南省应该对公益性科研教学机构和企业区别对待,金融机构可以对不同类型的研究机构和企业分层次分级别扶持。在涉农科技创新领域,由于农业科技创新的特点使然,科技创新的资金投入大、风险高、回报慢,例如一个新品种的培育,一年只能有一季,且容易受到气候等环境的干扰,使得科技创新难度较大,导致社会资本缺乏对涉农科技创新的投入动力。

(3)涉农科技项目融资困难。虽然河南省出台了一些相关政策扶持农业科技创新项目发展,但是许多知名龙头企业实际贷款利率明显高于基准利率,融资成本较高。在农业科技创新领域,河南省还存在着科技型企业融资困难、融资规模较小、科技投资机构数量少、缺少科技融资服务平台等问题。许多农村企业占用的土地没有所有权,其土地经营权、养殖的畜禽和种植的农产品、办公用地、设施设备等无法做投资贷款抵押。目前,由于疫情等,银行对中小企业"惜贷、拒贷甚至抽贷"的现象不断增加,造成了农村企业的融资难度不断加大,一些农村企业甚至因资金链条或担保链断裂而破产。目前,银行对企业的贷款多为短期流动资金贷款,固定资产贷款偏少,但大多数农村农业企业科技创新项目对资金的需求的特点为融资周期长、融资规模大,造成许多农村科技企业只能不断"借新贷,还旧贷"。在老账已经还完、贷款没到的情况下,俗称"空窗期"的阶段,只能采用高利息的风险资金周转,不仅加大了企业负担,还增加了企业的还贷风险。除此之外,一些农村产业项目的资金需求量较大、回收期长,投资回报不确定程度较高,更加需要长期的资金和能够分散企业投资风险的友好型融资给予支持,但是河南省现有的金融体系无法满足农村科技创新企业的资金需求。

三、进一步推动河南省科技支撑乡村振兴的建议

1. 乡村振兴中的科技创新要充分依靠农民的力量

坚持"长短结合、突出重点、急用先培",紧扣乡村现有人才生产生活特点,拓展人才培育类别,河南省科技支撑提升人才素质能力,盘活乡村振兴人才资源。

(1)要加快建设"政府主导+专门机构+多方资源+市场主体"的农民人才教育培训机制。融合各个地市农业职业院校、高等农业院校、农业科研研究院所以及农业技术推广站等各类教育培训资源,充分发挥新型职业农民培育示范基地作用,推进农村实用人才接受以农业职业教育为重点、以各类农村实用技术培训为补充的职业素质和能力提升教育。以政府机构为主体,建立以公共服务为导向的综合性农业科技培训中心。充分发挥市场引领者的作用,促进公益性农业技术促进机构与准公益性和商业性农业技术服务机构之间的联系。加强农村科技排头兵以及新型职业农民的培训,重点以农村农业种植养殖大户为主体,创新农村实用科技型人才的培养模式,培训种植业和养殖业的专业技术领头人、农机作业技术先锋和先进适用技术应用技术带头人等农村科技急需的高质量的实用人才,建立一支数量充足、综合素质水平高的农业农村科技推广人员队伍,真正形成"打通最后一公里"的农业技术推广新体系。

(2)要加大新型职业农民培训力度。围绕实施乡村振兴战略需求,聚焦脱贫攻坚、产业发展、乡村规划、农村人居环境整治等重点任务,以提升农民素质、扶持农民项目、富裕农民为方向,以吸引更多的青年人返乡务农、培养新型职业农民为重点,实施青年农场主

培训计划、新型农业经营主体带头人培训计划以及农村职业经理人培育计划。通过开展省、市、县三层示范培训，带动全省共同培训新型职业农民，促进农村乡土人才职业素养和技术能力的不断提升，加快建设一支有文化、懂技术、懂经营、会管理的新型职业农民队伍。在以科研为支撑的背景下，河南省可以引导非公企业积极参与“百企帮百村”，结合村情实际，坚持“宜工则工，宜农则农”原则，创新完善“龙头企业+扶贫车间+贫困户”“扶贫基地+村级集体经济合作社+贫困户”等模式，为贫困人群提供工作岗位，推进脱贫工作稳定进行。

(3)要实施农村实用人才带头人素质能力提升计划。以优秀家庭农场主、新型农业经营主体负责人等为重点，每年遴选100名左右农村实用人才带头人到省内高校、农业企业、科研院所等学习；每年选派500名农村实用人才带头人到农业职业院校脱产学习，接受职业教育；每年选派100名左右农村实用人才带头人到国(境)外学习培训，开阔视野，加强交流，学习先进经营管理理念。

(4)加强乡村人才创业培训。充分利用各类培训资源，开设创业培训课程，每年省、市两级可以进行示范培训，通过组织到先进地区观摩考察等活动，激发创业意愿，增强创业本领。重点挖掘和收集新型职业农民典型人物、先进事迹，着力打造培育示范亮点，加大宣传力度，加强示范引导。如2018年，南阳市举办第一届农民丰收节系列活动之一的“最美农业人”评选活动，评选出最美新型职业农民和最美新型农业经营主体经营管理者共40人，举办颁奖晚会，表彰获奖者，在南阳电视台、南阳电台、《南阳日报》及互联网等多渠道宣传获奖者先进事迹，努力营造全社会关心支持新型职业农民发展的良好氛围。近年来，南阳市树立了一批“有名望、能带动、可复制”的模范典型，如内乡县兴华农业种植专业合作社理事长徐红飞，引导全县11个乡镇3 659户农民参与石榴基地和粮油高产创建项目，实现人均年收入1.2万元，比全县人均水平高出3 600元。致富不忘乡邻的全国人大代表、“80后”女青年赵昭，大学毕业后回乡创业，白手起家创建雅民农牧有限公司，从养牛开始，探索出一套循环农业体系，年产值3 000余万元，并累计帮扶200多户建档立卡的贫困户，同时打造了伏牛山百菌园生态农业科技有限公司、南召县锦天园林绿化有限公司等一批“叫得响、拿得出、看得见”产业项目，让这些接地气的农业土专家、创业成功人士、经营能手通过讲座、实践教学等课程教会农民干、做给农民看、帮着农民赚，提高培育效果。

2. 加大对农村科技创新的资金投入

(1)实行财政贴息补贴。河南省可以通过先建设再补贴建立行业整合指导基金、投资基金和行业整合风险补偿基金，抓重点领域和关键环节，加大支持力度。建设农村产业整合载体及相关平台,如农业公共基础数据库、农业资源和要素整合平台、农产品质量安全检验检测平台、农村产权交易平台。加大对自创品牌的农产品电子商务、农产品资源就地产业化的支持力度,这比支持经营主体往往更加有效、更加公平。

(2)加强与农村产业融合相关的关键性基础设施和服务能力建设。加强农产品专用原材料加工基地的建设,支持打造农产品展示直销中心或交易中心,鼓励农产品经营企业积极开展联合品牌运营,联合打造区域层面、产业链层面的公共品牌,鼓励面向新型产业融合企业开展互联网背景下的涉农大数据分析应用能力培训,提升农户的选择和优化策略的能力。按照基础公共服务设施向农村延伸、公共服务向农村覆盖的要求,进一步加大财政、金融等各类资金重点向农村投入。设立省级新农村建设专项资金,用于支持农村基础设施和科技创新项目的建设。各市县(市、区)也应当设立专项资金用于新农村建设,并按一定比例分配土地出让金用于新农村建设。县级金融机构吸收的存款主要用于支持地方农业和农村发展,贷存比不能低于60%。加快乡镇银行、小额信贷公司、融资担保公司以及农村共同基金等新型农村金融机构的发展,为农村发展注入新的活力。

(3)强化政府作为农业科技创新投入主体的责任,加大农业科技投入。政府应该加强各项畜牧业扶持政策的宣传,使民营畜牧企业第一时间能够充分了解关于畜牧业生产的惠民政策。简化惠民流程,让民营畜牧企业切实亲身感受到优惠福利。在对大型养殖场予以扶持的同时,加强小型养殖场的规模化建设和标准化管理。加大对畜牧业的资金支持。畜牧业发展主体多样化,小微经营主体面临资金匮乏、融资难等问题,扩大规模难度大,因此要想方设法给予其资金支持。可以通过政府出面主导,引导金融机构与畜牧业发展主体对接,拓展融资渠道,在财政上给予一定支持,帮助小微经营主体扩大规模,加快畜牧业产业化、规模化进程。积极推进相关企业参与"一带一路"建设,通过兼并、重组等方式参与国际竞争,充分利用国内和国外两个市场。

3. 加大涉农新媒体的推广普及力度

在网络快速发展的新时代,手机已经在农民的生活中慢慢替代了报纸、广播以及电视等,但手机等新媒体技术在农民获取科技信息方面,实用性远远无法满足农民的需求。整合信息技术,加快农业互联网和智能装备技术创新。加快农业物联网、农村电子商务、农业智能化生产、乡村智能化治理和农业综合信息服务等技术创新应用,发挥移动互联网、大数据、云计算、物联网等新一代信息技术在农业农村发展要素配置中的优化和集成作用,推动互联网创新成果与农业生产、经营、管理、服务及农村经济社会各领域深度融合,全面提升农业农村信息化水平,支撑乡村振兴加快发展。

(1)结合农民自身的特点,采用农民容易接受、理解的学习形式,积极开展以农民新媒体素养提升为核心的宣传教育工作，将新媒体融入农民的日常工作生活，使农民掌握新媒体基本操作技能，提高农民对新媒体的认识能力和运用能力。加速农业数据的资源共享，增强农民的信息获取意识，充分利用抖音、快手等新媒体帮助农民解决生产中遇到的问题。

（2）促进新旧媒体优势互补。乡村振兴，宣传必先行，涉农媒体的融合发展是推进乡村振兴战略的主要助推器。手机等新媒体具有移动性强、传播速度快、特色鲜明、交互性好等优势，而传统媒体具有的采编能力强和信息来源广等特点也是新媒体无法比拟的，特别是具有社会认知程度比较高的传统媒体在公信力和权威性等方面具有独特优势。因此，二者融合可以使科技在农村农业发展中更好地发挥作用。

（3）精准定位涉农新媒体传播内容。涉农新媒体是否普及，内容质量是核心。涉农新媒体在传播内容上必须主动对准农业农村农民的生活实际，抓住热点时事新闻，把握未来农业的发展趋势，分析数据，收集相关信息，做到精准宣传。增加涉农科技专栏和专题，以多元化的方式为农民提供参与社会治理的平台，倾听农民的真实意见和需求，以贴近农民生活和农村现实的报道，站在农民的角度去分析问题，解决问题，客观、公正向社会传播农村现实，增加农民对涉农新媒体的认识和熟悉度，提升涉农新媒体的传播速度和效果。

4. 以科技助力河南农业品牌建设

品牌建设是将产品转化为品牌，使产品在消费者的心目中占据独特且无可比拟的地位。品牌建设的第一步是进行准确的品牌定位，品牌定位可以促使农产品品牌获得竞争优势，有利于农产品品牌的长远发展。品牌竞争力的形成需要塑造品牌由内到外的个性化和独特化，让消费者为产品所深深地吸引并喜爱上产品。农产品品牌建设在提升品牌的竞争力时，应对于产品内部追求品质卓越，对于产品外部则设计出精美的包装，里应外合，由内而外地散发出农产品品牌的独特魅力，从而提升品牌竞争力。

近年来，市场竞争日益激烈，一个品牌要想做大做强，加大品牌的宣传力度是必不可少的。农产品品牌应顺应时代潮流，紧跟社会发展的大趋势，应用现代传播媒介加大农产品品牌的宣传力度，从而达到加强农产品品牌建设的目的。适宜的经营战略有利于推进品牌建设，加强品牌建设。一般而言，经营战略分为线上、线下经营两种，为了加强农产品品牌建设，农产品品牌建设应在线上、线下经营方面制定有效可行的品牌经营战略，线上经营与线下经营缺一不可。科学技术已经越来越成为河南农业产业的助推器，牧原股份等一大批河南农业品牌的成长，其背后无一不蕴含着科技的力量。

5. 强化科技特派员队伍建设

（1）政府相关部门应对科技特派员制度进行动态完善。该制度的完善应围绕下述几个方面:①在管理机制方面加强科技扶贫工作组的领导作用,对管理模式进行创新,实行垂直化管理,减少平行机构对科技特派员工作的干预;②拓宽扶贫资金供给渠道,改变现有的单一资金来源渠道,引导社会各方参与扶贫资金的筹集;③加大宣传力度,宣传工作及时、全面;④加大对省级科技特派员的筛选力度,拓展基层相关人员的选拔途径,在基层人员的选拔上,加大本土科技人才的融入力度,吸引新兴"三农"自媒体工作者参与科技兴农;⑤在科技特派员工作成果的考核中加入第三方评价,对科技特派员工作进行全方位的评价。

(2)要建立完善的科技供需体制。在科技需求方面多进行实地调研,对地区科技需求进行整合,明确科技需求,对地区科技需求进行精准把控。在科技供给方面,对现有科技进行分类组团,建立完善的科技服务体系,按需供技,精准帮扶。建立科技服务交流平台,充分发挥互联网优势,运用App、微信公众号等进行科技服务中的技术交流和问题探讨,实时了解科技需求对接现状,及时对出现的问题予以解决,同时也方便各方人员参与。

(3)科技特派员本人在到达帮扶地区之后,应当充分了解当地的情况,因地施策;在服务的同时加强自身学习,做好科技宣传;充分发挥自身的带头作用,引领当地群众进行学习,变输血工程为造血工程。如鹤壁市通过加大市级科技特派员选派力度,为乡村振兴输入人才,认真落实《鹤壁市人民政府办公室关于深入推行科技特派员制度的实施意见》(鹤政办〔2017〕45 号),充分发挥科技特派员在乡村振兴中的作用,加大市级科技特派员选派力度,重点向行政村、合作社倾斜,有效带动了农民的增收致富。

参考文献

[1]郭小聪,曾庆辉."第一书记"嵌入与乡村基层粘合治理:基于广东实践案例的研究[J].学术研究,2020(2):69-75.

[2]郭小聪,吴高辉.第一书记驻村扶贫的互动策略与影响因素:基于互动治理视角的考察[J].公共行政评论,2018,11(4):78-96,180.

[3]景跃进.中国农村基层治理的逻辑转换:国家与乡村社会关系的再思考[J].治理研究,2018,34(1):48-57.

[4]宁雪兰.进一步扩大以自然村为基本单元的村民自治改革试点:广东以自然村为基本单元的村民自治的实践探索[J].广东经济,2017(5):24-27.

农业从业者结构、农地制度变迁与新型职业农民培育问题研究*

杨 震

摘要：

通过梳理河南省新型职业农民培育方面的数据，结合生计资源和社会流动研究最新研究成果，从政策执行者和农民角度，全面分析了新型职业农民培育过程中农民的参与度及其他相关问题。然后利用 STATA 软件计算出新型职业农民培育数量与农林牧渔业总产值、社会全员劳动生产率、农村人口比重之间的关联度。最后，针对河南省新型职业农民培育中的问题，提出分类施策、发挥农村基层组织作用、提升青壮年农民的参与能力、增强与农地制度改革的协同效应等建议。

河南作为当前中国重要粮食主产区和农业人口大省，对中国粮食安全、农业现代化和全面建成小康社会建设发挥着非常重要的作用。河南农业从业者结构经过改革开放40 年的变迁，已经由青壮年劳动力为主，变为老人和妇女为主。进入新世纪后，部分农民工开始返乡，“归雁经济”初见端倪，这些返乡创业农民工，同在地农民、回乡大学生等一起，构成河南省农村新型经营主体的基本样态。国内外学者已经从经济部门、职业培训、农民环保意识等方面进行了广泛研究，从培育源泉、内容和方法层面，为分析河南省新型职业农民培育奠定了基础。

一、农民职业培训的国内外研究动态

20 世纪五六十年代的人口学“推拉理论”，对于分析改革开放后河南省农村劳动力

---

* 项目介绍：河南省软科学研究计划项目（编号：182400410042）。作者简介：杨震，男，河南省平舆县人，博士，郑州航空工业管理学院讲师，研究方向为统计学、社会调查的理论与方法、城市社会学。本文原载《管理工程师》2018 年第 23 卷第 5 期。

外出务工和乡村工业化具有很强的解释力。唐纳德·伯格(D. J. Bogue)和李(E. S. Lee)的"推拉理论"认为,人口迁移是推力和拉力两种力量作用的结果;推力是由居住地资源限制、劳动力过剩等产生,拉力是由外部更好资源、就业、生活要素吸引,对有改善生活愿望的原居住地居民产生的一种力量。改革开放初期,农业生产落后,农村生活显著低于城市,城市和非农产业吸引着一批批农村青壮年劳动力外出务工,离土离乡。

从二元经济结构特征看,河南更具典型意义。河南地处中原,没有沿海沿边的开放条件,传统农业生产方式一直延续至今,农业经济在国民生产总值中占比较高,农村人口比重很大,城乡差距明显。按照刘易斯拐点假说,河南传统的农业部门从业人数比较多,现代的城市部门人口较少;从农村向城市、从农业向工业部门转移劳动力是必经过程;农村富余劳动力转移完毕,人口红利时代结束,这就是刘易斯拐点。这时候需要社会需要加强教育和人力资本投入。新型职业农民培育契合了河南省农业从业者结构的转折性变化,从农业总产值、农业机械总动力等角度看,空心村、老人农业现象也是可以解释的。改变这一危局,需要更多农业新型经营主体和资源投入,优化农业从业者结构,改造传统农业。从国外经验看,舒尔茨认为,改造传统农业,除了政府和相关机构供给充足的现代农业要素外,还需要农民能够接受这些现代农业要素,即突出农民主体性。黄宗智先生认为,研究中国小农需要进行综合分析,关键是把小农作为一个追求利润者、维持生计的生产者、受剥削的耕作者,三个方面构成密不可分的统一体。20 世纪 70 年代,唐纳德·舍恩(Donald Schon)提出行动研究理论及方法,认为人们在采取行动之前都有一个计划,这个计划包括两个部分:①基于传统习惯和价值观而形成的名义理论;②人们在实际行动过程中的操作性理论。行动发生时,人们会预测估计自己的行动所达成的结果及其意义,并依此来理解外在环境,而所有这些内容又会回过头来引导他们的行动。所以,如果把新型职业农民培育看作一个培育主体和受训者的互动过程的话,农民对培育活动的认知和感受成为政策落地的关键。普特勒(Putler)等利用 1986 年美国加利福尼亚州农场主的样本数据,认为现代科技产品使用率与农民受教育水平高度相关。本内尔(Bennell)等指出,很多美国农民培训项目中,缺少对课程培训后的反馈意见搜集和有效评价。

从农民职业发展来看,张红宇、杨春华结合当前的农民就业状况,提出了"分工分业"概念,即把现在的兼业农户分解,进行职业上的分化,实现农民身份的多种转变,即由单一的农民转变为农业生产者、经营者,非农产业的生产者、经营者和城市市民,使农民成为一种职业表述,而非身份界定。杨震认为,农民职业变迁需要提升农民的现代科学文化素养,转变传统心态。朱娅、应瑞瑶运用 DEA(数据包络分析)模型,提出应该提升农民科学信仰、劳动积极性、组织协作能力、生产计划性、乐于接受新经验、信任他人等现代化素质,以促进农业生产率稳定增长。

总的来说，国内外学者已经从经济部门、职业分化、农民改造等方面进行了广泛研究，这为分析河南省新型职业农民培育、农地制度改革、农业从业者结构奠定了重要基础，但是，在地域、时间和方式方法上，仍需要进行更加深入、更有针对性研究。

二、河南新型职业农民培育基础与研究指标

河南地处中原，西部南部多山，东部属于广袤的农耕平原。从地形地貌、交通便利性来看，改革开放以来，交通便利和靠近城镇的村庄发展较快，农业产业化和非农产业发展较快。在远离城镇和交通干线的平原农村，大多数青壮年农民长期外出务工，工资性收入较高，农业生产成为一种福利或保证。从土地流转价格来看，工业化程度、距离城市的远近、土地地力有显著影响，每亩从 300 到 1000 元。土地流转以后，农民群体开始分化，一部分成为农业生产大户，农业经营收入成为主要收入；一部分长期外出或从事非农产业，收入一般略高于当地平均水平。还有一部分成为农村中的弱势群体，一般家中有残疾人或长期遭受疾病困扰，生活来源单一，经济比较困难。所以，河南省农业从业者可以分为具有较高生产条件的农民、兼业型农民和生产条件较差的农民。第一类农民一般拥有较为雄厚的人力物力财，对土地、资金、技术、政策扶持需求强烈，是新型职业农民培育的重点；第二类具有不确定性，需要政策引导，需要种养大户或龙头企业带动；第三类日趋没落，需要政策兜底。

依据与职业农民培育的相关性、数据的可获得性，文章选取农村人员、农业总产值、农业机械总动力、农业劳动生产率等指标，通过各级统计部门、农业主管单位、世界银行、网上新闻、重要报刊文章等搜索数据，然后利用 STATA12 进行统计分析，梳理河南省新型职业农民的数量和结构特点，分析培育政策与土地流转、精准脱贫等其他政策之间的关联。

三、新型职业农民培育政策与数据

国家从 2012 年提出新型职业农民概念，之前称为新农民、农村实用技术人才等。同时，根据发展变化，从中央到地方，政府不断推出实用人才培训、农民素质提升、雨露计划等项目。2004 年河南开始实施雨露计划，2009 年开始启动“阳光工程”；到 2015 年，雨露计划已经培育 138 万人次；“阳光工程”培训农民 144 万人次。2016 年《河南省雨露计划职业教育工作指南（试行）》提出，对于符合职业教育扶贫助学补助政策的学生，学生每年继续补助 2500 元，尽管数额不多，但在一定程度上促进了当前新型职业农民培育政策落实。

从新型职业农民专业培育工作系统来看，河南专门从事新型职业农民培育的部门主

要是农业技术推广学校、广播电视学校,政府成立专门机构、抽调专门人员、制定专项培育计划也是最近几年的事,但效果很显著。2017 年 8 月 25 日河南省新型职业农民培育工作推进会公布数据显示,过去 5 年,河南省累计培育各类新型职业农民 31.68 万人(其中生产经营类 9.64 万人、专业技能和专业服务类 22.04 万人)。据此,参考 2015 年底公布的数据,2016 年河南全省培育新型职业农民约 20.08 万人。另外,最近几年,每年中央与河南省 1 号文件都有专门要求,农业农村部公布的《"十三五"全国新型职业农民培育发展规划》提出到 2020 年全国新型职业农民要超过 2000 万人。随后,河南提出每年培训超过 20 万人的目标。

STATA12 软件运行结果显示,新型职业农民培育与农林牧渔业总产值、全员劳动生产率、乡村居民消费水平、农用机械总动力高度正相关相关系数分别为:0.67、0.85、0.85、0.68;与耕地面积、农村人口占比负相关,相关系数分别为:-0.78、-0.35。而且,农林牧渔总产值、全员劳动生产率、乡村居民消费水平、农用机械总动力之间存在自相关。在一定程度上可以说,提升农林牧渔总产值、全员劳动生产率、乡村居民消费水平等有助于增进新型职业农民培育;而耕地规模和农村人口比重下降,是培育新型职业农民的约束指标。

另外,2018 年世界银行发展指标数据显示,与美国、日本、法国相比较,中国的农村人口比重仍然很大。河南仍需对城乡人口结构进行调整,优化农业从业者结构,从教育、医疗、社会服务等方面,统筹城乡发展。另外,通过就业流动、户籍改革、社会保障等措施,吸引有更多爱农村、懂技术、会管理的人成为新型职业农民。

四、河南新型职业农民培育存在的问题

依据新型职业农民培育的制度设计及发达国家农业从业者结构,笔者认为当前河南省新型职业农民培育存在对象识别、工作程序、政策绩效与评价方面的存在一定问题。

1. 分类施策与差异化引导不够

农民是一个多元的动态变化群体,从人力资本、自然资源、社会资源、财富数量方面来看,造成农民生计水平不平等的原因有很多,有农民自身的也有外部环境的,最后形成强弱、贫富、智愚不同的农民群体。所以,新型职业农民培育在对象识别、培训内容设计、培训过程管理、就业创业扶持方面不应一刀切,应当尊重农民的多样性和选择性,以农民为主体,在政策执行者和农民之间展开行动研究与经验总结,增强政策绩效。

2. 新型职业农民培育工作程序有待优化

按照上级要求,河南成立了新型职业农民培训领导机构、办公机构、教育教学与实习

实训机构，层级结构清晰。各级组织制定了详细工作职责，有专门的“河南省新型职业农民培养网”也有地方高校加入培训工作。同时，中央和地方多种经费年年拨付，累计培训新型职业农民50多万人。但是，新型职业农民培育网站信息更新滞后、数据管理不规范等问题较为突出，还有些村民根本没听说过新型职业农民培育政策。

3. 政策组合效应不明显

从政策角度看，河南省成立了以河南省教育厅副厅长为组长的“河南省新型职业农民培养项目领导小组”，但是从社会影响来看，农业农村厅、财政厅、民政厅、人力资源和社会保障厅等部门的协同效应不明显，社会力量协同不足。政策实施过程中缺少连续性，针对性弱，农民认知水平和参与度不高。就新型职业农民培训对象识别来看，应当增加农民生计网络与模式分析，将新型职业农民的培育与就业创业支持结合起来，从财政、税收、保险、土地承包等方面提供全链条服务。

五、应对新型职业农民培育问题的建议

准确识别河南省农业从业者结构和特点，从全面小康、乡村振兴角度理清新型职业农民培育和农村土地流转、基层社会治理之间的关联，发挥政府、农村基层组织、农民和其他主体之间的组合效用，促进农业农村高质量发展。

1. 按照“三个一批”标准找准新型职业农民培育的着力点

针对农村社会分层和农民职业分化，在识别培训对象上加强研究和梳理。对于综合生产能力强、社会网络资源丰富的农民，可以扶持其成为农村龙头企业负责人；对于兼业型农户或农业收入不占主导地位的农民，可以通过政策设计，加快其向非农产业或新型职业农民转化；对于那下综合生产能力弱，生计资源差，家庭经济困难的农民，建议扩大政策兜底范围，帮助其摆正心态，增强社会认同和适应。所以，扶持一批、带动一批、兜底一批是深入推进新型职业农民培训的重要策略。

2. 在行动中汇聚新型职业农民培育的多方力量

围绕新型职业农民培育工作，政府已经投入巨大的人力物力财，而且投入支持力度不断加大。但是，河南新型职业农民培训脱胎于传统的农业生产方式，对新型经营主体、新农人、新型职业农民之间的概念不是很清楚，社会力量投入很有限，而且培育模式和道路又不能照搬国外模式，所以需要汇聚各种力量，加强政策引导和宣传，知之甚才能爱之切。就目前形势看，强党对基层工作的领导，发挥农村基层组织作用，提高社会对新型职业农民的认同成为首要抓手，然后从落实、评价现有培训制度着手，加强对痕迹管理，树立典型，汇聚各种资金和人才力量，提升新型职业农民吸引力和社会影响。

3. 增强新型职业农民培育与农地制度改革的协同效应

从产前、产中和产后各环节来看,农业生产链条完整,新型职业农民培育作为人力资本投入渗透到每一个环节。当刘易斯拐点到来之后,人口红利关闭,就应当加大人力资本投入,提升人口素质,促进产业结构的转型升级成为破解发展瓶颈的首要措施。所以,一方面要通过新型职业农民培训,不断提升农民的现代农业生产能力和综合素质。另一方面,还需通过农地所有权、经营权、收益权的改革,为新型经营主体扩大生产规模,提高经济效益提供政策支持。

4. 提高农村社会劳动生产效率

统计数据显示,2016 年社会全员劳动生产率为每人每年 60 575 元,而农业只有每人每年 16 582 元,农业部门全员劳动生产率远低于社会一般水平,再加上生产周期长、风险高、投资回报低、农村教育医疗条件差,农业农村发展面临空前危机。所以,要扩大农业的非经济功能宣传,继续加大支农扶农力度,提高农民的参与积极性和能力,改善农业经营环境和社会环境,不断增加农民收入,引导个人和社会资金向农村流动,全面推进乡村振兴和农业高质量发展。

综合河南省新型职业农民培育需求和存在问题,在政策制定和落实过程中,需要加强统筹与分类施策:①对于综合生产能力较强的农民,扶持其成为新时代农村产业振兴带头人;②对于兼业型农民,应通过政策引导或职业能力提升,促进职业分化;③对于综合生产能力弱、生计资源匮乏的农民,应当加强精准扶贫政策实施力度,发挥社会保障的兜底作用,使其能够以积极心态面对各种变迁,在共建共享中促进乡村振兴与社会和谐。

参考文献

[1]戴佳洁. 洪江市新型职业农民培训问题研究[D]. 长沙:中南林业科技大学,2019.

[2]杨震. 农民"自己人"结构及其社会效应[J]. 河南师范大学学报(哲学社会科学版),2020,47(5):83-88.

[3]金真,孙兆刚,杨震. 郑州建设国际航空物流中心的推进策略[J]. 区域经济评论,2018(1):72-77.

[4]郭军峰. 河南打造"空中丝绸之路"的优势及对策研究[J]. 对外经贸,2019(1):79-81,89.

[5]张占仓. 中部打造内陆开放高地的主体思路[J]. 区域经济评论,2018(1):27-28.

“慢城”理念下河南省乡村振兴与旅游产业发展耦合问题研究*

洪　帅

摘要:

乡村振兴发展战略背景下,农村及农业迎来了发展的最佳历史机遇。“产业兴旺”是实现乡村振兴的基础,是实现农村经济发展的突破口。相较一、二产业而言,服务业以其独具的产业优势在推动区域经济发展中发挥着重要的作用。在我国乡村振兴的战略实施过程中,旅游业的关联带动性和巨大的经济效应在对于产业扶贫及乡村振兴中扮演者重要角色。乡村振兴与旅游产业发展的融合不仅能最大效度的发挥旅游产业在乡村振兴中的重要拉动作用,使乡村旅游产业向高品质、纵深化方向发展,实现目前我国旅游产业转型升级的顺利过渡。河南省既是一个旅游大省,是新时代背景下旅游产业转型升级发展的重要关口;河南省同时也是农业大省,乡村振兴任重道远。现阶段旅游产业的发展和乡村振兴的融合发展对于河南省而言意义重大。

河南省旅游资源丰富,交通区位优越,旅游产业已经成为促进河南经济发展的一个重要产业,省委、省政府高度重视旅游产业发展,把旅游作为一个支柱型产业进行发展,并提出了旅游立省的旅游发展战略,同时出台一系列促进旅游发展的政策。在全域旅游发展的背景下,“旅游+”的模式在河南省得到广泛普及应用,再加上旅游的关联带动性强,交叉融合度高的特性使得乡村旅游在近年获得快速发展。如何将旅游产业的发展与乡村振兴的有机有效融合,是旅游业转型发展和振兴乡村面临的重要课题。

---

* 项目介绍:河南省软科学研究计划项目(编号:192400410311);新乡市政府决策研究招标课题(编号:B18021);河南科技学院“百农英才”创新项目。作者简介:洪帅,黑龙江双城人,硕士,河南科技学院讲师,研究方向为旅游开发及旅游教育。本文为内部资料。

河南省是一个旅游大省,同时也是农业大省。旅游产业的发展和乡村振兴的融合发展对于河南省而言意义重大。“慢城”理念是现阶段人们消费方式和生活方式的一种转变。随着休闲时代的到来,由“慢城”衍生的“慢消费”更迎合了人们个性化、多样化的旅游消费需求。农村为我们提供了丰富的、多元的、立体的“慢”旅游消费元素,这些元素为旅游产业与乡村振兴的融合提供了新视角、注入了新动力,也将有利于塑造河南省乡村旅游的独特品牌。

一、“慢城”理念的现实意义

(一)“慢旅游”是“慢城”理念的延伸

经济的快速发展和人们生活的极度紧张激发了人们内心“慢下来”的心理需求,“慢”下来生活的意识逐渐渗透进人们的生活意识中去,休闲旅游成为人们寻求“慢”的主要路径,“慢城”正是人们缓解生活工作压力放松身心的绝佳去处。同时,“慢城”的申报、建设和发展带动了“慢旅游”的产生和发展。

“慢旅游”的产生首先是旅游业自身成长的直接驱动,是“休闲经济”时代下的产物,是生态旅游及可持续发展的体现。人们对于生活品质的提升和生活品位的要求刺激了“慢经济”的产生,在旅游消费上人们不再追求“快餐式”的浏览性旅游,更加追求文化及细节点滴的品位和咂摸。所以,“慢旅游”是旅游业快速发展过程中自身的直接驱动和外部当下“慢生活”品质追求的综合体现的产物,表层的旅游开发和传统的旅游产品已经不能满足“慢旅游”的要求,旅游资源开发和旅游产品也将面临类似挑战。

“慢旅游”的发展对于地区长期以来备受冷落的文化资源迎来旅游开发的机会,甚至会成为地区旅游业激烈竞争的重要筹码和提升地区吸引力的重要利器。“慢旅游”发展会带来地区发展的无限空间与可能,开发得当与否将是旅游业核心竞争力的具体体现,并将成为城市形象的窗口与名片。

因此,“慢旅游”包含了五个方面的含义。①“慢旅游”是旅游可持续发展模式、是对情感、文化体验旅游心理软要素更为重视的休闲旅游形态;②“慢旅游”的基本形态是慢速;③“慢旅游”是旅游者追求旅游过程自主的个性化需求;④“慢旅游”者更重视旅游的心理获得感,以身心放松作为评判旅游结果和效果的唯一标准;⑤“慢旅游”强调的是对文化和环境的介入、融入,追求“润物细无声”沉浸式旅游体验。

（二）“慢城”与乡村振兴战略的关系

1. 乡村振兴战略的实施与目标任务

党的十九大报告首次提出实施乡村振兴战略，支持家庭农场、现代农业、休闲农业、乡村旅游发展。2017 年中央“一号文件”中多次提及旅游对乡村振兴的重要性，“田园综合体”被提及是乡村新型产业发展的重要措施。之后，又确立了“产业兴旺、生态宜居、乡风文明、治理有效、生活富裕”的乡村振兴 20 字总要求。实施乡村振兴战略的目标任务是：“到 2020 年，乡村振兴取得重要进展，制度框架和政策体系基本形成；到 2035 年，乡村振兴取得决定性进展，农业农村现代化基本实现；到 2050 年，乡村全面振兴，农业强、农村美、农民富全面实现。”

2. 国家战略引导与地方政府政策支持

乡村旅游已经成为落实乡村振兴战略中的重要力量、重要途径和重要引擎。《乡村振兴战略规划》中强调，“重塑乡村文化生态，紧密结合特色小镇、美丽乡村建设，深入挖掘乡村特色文化符号，盘活地方和民族特色文化资源，走特色化和差异化发展之路”。国家发展改革委提出，要补齐乡村建设短板，加大对贫困地区旅游基础设施建设项目推进力度，扩展乡村旅游经营主体融资渠道。乡村振兴政策不断出台为解决“三农”问题和乡村旅游的发展提供了难得的历史机遇。习近平总书记在 2019 年参加全国人大二次会议河南代表团审议时指出，河南是农业大省，也是人口大省，做好“三农”工作，对河南具有重要意义。同时，河南省在积极响应国家乡村振兴战略政策的基础上，陆续颁布了相关文件，清晰了河南省乡村振兴提供政策上的导向。可见，以“慢城理念”为切入点，以旅游开发为手段，结合河南省自身优势，打造“慢城”“慢村”等工程，从而促进一批特色文化旅游乡镇、文化产业特色村的形成，有利于实现乡村振兴与旅游产业的有机融合。

3. 旅游业发展趋势与“慢城”理念的融合

我国目前经济的最大特点是速度“下台阶”、效益“上台阶”、模仿型排浪式消费阶段基本结束，随着休闲时代的到来，旅游个性化、多样化消费渐成主流。“慢城”理念经发酵，“慢旅游”也开始进入人们的视野。同时，乡村经济逐渐进入后生产主义时代，乡村生产性功能将逐渐消解为消费性，所以消费乡村是满足人们个性化和“慢旅游”需求的主要途径，乡村旅游迎来发展的新机遇，并面临新的转型。《“十三五”旅游发展规划》提出“大力发展乡村旅游要坚持个性化、特色化、市场化发展方向”。以“慢城”理念为视角的研究旅游产业的发展和乡村振兴融合正是乡村旅游开发市场化和个性化的体现。村镇建设是乡村振兴的重要抓手和主要途径，作为农业大省的河南省村镇具有数量多、分布广、类型全等特性,这些特性有利于“慢城”理念在村镇建设及旅游开发过程中的研究和实践,将对河南省乡村振兴和旅游深度开发产生深远的影响。

二、“慢城”理论结合乡村振兴的旅游开发思路与建议

(一)乡村旅游开发的“慢村”思路

1. 积极开发塑造乡村“慢旅游”要素

(1)乡村对于“慢旅游”需求的旅游者有着强烈的吸引力(图1)。据调查,80%的人认为农村和城郊是理想的“慢旅游”目的地区域,并且将“风景优美、空气清新、文化厚重”作为“慢旅游”目的地理想因素的前三位(图2),这表明农村及城郊区域基本能满足人们的“慢旅游”需求。

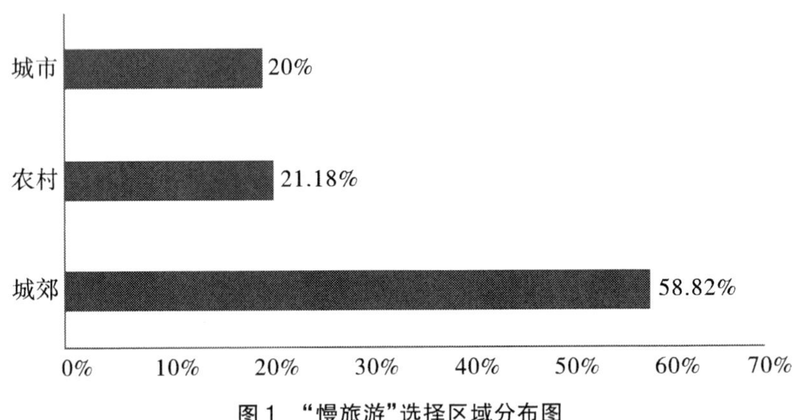

图1 “慢旅游”选择区域分布图

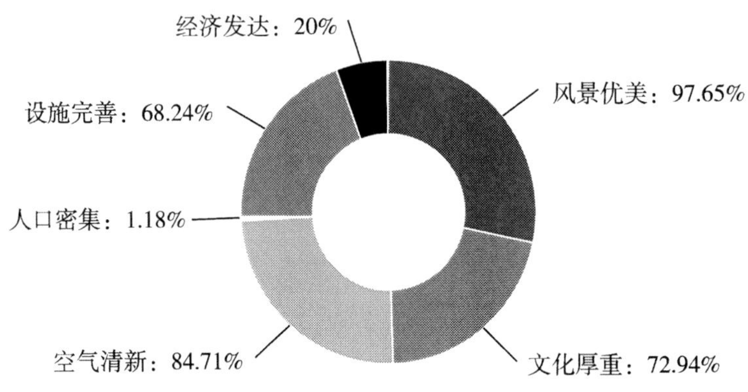

图2 人们认为理想“慢旅游”目的地的需求图

(2)“慢食”是“慢城”及“慢旅游”前身。在乡村振兴背景下,“慢食”将赋予新的活力和绽放新的生机。“慢食”首先成为乡村吸引游人的重要吸引物。以“慢食”为主题的资源必将激发时下人们对休闲质量及农耕生活向往的旅游需求。在乡村振兴背景下,河南省依托乡村丰富资源及独具特色的农村餐饮文化习俗开发系列“慢食”项目,可以拉长乡村产业经济链条。

(3)积极开发以民宿为主的乡村“慢宿”项目。河南省在规划意见中建议以大别山、伏牛山、太行山作为重点开发区域。这些区域乡村振兴任务重,同时旅游资源丰富,对于有“慢旅游”需求的旅游者而言吸引力巨大。这些地方以村为载体,结合当地农村民居特色,通过多种投资融资手段将乡村住宿融入旅游民宿的开发范畴,与“慢食”及农村原生态的自然环境相融合,勾勒出轻松自然、返璞归真的“慢村落”场景。

(4)构建“慢行”交通网。在打通乡村与村外的交通的基础上,通过乡村道路的规划烘托乡村农家、休闲氛围。在交通工具的选择上,倡导投入共享单车的建设使用,倡导使用人力类旅游交通工具,倡导步行;在道路规划设计上,实现道路既具备可进入性强又具备观赏休闲价值高的规划目标。建设自行车道、步行道融合于一体的互为联动的畅通的立体交通网络,并有序布局代表“慢游”品质的农家乐、农业综合示范区、采摘园等项目,形成点线结合的村庄网络空间格局。

在“慢食”“慢宿”“慢行”等构建基础上结合现代休闲娱乐的需求特点,打造乡村“慢游”项目,开发乡村特色“慢旅游”产品,在一定程度上促进河南省的旅游产业转型升级,使旅游业在乡村振兴中发挥重要作用。

2. 努力促进农民的角色回归

农民不仅是乡村振兴的承载者,同时也是振兴乡村的受益者和乡村振兴效果的衡量者。农民没有积极性,乡村就必然难以振兴。“实施乡村振兴战略,关键在农民。”

(1)要让广大农民对乡村振兴有认同感。要为回乡创业和留乡创业农民提供用武之地,让农民看到家乡的职业发展前景,要搭建实现“乡村梦”的平台。普及乡村振兴理念,让农民感受到政府机构振兴乡村经济的决心和力度;推进乡村旅游等创业、就业优惠政策的实施,激发农民回乡进行旅游就业及创业的积极性。除此之外,通过“农旅融合”的实践成果和成效激励从事或将从事乡村旅游开发等领域工作的人员的自信。

(2)要让广大农民对乡村有归属感。一方面,要以农村的宜居环境和良好生活条件吸引农民回乡创业;另一方面,通过将礼俗文化元素融入乡村规划等具体工作中,以浓厚“乡情”凝聚人心、聚集人气。“农耕文化”的回潮及人们对乡土感情的“根”深蒂固进一步凝聚了农民对乡村的归属感,大量回村的农民将成为乡村振兴的主力军。

(3)要让广大农民对乡村振兴有责任感。“乡村振兴的关键在于农民,要让农民积极参与。”农民最了解土地,最了解农村,在乡村振兴过程中他们最有发言权。农民也具有先天的责任感保护自己的土地,也更清晰更适合农村农民的开发形式及途径。乡村发展的本质是人的发展,绝不能让农民成为农村改革旁观者,而应让其有切身的参与感,让农民成为改革红利的主要受益者。

3. 力争复原农村面貌的原真性,以区别城镇化

乡村“慢旅游”的开发过程中,农村风貌原真性的保护、复原至关重要。在城市化进程加快以及生活节奏加速的背景下,乡村田园风光、风土人情以及忙闲有序的农耕生活,是吸引游人和旅游业发展成功的制胜法宝。在乡村旅游开发过程中,要在深入挖掘农村的“慢旅游”的开发因素和资源的同时,遵循一切开发工作都以让步于农村风貌保护这一首要原则;对于已破坏的乡村资源,要进行及时修复。

在保护性开发农村旅游资源的同时,要协调好与农村城市化二者之间的关系。一方面,要通过农村基础设施的建设和农村城镇化的发展为乡村慢旅游开发奠定物质基础和保障;另一方面,要紧密乡村旅游开发与农村城市化的关系,使农民生活条件城市化与农村风貌原真性有机融合。

(二)使文化创意成为河南省乡村旅游转型升级突破口

将文化创意融入乡村旅游开发中,不仅促进乡村设施及环境的改善更新,还有利于激活乡村振兴新元素,提高乡村旅游附加值,促进乡村旅游品质提升。更重要的是通过文化创意能有效提升开发旅游的乡村的识别度,塑造乡村旅游的独特市场品牌。

1. 乡村农业旅游产品的创意开发

(1)要合理运用现代化科技手段来凸显现代化农业优越性。一种是通过农业示范园的形式将科普、休闲融于一体开发特色乡村“慢旅游”项目;另一种是通过“移天缩地”方式将农业发展的历史及成就通过展馆形式再现,辅之以数字化与现代化技术的结合。既有效拉伸乡村旅游开发链条又丰富乡村旅游产品项目。河南省此类形式的开发一定要结合各地域特色,切忌“千村一面”,削弱其整体竞争优势。

(2)要多角度提升农业产品的观赏价值。利用农业科技改变农产品的外在形态,包括体量大小(如迷你西瓜、巨型南瓜)和颜色改进(如彩色小番茄)等。还可以以新的观赏农产品为主,增强景观效果。大胆进行创意,将生物技术及园林造景方法融入地农产品主题园的开发中,可开发奇妙花园、奇趣瓜果园、趣味盆栽园等,既增强了农产品的观赏价值,又拓展了科普、研究学习的旅游功能。

(3)要将艺术元素加以运用,以增添乡村农业旅游产品的艺术感和趣味性。建议将书法、园林、绘画、文学、雕刻等艺术元素融入农业旅游产品实体开发中,增强“旅游+”的作用力和影响力,打造河南省特色农业趣味旅游产品园区。例如可以将葫芦绘画、核桃雕刻等技艺融入乡村旅游纪念品的开发中,还可以利用农田景观、植物园区、花海等营造农作物景观艺术,增添农业旅游产品的观赏功能和吸引力。

2. 乡村民俗旅游产品的创意开发

乡村民俗旅游产品内容广泛,既可以包含包括民间文学、戏曲、舞蹈等艺术类的民俗产品,还涵盖包括刺绣、木版年画、泥塑、剪纸、雕刻等技艺类的民俗产品,同时乡村节日、民间游戏等节庆类的民俗产品也属于此类范畴。河南省历史悠久,开发乡村民俗创意旅游产品具有优越的资源优势。

(1)开发主题博物馆的形式。可以从汴绣、年画、瓷器等工艺品着手,将其发展的历史渊源并极具乡村特色的艺术作品,通过博物馆展览的形式再现。

(2)举行实景文化演出模式。民俗活动比较适合实景演出的开发模式,充分利用舞台、灯光、表演等手段将乡村民俗活动通过艺术性展现,开发乡村夜晚旅游项目,有利于在时间链条上延伸乡村旅游产品。同时,也为乡村人员提供就业机会。

(3)创办主题民间艺术村落方式。一方面,通过村落开发规划的方式建设不同主题的艺术村落,直观呈现民间村落的视觉美感;另一方面,在艺术村落区域内开发具有传统乡村特色的技艺活动,让游客真正参与其中,增强游客的体验感。例如陕西宝鸡的泥塑村、河北张家口的剪纸村的成功经验值得借鉴。

3. 乡村农舍村落旅游产品的创意开发

(1)通过农舍村落的建设与花卉艺术的结合,营造视觉和嗅觉的美好感受。花卉本身具有乡村性的特点和属性,同时又具有丰富的美学特点,花卉艺术与农舍村落的结合是天然佳合。二者的组合既增添了村舍美感,又赋予了村落的艺术气息。该创意既要运用现代园艺技术,同时还需重视将传统文化赋予村落建筑与花卉植物。

(2)通过农舍村落的建设与当地艺术相结合,展现当地特色文化及区域特色。例如四川绵竹的年画村、河北的铁花村就是将传统居住村落文化与当地特有的艺术相结合的成功典范。乡村振兴背景下,河南省的村落建筑遗存和艺术遗产异彩纷呈。乡村农舍村落旅游产品的创意开发要深入挖掘地方建筑及艺术要素,并将其有机融合到乡村旅游开发中,增强河南省乡村旅游产品的厚重感和品牌力。

(三)乡村旅游供给体系的构建

1. 交通设施的改善

“慢旅游”的开发与便捷的交通是相辅相成的,快捷的交通为“慢旅游”者出行提供便利,是实现“慢旅游”的重要条件之一,而“慢旅游”的市场潜力又促进交通设施的改善。据调查,18.87%的受访者期望乡村交通有所改善(图3),在提高交通便捷性的同时赋予其丰富性,为旅游者提供更多选择,可有效缓解旅游旺季的交通堵塞问题。因此,村内交通要有既能满足村民基本生活需要又可满足“慢旅游”需求的自行车道和步行道,尤其应增设纯自行车道和步行道的“休闲大道”。同时,做好道路美化工作,努力打造“车窗风景线、最美旅游道”。

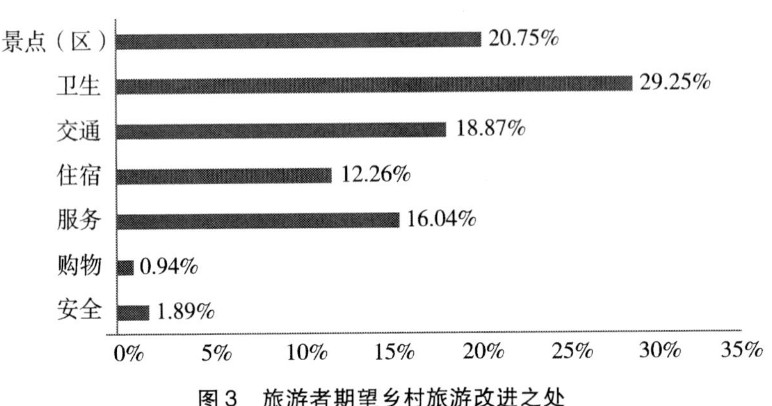

图3 旅游者期望乡村旅游改进之处

2. 公共服务设施的改进

以卫生、通信、邮政、道路为主的旅游基础设施需进一步完善,在满足村镇居民日常生活需要的同时,为旅游者提供便利,与此同时要力求其审美性和独特性,使公共服务设施成为乡村的一道靓丽的风景线;另外,公共服务种类和质量随着公共服务设施的改进而同步提升。建议通过社会公益和广大村民参与的形式,营造“温馨、浪漫、有爱”的村落形象,增强村落的亲和力和吸引力。

3. 旅游服务意识的提升

以餐饮、娱乐购物、住宿、景点旅游等为主的旅游服务设施需增设和改良,尤其是加大力度对公厕和景区内旅游厕所进行升级改造、对游客服务中心建设给予关注和政策上的倾斜。同时,建议协同交通、市场、消防、医疗管理等部门加强旅游安全建设,为游客创造安全的旅游环境,让旅游者在“慢旅游”中游得开心、游得放心、游得舒心。

总之,旅游产业的发展与乡村振兴的宏伟愿景相辅相成,互相促进、相得益彰。二者的融合发展意义重大。以“慢城”理念作为二者共同发展的切入点和融合点,必将在促进河南省乡村旅游产业向着高质、快速方向发展,为河南省旅游产业的转型升级带来新的契机,同时,也将促进河南省乡村振兴目标的快速实现。

参考文献

[1]马涵蕾,乔梦亭. 全域旅游视角下西峡县乡村振兴与新型城镇化融合发展路径研究[J]. 南方农机,2022,53(4):90-92.

[2]兰成伟,谯建华. 基于乡村振兴分析观光农业与休闲体育产业的嵌入式发展:评《观光农业与休闲体育产业融合发展研究》[J]. 灌溉排水学报,2022,41(9):147-148.

[3]段凯,艾宁宁. 乡村振兴战略背景下农旅耦合度评价指标体系构建与评估:以商洛市为例[J]. 农业工程,2020,10(10):120-123.

乡村振兴战略下伏牛山区农村生态文明建设研究*

文春波

摘要:

生态文明是人类遵循人、自然、社会和谐发展这一客观规律而取得的物质与精神成果的总和。农村生态文明建设关涉农业生产方式和农民生活方式的根本性变革,是生态文明理念在农村地区的具体践行,对新时代实现农业农村现代化意义重大。“实施乡村振兴战略”是关系决胜全面建成小康社会和全面建设社会主义现代化国家的全局性、历史性任务。农村人居环境是以满足农村居民生产生活需要为目的而进行相关活动的空间场所,是农村居民赖以生存的有机载体,关乎农村人民的共同福祉。我国农村人居环境普遍落后于城市,特别是近年来相比于快速推进的城市建设和迅速变化的城市面貌,农村的人居环境设施和整体面貌明显滞后,城乡差距呈扩大趋势。把生态文明建设融入乡村振兴的各方面和全过程,加大乡村地区的生态环境保护力度,对于乡村发展和我国生态环境保护工作具有重要意义。

党的十九大提出实施乡村振兴战略,明确指出建设美丽中国的美好愿望。2018 年 3 月,河南省出台《中共河南省委　河南省人民政府关于推进乡村振兴战略的实施意见》,提出了农村地区生态文明建设的战略方向和要求。开展农村生态文明建设研究,符合国家、河南省的大政方针和战略要求,为河南省实施生态文明建设和乡村振兴战略提供理论支持和科学依据。

---

* 项目介绍:河南省软科学研究计划项目(编号:192400410181);河南省水利科技攻关计划项目(编号:GG201830)。作者简介:文春波,男,河南新乡人,硕士,河南省科学院地理研究所副研究员,研究方向为生态文明建设研究。本文为内部资料。

一、问题提出背景

伏牛山区作为河南省生态安全格局“三屏四廊一区”[出自《河南省空间规划(2017—2030年)》]中面积最大的生态屏障区域，拥有河南省初步划定的面积最大的生态保护红线区，对保持河南省的生态安全至关重要，同时伏牛山区也是河南省脱贫攻坚重点区域“三山一滩”(大别山、伏牛山、太行深山、黄河滩区)和农村发展相对滞后、农村生态环境历史欠账较多的地区，生态文明建设显得尤为迫切。

(1)历史意义。①在国家实施乡村振兴战略的大背景下，按照“生态宜居”的目标和要求，把乡村振兴要求和精神融入农村地区生态文明建设成为今后研究的重点和热点，成为未来生态文明建设的重点和难点区域；②省内未见系统性针对伏牛山区的农村生态文明建设对策研究成果，随着生态文明建设的深入推进，农村地区作为环保工作薄弱和历史欠账较多的地区，亟待强化新形势下特定区域的生态文明建设对策研究，使政策和措施更有针对性和科学性。

(2)现实意义。①新时期国家对农村振兴发展提出新的要求，伏牛山区是河南省农村发展相对滞后，但在全省生态安全格局中又是属于重要地区，是河南省面积最大的生态屏障区域和生态保护红线区，其农村生态文明的建设对河南省而言至关重要；②为摸清伏牛山区农村地区的生态文明建设现状和问题，有助于全面提出伏牛山区农村地区生态文明建设的对策，解决伏牛山区农村生态文明建设现状不清晰，对策针对性和系统性不强，且缺乏典型模式的问题，为伏牛山区农村生态文明建设提供定量定性的评价和科学决策的依据，为河南省乃至我国农村地区生态文明建设提供借鉴和模式参考。

二、伏牛山区农村生态文明建设现状

(1)生态经济方面。①有机、绿色和无公害农产品种植面积比重，总体处于较低水平，仅达到了国家生态文明建设示范县指标(≥50%)水平的26.44%，有机、绿色和无公害农产品认证工作发展缓慢；②农作物生产仍要依靠农药、化肥的高强度施用来保障产量，化肥施用强度是省级生态乡镇建设指标(≤280 kg/hm^2)的1.28倍，农药使用强度是省级生态乡镇建设指标(≤3.0 kg/hm^2)的1.14倍。总体而言，该县生态经济发展方面距国家、省设定的有关生态文明建设的指标要求有较大的差距。

(2)生态环境方面。①地表水环境质量达标率达到100%，伏牛山区作为长江、黄河和淮河三大河流的支流发源地，总体地表水环境质量良好；②土壤环境质量达标率93.55%，总体上满足国家土壤质量标准，土壤环境质量总体良好；③森林覆盖率达到了

51.2%,近年来自然生态环境总体趋好;④农村畜禽粪便处理率达到74.19%,农村秸秆综合利用率达到88.86%,但此两类农业生产主要废弃物仍有较大比例没有合理处理,未来提升的空间很大。

(3)生态人居方面。①农户中卫生厕所数量增长较快,2018年厕所比例较2010年提高了1.11倍;②农村饮用水卫生合格率达到96.13%,农村安全饮水工程成效显著;③农村生活垃圾处理率达到55.33%,总体水平仍然不高;④农村生活污水处理率仅为14.37%,生活污水处理设施和配套管网的建设仍需大量资金;⑤村庄绿化覆盖达到16.99%,村庄游园数量大幅增长。

(4)生态文化方面。①公众对生态文明建设的满意度为67.78分,说明公众对生态环境保护工作基本认可,但仍有38.26%的受访人员对生态文明建设的满意度较低,表明居民对生态文明建设的要求在提高,期盼良好生态人居环境的思想日益强烈;②公众对生态文明知识的知晓度为61.72%,村庄中各类生态文明宣传栏、横幅、标语等都有设置,但与公众对生态文明知识的知晓度相比,又说明生态文明宣传效果不佳。

三、生态文明建设存在的问题

(1)农业面源污染量大面广。①农业生产严重依赖化肥和农药的投入,一些地方由于长期过量使用化学肥料、农药、地膜及工业污水灌溉,造成局部耕地污染问题。②农药、化肥的有效利用率普遍偏低,造成了一定的土壤环境污染和大气污染。③农作物秸秆资源利用问题仍然十分突出,秸秆焚烧和随意堆放现象依然存在,导致大气污染和土壤污染。④畜禽养殖规模较大的地区,畜禽养殖污染问题治理难度较大。截至2018年年底,该地区约有2000家畜禽规模养殖场,更有数量巨大的散小养殖企业(户)。⑤农膜带来的“白色污染”依然存在,造成土壤结构破坏、土壤质量下降。

(2)农村生活污染不断增长。①该地区城镇化率普遍不到50%,农村地区人口数量较大,随着农村经济快速发展,基础设施建设落后和环境管理滞后导致农村生活环境质量恶化;②农村生活垃圾收储运体系不完善,一些农村环卫基础设施建设严重滞后,部分县城垃圾填埋设施处于饱和状态,难以满足日益增长的农村垃圾处理需要;③农村污水处理率低、管理运维机制匮乏,生活污水治理比例偏低,污水集中处理设施运营资金短缺,运行状况不佳;④厕所革命有待加快,生活粪污产生量大、处理难度大,且大部分进入农田,对土壤环境造成不利影响。

(3)乡村自然生态遭到破坏。长期以来,随着农业农村污染排放量的持续增长,生态环境问题突出,主要表现在:①水土流失问题依然严峻,大量土地土壤功能下降或遭到破坏,而且主要分布在治理难度较大的地区;②长期矿产开采产生的生态问题亟待解决,露天和废弃矿山量大面广,生态恢复难度大;③森林生态系统功能有待提高,土壤沙化亟待改善;④农业污染源造成地表水总磷污染凸显,畜禽养殖业总磷排放量更大;⑤湿地保护和修复工作开展较晚,大部分湿地存在受损情况;⑥自然生物资源受到一定威胁,生物多样性保护有待加强。

(4)耕地资源和水资源短缺。①伏牛山区人均土地资源有限,人均耕地面积小,随着人口持续增长及城镇化发展,耕地资源短缺问题与日俱增;②水资源匮乏,伏牛山区北麓地区人均水资源量少,南麓地区水资源地域和年度分布极不平均;③农业粗放式的灌溉浪费了水资源,生产废水与生活污水随意排放造成水体污染加剧了水资源短缺;④农村水环境污染从地表水向地下水延伸,由单一污染发展转向复合性污染,居民饮用水受到不同程度污染。

(5)农村点源污染问题依然突出。①农村工业企业数量大、规模小、分布散,治污水平偏低。同时,随着城市工业企业向农村转移,企业污染治理水平并未同步提高,加剧了农村的工业污染;②农村传统生产生活方式的污染,用于冬季生活取暖、农业大棚取暖的小火炉、小锅炉大量存在,并使用廉价劣质烟煤散煤,燃烧后不经过处理就直接排放,造成大气污染严重;③乡村旅游造成的生态环境问题显现,乡村旅游区人数剧增所带来的垃圾、污水量陡增,造成不同程度的生态损害。

(6)农村生态环境监管缺失。①农村生态环境保护制度和方法缺乏具体执行和监管,经常出现环境整治管理不到位等问题,农村生态环境监测和管理缺乏一套行之有效的监测体系;②农村生态环境问题治理法律制度不完善,执法部门缺乏法律法规依据,执法力度往往较弱;③环境问题涉及农业、水利、住建、生态环境等多个政府职能部门,缺乏统一有效的协调机制和生态环境管理体系;④基层环境管理机构人员不足、技术较差、设备匮乏等状况,不能对农业农村生态环境进行有效监管。

四、伏牛山区农村生态文明建设策略

1. 优化国土空间开发格局,创新城乡融合发展理念

(1)要按照中心城市、县(市、区)城市、小城镇、村庄战略布局城乡体系,坚持“规划引领、空间联动、功能优化”等原则,对城乡空间进行统筹安排和优化布局,促进城乡融合发展。

(2)要推动主体功能区战略布局在城乡精准落地,科学划定县域、城镇、农业、生态空间,严守生态保护红线、永久基本农田、城镇开发边界三条控制线,建立不同功能区差异

化协同发展长效机制，推动城乡空间资源有效保护、有序开发。

（3）要加快中心城市建设，加快完善县级城市综合服务功能，积极引导中心城市外溢产业向周边布局，引导农产品加工龙头企业到农村投资兴建种养基地，在劳动力富余的农区布局劳动力密集产业卫星工厂，实现城乡互惠互利发展。

（4）要支持各地不断优化城镇发展格局，完善城乡规划体系，突出规划引领，高标准做好各级各类规划，把区域空间规划作为统筹土地、城市、生态保护规划的方式，优化城镇发展格局。

2. 推进农业绿色发展，强化农业废弃物资源化利用，着力加强土壤污染防治

（1）要推进生态循环农业发展，推进化肥和农药增效减量，积极发展绿色和有机农业，培育区域绿色、有机农业品牌，发展种养结合循环农业，着力推进农业产业链“延链增值”，推进“农文养旅”产业融合发展，强化农业资源节约集约利用，带动伏牛山区全面发展绿色有机农业。

（2）要强化农业废弃物资源化利用，推进农作物秸秆全量化利用，推进养殖业生态化多循环发展，规范化管理农药包装废弃物和废弃农膜等措施，提高废弃物的利用，减少废弃物的产生。

（3）要加强农用地的污染监测，严格监管各类土壤污染源，加强土壤污染防治工作。

3. 着力改善农村人居环境

（1）要加快推进农村垃圾治理，加快完善农村生活垃圾收运处置体系，完善市场化收运县（市）处理模式，推行推进生活垃圾分类，积极推进生活垃圾资源化利用，彻底整治陈年垃圾和非正规垃圾堆放点，因地制宜研究制定治理方案。

（2）要梯次推进农村生活污水治理，以县级行政区域为单位，实行农村生活污水处理统一规划、统一建设、统一管理，有序建设农村污水处理设施，加快完善农村污水管网，推行“1+5”城乡污水处理运营管理模式，构建一个管控运营中心和城市、乡镇、农村社区、行政村、居民点五级污水处理的“1+5”城乡污水处理运营管理模式。

（3）要统筹开展“厕所革命”，合理选择改厕模式，建立厕所粪污治理长效机制，坚持建管并重原则。

（4）要推进乡村能源革命，优化农村能源供给，大力推进冬季清洁取暖，全面提升热网系统效率，加大供热管网建设力度，加快供热系统升级。

（5）要着力提升村容村貌，加快乡村基础设施建设，实施村庄硬化绿化亮化工程，加快对村、路、渠、宅“四旁”及公共区域进行绿化，提升村庄形象，完善村庄建设和管护机制。

4. 统筹山水林田湖草系统治理

(1)要构建生态安全格局,加强伏牛山地生态屏障建设,全面保护森林、湿地资源,继续加强天然林保护,构建伏牛山区生态安全格局。

(2)要系统治理水生态,加快实施全域清河和开展农村河塘清淤整治行动,加强农村饮用水源保护,提升农村饮水安全水平。

(3)要加快推进"森林伏牛"建设,提升森林生态系统,建设森林伏牛,构建生态廊道网络,严格保护森林、湿地资源,坚守林地"绿线",坚守湿地水域"蓝线",打造农田生态系统,加强乡村绿化美化。

(4)要强化农业农村生态环境修复,加强矿山迹地生态修护,推进石漠化防治,综合治理水土流失。以"预防为主、保护优先、全面规划、综合治理、因地制宜、突出重点、科学管理、注重效益"的方针,积极开展伏牛山的水土流失严重地区的综合治理工程。

5. 开展乡村生态保护与修复

(1)要加强农村生态保护。将农村环保统筹纳入各级政府和领导干部考核的重要内容,建立健全农村环境保护工作考核机制。创新农村环保监管模式,统筹城乡一体化环境监测预警体系和环境执法监督体系,实现山水林田湖草系统监管。

(2)要探索推进生态补偿。完善以政府购买服务为主的公益林管护机制,逐步建立县级森林生态效益补偿制度,在集中式饮用水水源地、重要河流敏感河段和水生态修复治理区以及具有重要生态功能的湖泊,全面开展生态保护补偿。

(3)要发挥自然资源多重效益。进一步盘活森林、湿地等生态资源以及农村集体建设用地等土地资源,允许集体经济组织灵活利用现有生产服务设施用地开展相关经营活动。进一步健全自然资源有偿使用制度,开展有偿使用试点。通过产业、制度、金融等相关优惠政策,促进资源效益的充分发挥。

6. 创新农村生态文明体制机制

(1)要完善生态文明考核体系,建立生态文明问责追究制度,完善生态文明考评体系,建立县(市、区)差异化考核办法,建立领导干部任期生态文明建设问责制,完善科学民主决策制度。

(2)要健全自然资源资产管理制度,全面实行资源有偿使用制度,建立有效的资源源头保护制度,全面实行资源有偿使用制度。坚持"开发中保护,保护中开发"原则,综合信贷、价格、财税、行政等多种手段,促进政府调控与市场机制相结合,建立体现资源稀缺程度、市场供求关系和环境恢复成本的资源有偿使用制度。坚持使用资源付费和谁污染环境、谁破坏生态谁付费原则,严格征收资源税,通过税收杠杆抑制不合理需求。

(3)要加强农业农村生态监管,提升农业农村生态环境监测能力,推动乡村生态环境社会共建共治共享,充分发挥群众的主体作用,开展生态文明教育宣传。

(4)要严格遵循红线管理,建立生态红线及预警监管制度,资源环境预警机制,严密的过程严管制度,探索建立系统的生态补偿机制。借鉴国内外成熟可行的方法对生态价值进行科学评估,确定生态补偿标准,合理分摊生态补偿费用。建立健全分类补偿与分档补助相结合的森林生态效益补偿机制,逐步提高伏牛山区生态公益林补偿标准。建立资源开发企业生态环境保护与恢复责任制,以及资源开采企业准备金制度,确保矿区生态环境保护的资金来源。

参考文献

[1]齐福佳.休闲农业与乡村旅游项目发展水平评价体系研究:以上海市为例[J].上海国土资源,2019,40(1):50-54.

[2]曾新,鲍海君,韩璐.乡村旅游发展中的耕地保护问题:以江西省为例[J].上海国土资源,2018,39(3):105-109.

基于生态美学的河南美丽乡村建设研究*

万陆洋

摘要：

美丽乡村建设规划是建设美丽河南的重要基础，是实施河南乡村振兴的重要举措。本项目通过丰富生态美学理论体系，分析河南美丽乡村建设规划过程中存在的“千村一面”、环境污染、生态意识薄弱等问题，选取国内成功的乡村建设规划案例进行分析，取其精华并总结经验，提出基于生态美学的河南美丽乡村建设规划路径，即以“+生态”保护和“生态+”开发的规划理念，遵循保护与修复村落自然生态系统、培育村民生态美学意识、挖掘激活特色乡土文化、发展复合型生态产业与产业生态化的规划原则，建立识别乡村关键性生态与人工要素、构建乡村综合生态空间格局、分区管控空间发展、完善生态体验路径的具体方法，完善组织推进与协同治理、探索建设配套制度、开展共建广泛合作的长效机制，旨在为河南美丽乡村建设规划提供新思路，为河南乡村的经济、社会、文化的可持续发展提供理论指导。

美丽乡村建设规划是我国生态文明总体设计和美丽中国建设的重要基础，河南省新一轮的“十四五”发展明确指出，“建设美丽村庄是村镇建设工作的主要工作内容，是建设美丽中国、美丽中原的重要基础”。2019 年，河南省住建厅、财政厅通过持续开展美丽乡村建设、农村公益事业财政奖补、田园综合体试点建设等工作，筹集美丽乡村建设资金 21 亿元，进一步加快美丽乡村建设。各地级政府也出台了相关政策，投入了大量的资金和精力，推进美丽乡村建设。但由于其工程复杂、涉及领域较广，建设人员急于求成、建设经验不足、生态与规划知识缺乏，出现了轻规划重建设、“千村一面”、缺乏长效机制等问

* 项目介绍：河南省软科学研究计划项目（编号：202400410113）。作者简介：万陆洋，女，硕士，郑州工程技术学院艺术设计学院产品设计系主任、副教授，研究方向为艺术设计。本文为内部资料。

题,急需寻求河南美丽乡村建设规划的新思路。

一、生态美学—生态文明建设的新维度

生态宜居的美丽乡村,为我们的生态文明建设提出了一个生态美学的新方向、新维度和新高度,融入了生态哲学、环境美学等学科思想。20 世纪中期,生态美学思想在我国才初步兴起,到 20 世纪 90 年代才作为专业术语被学者们探讨与使用。生态学主要是研究生物(包括我们人类)、生物之间、生物群落稳定以及生物生存环境关系的学科,美学是研究人与客体之间审美关系的一门学科,这两门学科在人与自然、人与环境方面找到了契合点,这个契合点就是生态美学。生态美学是以审美的建构与反思作为基本立场,运用审美的方法、规律和意识,探讨人与自然的生态规律、生态伦理、生态现象以及生态关系的学科。它摒弃了工业文明时期无上限的发展思路,引导我们从审美的视角关注生态问题、关心生态群落、平衡人与自然的关系。对于生态美学来说,最重要的核心就是其审美观,突出表现在三个方面,即以"生态"为前提突出生态美学的整体性、摒弃人与自然二元对立和打破人的传统审美习惯。

二、河南美丽乡村建设规划存在的问题

河南是农业大省,全省有 5000 多万农民,将近 4.6 万个村落。2013 年,河南开始实施"美丽乡村"工程,已建成 1400 多个美丽乡村示范点,形成了自然风光型、环境整治型、文化传承型、产业发展型等多种模式。目前河南美丽乡村建设在厕所革命、村容整治等方面取得了一定成绩,但在特色风貌保护、规划设计、生态美学意识、产业发展等方面还存在着以下四个问题。

1. 轻规划、"千村一面"问题突出

针对美丽乡村建设规划,河南住房建设厅仅仅出台了《关于美丽宜居乡村建设试点示范工作的实施意见》,缺少系统性的规划目标、理念和步骤。有些美丽乡村试点工程,由于缺乏理论指导和标准体系,对村落的自然、人文资源和产业结构了解不深入,造成了"千村一面"的问题;由于一味追求大尺度、大拆建,将城市建设的规划经验、手段和评价方法直接套用到乡村规划中,导致大量的农村特色风貌遭到破坏,民用建筑出现了品质不佳、空间布局简单的问题,既失去了传统的意蕴也没有创造出城市的"洋",同质化严重,特色建设不突出。

2. 生态意识薄弱、环境污染严重

在城乡一体化的影响下,目前的河南乡村建设规划更注重农村的经济发展以及产业

规划，忽视了对农村天然生态资源的保护和地域文化的传承。有些村落建立了小规模的加工场，缺乏完整的污水处理系统，破坏了乡村生态环境，使得农村生态屏障和美学价值被弱化；有些村落农民过度使用农药，导致生态稳定性失衡；有些村落农民随意堆放垃圾，不遵守垃圾回收的村规，导致乡村人居环境恶化；有些村落虽然在建设过程中，注重了生态技术和再生能源运用，但更偏向理性层面，对生态设计的思想、美学价值和体验不够重视，生态意识没有融入村民的生产活动和生活方式。

3. 内生动力不足、农民参与性不够

一方面，河南大多数乡村的建设，资金高度依赖政府投入，往往政府投入资金大，经济发展快，政府资金跟不上，就会出现运营问题，根本原因是在乡村建设过程中，农民的主体性和参与性不够，没有形成内生动力，激活当地的产业发展。另一方面，乡建过程涉及规划师、政府人员、村民、企业等多方面人员参与，不同的阶段不同代表会有不同的话语权。但目前乡建依然呈现精英式规划特点，有些规划师存在“乡村是落后的”的固定思维，对农村的实际情况了解甚少，对农民的生产和生活方式调研不充分，没有充分发挥农民的主动性，采用单方面的规划治理模式，导致农民参与乡村建设和生态保护的积极性不高。

4. 设施建设不到位、缺乏管理机制

乡村在医疗、卫生、教育、道路等基础设施建设方面，本身就落后于城市。部分村落受人口规模、人文地理以及政策财力的限制，再加上村民环保和卫生意识的淡薄，经常出现乱丢垃圾、乱倒剩饭菜、乱堆废弃物等问题。建设的卫生厕所、垃圾分类箱、排污管道、健身器具、植物绿化、道路硬化等基础设施，由于后期缺乏相应的管理机制，损毁较为严重，沦为了面子工程和形象工程，没有充分发挥服务作用。甚至部分村落由于缺乏相应管理制度，出现乱砍、乱伐、乱建的现象，破坏了乡村生态系统。

三、“+生态”保护、“生态+”开发的规划理念

美丽乡村建设规划涉及生态保护、文化传承、产业发展、土地规划等多个领域，根据生态美学理论体系，结合国内成功的美丽乡村建设经验，得出基于生态美学的河南美丽乡村建设规划理念，即“+生态”保护和“生态+”开发。

“+生态”保护是三规（土地规划、空间规划、发展规划）合一，划定乡村的生态保护红线，提升乡村山、林、湖、树、草等自然资源的比重，保护和培育乡村生态环境，改善乡村的土地用地结构，促进耕地、林地的修复，实现可持续利用；加强建设用地的管控以及各种系统性修复工程的生态节点建设；加强立体绿化、生态驳岸等技术的使用，提升人们对自

然的保护和审美意识,厚植乡村生态基础。

“生态+”开发是加强产业生态化,培育和扶植创新性产业,提倡一、二、三产业的融合发展;整理文化资源,划定文化保护核心区,打造乡村特色文化品牌;完善农村绿色基础设施和公共服务配套设施,提升服务水准,吸引年轻人回乡创业,提升乡村人口活力;在资源利用、文化特色方面寻求创新型发展,彰显乡村生态价值。

为此,建立识别要素、构建综合格局、分区管控、完善体验路径的方法就显得尤为关键。

1. 识别乡村关键性生态和人工要素

乡村自然和人文资源是其价值财富,但市县级政府往往对其资源缺乏系统的认识和梳理。生态美学指导下美丽乡村建设规划,需要通过多种方式和技术手段,对乡村整体风貌有本底认知,识别村落关键性生态要素、特色风貌。一方面,在规划前期应组织以规划师、政府人员、村民代表、专家学者为主力的调研团队,通过现场勘测、查阅村志、高清遥感影像判读、调查问卷法、村民访谈法、资料收集、大数据分析、无人机航拍等手段,进行生态要素和风貌特征的梳理、提炼,甄别关键性生态和人工要素。这个调研范围既要涵盖地形、气候、水系、山林、动植物等生态要素,也涵盖道路、农田、传统建筑、历史遗址、特色手工业、民俗文化等人工要素。另一方面,要对这些资料进行分析,尤其要对乡村的生态敏感区和具有生态美学价值的区域进行专业性评估和判读,既要保护好生态景观要素之间的内在生物规律,也要做好特色风貌的挖掘工作,为后续实施美丽乡村建设规划提供重要依据。

2. 构建乡村综合生态空间格局

构建乡村综合生态空间格局,是保护和恢复乡村生态系统,增加生态审美体验的步骤之一。规划师要在前期现状调研、分析和评估基础上,充分尊重乡村的原始机理,参照地方省、市、县、镇的上层规划策略和其他重要的控制性规划,综合考虑关键性生态和人工要素,构建综合生态空间格局。其包含景观生态和文化生态格局两方面。景观生态格局要以生态敏感度、功能需求等作为影响因子,形成以生态源(自然保护区、生态战略点等)、生态廊道、生态协调空间、人居环境空间为主的空间格局。

3. 完善生态体验路径

针对前期划分的区域,对不同区域进行分类设计,将生态美学理论贯穿到各个区域的景观设计中,完善生态体验路径。

(1)为乡村滨水区、社区中心、公共空间、生态农业示范区等重要的景观节点提供相应的生态技术支撑,加强生态审美体验的设计与引导,形成科普教育和审美启智的生态景观节点。例如在水系节点处，采用水质净化系统、水生植物生境营造等技术让人们学习水生植物的生态知识；在生态农业示范区，采用生态无水堆肥厕所、生态循环链示范等技术，让人们体验生态文化。

（2）加强乡村道路、指示牌、景观小品、雕塑、构筑物、植物、景墙等景观空间元素的生态设计，将空间元素作为连接人与生态之间的媒介。例如在段东村和大南坡村的景观设计实践中，项目组设计的生态文化景墙、景观设施，采用当地的青砖、木材等材料以及常见的农村生活器具，引导人们参与、感知、认同、体验乡村质朴的生态美学。

四、政策建议

美丽乡村是美丽中国的重要组成部分，其建设规划是一项涉及面广、长期性、受众人群大的系统工程。美丽乡村的“美”是生态的、可持续发展的，离不开“生态学”的深度参与。河南美丽乡村建设规划需要以生态美学理论体系为引领，将生态学思维和生态技术贯穿到乡建的各个层面和领域，保护河南乡村生态系统，传承乡土特色文化、促进生态产业的发展，全面振兴乡村经济。

1. 强化基于生态美学的美丽乡村建设规划

以规划为指导，鼓励积极开展与生态环境保护相关的制度探索、建设与实践。从政府层面来说，要积极开展建立乡村自然生态资源的资产产权制度以及用途管理制度、基础设施长效管护制度、生态环境损害责任追究制度，强化领导干部的生态保护的职责，逐步建立乡村土地、水系、植被、土壤、大气等各项因子的生态监控网络系统。另外，政府要出台一些行之有效的规章、规范性和扶植性文件，为美丽乡村建设的平衡生态保护与经济发展做好保障，例如出台《土地流转制度》《绿色产品认证制度》《创意旅游项目发展扶植办法》等相关文件。

2. 优化美丽乡村发展文化

从乡村层面来说，可根据当地自然环境、产业结构、村民文化素养的具体情况，出台相应的村规民约和经营标准，规范村民的日常行为和经营活动，实现服务业制度化、统一化经营。例如建立《垃圾分类处理规范和实施办法》《旅游标准化试点工作评分细则》《乡村人文旅游特色服务规范标准》《渔家乐生态垂钓标准》《餐厨垃圾循环利用指南》等标准。

3. 建立广泛的共建联建机制

美丽乡村建设规划，不能只以乡村为主体，需要建立政府、村民、社会力量三方联合的乡村建设模式，倡导省市合作、城乡村合作、政企合作、企业和乡村合作、乡村与学校合作等多方面多层次的合作机制,建立开放的创新平台和网络平台,促进乡村生态环境保护、生态产业的发展。

首先,加强农民和农民的合作,要充分发挥村民的力量,形成乡村股份制互助经济模式,建立农业、旅游、生态等多种类型的村民合作社机制,推动农业的现代化、生态化、集体化和产业化发展。其次,要加强与周边高校的合作,通过建立实训基地、产学研基地以及定期开展大学生实践活动等方式,利用学校的专业知识和人才优势,为乡村建设规划、生态与美学培育等方面注入源源不断的活力。例如郑州工程技术学院与段东村合作开展垃圾分类知识的宣传、生态主题宣传墙的设计、村落景观设计等大学生暑期实践活动;与扶沟县郑关村、温楼村等村落合作建设了农村科技书屋,解决了农民学科技难的问题;与扶沟县相关企业合作成立了实习实训基地,为乡村产业生态化升级提供人才支持。最后,要加强企业与乡村的合作,通过引入电商、旅游策划与管理团队、民宿经营者、生态设备与技术、乡村文创策划团队、新村民等方式,建立利益联结机制,共建与对接平台,发展绿色生产基地、扩大生态农产品的销售渠道,促进乡村产业的生态化发展。

参考文献

[1]后彩霞. 莫沟村美丽乡村建设研究[D]. 郑州:郑州大学,2020.

[2]郭昭第. 乡村美学的核心内容和学术宗旨[J]. 天水师范学院学报,2019,39(4):18-22.

基于法制制度体系下的生态文明建设之路探析*

柯　楠

摘要:

高度的生态文明已成为全人类普遍向往的美好愿景,新时代进行生态文明建设是实现"两个一百年"奋斗目标的科学抉择。推进新时代生态文明建设,必须克服诸多不利因素;必须遵循山水林田湖是一个生命共同体的新思想、良好生态环境是最普惠的民生福祉的新理念、绿水青山就是金山银山的新论断;必须立足中国国情、多路径推进,既要构建促进生态文明发展的法律体系和制度体系,又要建立健全生态修复激励机制和多元主体协同参与的共治机制。

生态问题、生态危机在20世纪频频出现惊醒了世人——必须把发展建立在自然生态的基础之上。20世纪末,我国生态学家叶谦吉首次把当代的文明发展与生态联系起来,提出了生态文明的概念,他描绘了人类当代需要的生态文明:生态发展环境要和谐、生态发展意识要科学和生态运行机制要健康。从人类与自然界是一个统一的生态整体和自然界的生态有限性出发,考虑人与自然的生态生存关系,确保人类的生存发展活动不破坏自然界的生态平衡,以保障人类在自然界的永续生存。从这个意义上讲,生态文明已成为全人类普遍向往的美好愿景。中国共产党第十九次全国代表大会报告强调指出:"加快生态文明体制改革,建设美丽中国。"新时代中国生态文明建设须以马克思主义生态文明观最新理论——习近平新时代中国特色社会主义思想为指导,推进新时代生态文明建设。

---

* 项目介绍:河南省软科学研究计划项目(编号:192400410196);豫东南国家重点生态功能区永续发展之路研究(192400410196)。作者简介:柯楠,男,河南固始人,信阳职业技术学院经济管理学院教授,研究方向为生态法治。本文为内部资料。

一、新时代生态文明建设是实现“两个一百年”奋斗目标的科学抉择

进入21世纪,生态环境保护已成为全球共识。中共中央高瞻远瞩地提出“两个一百年”的奋斗目标:在中国共产党成立100年时全面建成小康社会;在新中国成立100年时建成富强民主文明和谐美丽的社会主义现代化强国。生态文明建设是全面建成小康社会和美丽的社会主义现代化强国的基础。但在实现党的“两个一百年”奋斗目标道路上,我们面临着生态环境问题的挑战。新时代,以习近平同志为核心的党中央带领全国各族人民按照“五位一体”的中国特色社会主义事业总体布局,协调推进“四个全面”战略布局,树立“创新、协调、绿色、开放、共享”的发展理念,向“两个一百年”奋斗目标奋进,相继提出一系列关于生态文明建设的新理念、新思想、新论断,积极探索可持续发展的方式。我们有理由相信,经过全国人民的不懈努力,到2035年我们一定能够达到“生态环境根本好转,美丽中国目标基本实现”,到21世纪中叶,我们也一定能够“建成富强民主文明和谐美丽的社会主义现代化强国”。

1. 生态文明建设是实现“两个一百年”奋斗目标的内容之一

对于具有5000年悠久历史的中华民族来说,建设生态文明社会是一件具有长远历史意义的大事。要实现“两个一百年”奋斗目标,我们面临能源资源相对不足、生态环境承载能力不强的基本国情。但是,我们党有能力、有信心带领全国各族人民实现“两个一百年”奋斗目标。党的十九大明确了到21世纪中叶,亦即新中国成立100年时把我国建设成为富强民主文明和谐美丽的社会主义现代化强国的目标。十三届全国人大一次会议通过的宪法修正案,将这一目标载入国家根本法,进一步凸显了推进新时代生态文明建设的重大现实意义和深远历史意义,进一步深化了我们党对社会主义建设规律的认识,为新时代生态文明建设、实现“两个一百年”奋斗目标提供了保障。

2. 生态文明建设为实现“两个一百年”奋斗目标营造了和谐的国内氛围

实现“两个一百年”奋斗目标,需要全国各族人民共同努力。新时代生态文明建设不仅要求实现人与自然和谐发展,更要求实现人与人之间的和谐共处。而社会关系是否和谐,直接关系着生态文明建设的效度。营造和谐的国内氛围,就要处理好党群、干群关系以及各利益群体之间的关系,预防环境群体性事件的发生。和谐国内氛围的内涵与生态文明建设具有一致性。国内氛围的和谐是生态文明社会的表现,也唯有生态文明的社会才能真正营造和谐的国内氛围。所以,进行生态文明建设既是全面建成小康社会的正确选择,也是实现富强民主文明和谐美丽的社会主义现代化强国的必然选择。

3. 生态文明建设为实现“两个一百年”奋斗目标提供了有利的国际环境

按照习近平新时代中国特色社会主义思想要求，走向生态文明新时代，就是迈向生态文明与绿色经济发展新时代。这既是中华文明演进和中国特色社会主义经济社会发展规律与演化逻辑的必然走向和内在要求，又是人类文明演进和世界经济社会发展规律与演化逻辑的必然走向和内在要求。因此，进行新时代生态文明建设，我们不仅要学会用中国的眼光看世界，还要学会用世界的眼光看中国。按照生态文明建设的价值理念，“两个一百年”奋斗目标的实现，不仅能让中国人民受益，而且还能促进人类命运共同体的构建。

当然，实现“两个一百年”奋斗目标，不仅取决于国内经济社会的良性发展，还需要有利的国际环境。新时代生态文明建设，是国际社会的共同愿望，是世界人民的共同心声，我们要遵守生态文明的国际规则，助推“两个一百年”奋斗目标的实现。

二、新时代进行生态文明建设所面临的生态困境

生态环境是人类生存和发展的前提条件，也是经济社会发展的物质基础。人与自然和谐相处，合理利用自然资源，人类才可以享受科学技术发展带来的便利。而违背自然规律，无节制地向大自然索取、破坏生态环境，必将受到大自然的惩罚。恩格斯早在100多年前就一针见血地指出：“我们不要过分陶醉于我们人类对自然界的胜利。对于每一次这样的胜利，自然界都对我们进行报复。”21世纪，资源约束趋紧、环境污染严重、生态系统退化等资源环境问题更加突出，尤其是近年来我国严重的雾霾席卷大江南北，严重影响了生产生活。

1. 新时代进行生态文明建设所面临生态困境的思想根源

生态问题的产生与国家的发展理念、市场经济主体的经营观念及公民个人的生态伦理道德都有着密切关系。表现在现实生活中的生态问题，实际上是人们思想认识及其实践活动的反映，是人们思想的外化。原始社会，人类敬畏自然，高度依赖自然，人与自然和谐共生。进入阶级社会，统治阶级为了维护其统治地位，必然要在政治统治与经济发展中行使权力，体现其意志。从正反两方面的经验教训来看，如果国家的发展理念符合自然界的发展规律和经济发展规律，符合人民群众的根本利益的话，这种发展理念的实施就会促进经济发展，有利于自然环境的保护和人们生活水平的提高；反之，如果国家的发展只关注经济效益而忽视其他方面，势必会引起社会、环境、资源等方面的连锁反应，从而使经济发展大打折扣。随着我国经济社会的发展，资源高消耗与环境污染现象严重，互为因果。

调查显示,农村用能方面:50%的农户生活燃料主要依靠秸秆和薪柴,热能利用率低下,而燃烧秸秆通常也带来严重的环境污染;农村生活方面:每年产生生活污水80多亿吨,生活垃圾约1.2亿吨,大部分得不到有效处理,严重污染了农村居住环境;农村生产方面:初步估算,我国每年畜禽粪便排放总量达25亿吨,农膜年残留量高达45万吨,大量粪便未经有效处理直接排入水体。要保护好生态环境,我们必须纠正异化的生产、生活方式,树立正确的生态伦理道德理念,选择一种简单且丰富的生产、生活方式。

2. 新时代进行生态文明建设所面临生态困境的社会根源

近现代以来社会生产力和生产方式的发展表明,生态问题的产生与生产力的飞速发展和工业化的方式密切相关。21世纪初期,我国进入工业化中期,开始了工业化的高速发展阶段,对资源、能源的需求大量上升。巨大的能源需求使我国在全球能源争夺中处于危险境地,而粗放型的经济发展方式更使我们雪上加霜。以资源为依托的低附加值产业使我国宝贵的资源被大量贱卖;低下的能源利用率,则造成了大量的浪费。这种传统的经济发展方式不仅投资高、难循环、利用效率不高,且造成了我国资源短缺、环境污染、生态破坏等问题,是我国实现经济可持续发展的严重障碍。

3. 新时代进行生态文明建设所面临生态困境的人为因素

人与其他物种一样是地球生命群体的一分子,是地球有机整体的一部分。在地球漫长的历史演变中,人类只是后来者,数不清的其他物种在人类诞生之前就已经在地球上生息繁衍了。当历史进入刀耕火种时,人类就开始对自然环境施加了质的而不仅仅是量的影响。人类通过自身的生产活动不断从自然中索取并改变着自然,同时自然界也以自身的规律回应着人类。

三、新时代进行生态文明建设的新理念

实践基础上的理论创新是社会发展和变革的先导。党的十八大以来,习近平总书记在科学总结国内外生态文明建设尤其是中国生态文明建设经验的基础上,创造性地提出了一系列深刻而丰富的生态文明新思想、新理念,为我们进行新时代生态文明建设提供了科学的理论基础和行动指南。

1. 新时代进行生态文明建设必须遵循山水林田湖是一个生命共同体的新思想

在生态文明建设中,必须自觉地把握人与自然的系统关联、人与自然和谐发展的规律。对此,习近平指出:“山水林田湖是一个生命共同体,人的命脉在田,田的命脉在水,水的命脉在山,山的命脉在土,土的命脉在树。”这样,“山水林田湖是一个生命共同体”的论断就为生态文明建设奠定了科学的世界观和方法论基础。“生命共同体”是对马克思

主义系统自然观的继承和发展，实现了唯物论和辩证法的统一。

2. 新时代进行生态文明建设必须遵循良好生态环境是最普惠的民生福祉的新理念

在生态文明的价值取向上，习近平强调，良好生态环境是最公平的公共产品，是最普惠的民生福祉。人与自然和谐共生是良好生态环境的内在要求。“自然界，就它自身不是人的身体而言，是人的无机的身体。人靠自然界生活。”尽管相对于人这个有机存在物来说，自然是人的无机身体，但是，这个无机身体参与了有机身体的生存，不仅提供了人的机体所需要的物质资料，而且提供了人的精神生活需要的对象、材料和工具，因此，这个无机身体与有机身体的关系是一种依存的关系。在这个意义上，对自然的污染就是对人自身的污染，对自然的破坏就是对人自身的破坏；同理，对自然的尊重就是对人自身的尊重，对自然的爱护就是对人自身的爱护。良好的生态环境是对人与自然依存关系的科学确认，明确了生态文明建设的价值取向。

3. 新时代进行生态文明建设必须遵循绿水青山就是金山银山的新论断

生态文明建设的核心问题是如何协调好环境和发展、绿色化和现代化的关系。习近平指出：“我们既要绿水青山，也要金山银山。宁要绿水青山，不要金山银山，而且绿水青山就是金山银山。”这一论断为我们科学地理解习近平新时代中国特色社会主义生态思想提供了方法论，也为我们坚持绿色发展奠定了理论基础。它要求我们将经济价值建立在生态价值基础之上，将经济效益建立在生态效益基础之上。

四、新时代生态文明建设的制度机制

党和国家在理顺环境与发展之间关系的过程中，逐渐意识到良好的生态环境是社会经济高质量永续发展的前提。而协调二者之间关系所牵涉的未来发展方向，又是一个不同以往的全新选择，它需要全方位推进，需要在法律体系、制度体系、激励机制等方面重新构建。

1. 进行新时代生态文明建设，应构建促进生态文明发展的法律体系

在环境形势日益严峻的当下，生态文明建设面临诸多挑战，其中法律体系不完善是生态文明建设的重要挑战之一。生态文明建设法律体系的健全程度，是衡量一个国家生态文明建设法制和管理水平的重要标志。早在 2011 年，《中国特色社会主义法律体系》白皮书正式宣布中国特色社会主义法律体系基本形成，但环境资源法还不是一个独立的法律部门。随着新时代的来临，环境资源法的部门法化与完善已成为时代的急需。目前，有关环境资源法的部门法还存在诸多的非生态化缺陷。如宪法对环境资源保护的有关规定很分散且没有上升到生态文明建设的地位,而且对公民基本权利的保障侧重于自由权和生存权,没有对环境权作出规定;民法强调物权的"物尽其用"、合同的"意思自治"等,对环境资源的公共物品属性缺乏充分观照,侵权行为法也缺乏将环境权作为保护的特定对象的规定;行政法和刑法都对环境资源的价值缺乏充分的考量,有关罚款、罚金数额过低,在行政处罚或刑罚上缺乏对生态环境本身的救济措施。为促进生态文明建设,应将环境保护的思想和理念全面渗透和贯穿法律体系的每一个方面。

2. 进行新时代生态文明建设,应完善促进生态文明发展的制度体系

生态文明建设是一项系统工程,不仅要在经济、政治、文化及社会领域倡导生态文明建设的法治理念,而且还要把生态文明建设的制度体系构建作为新时代生态文明建设的实现途径,借助制度体系把生态文明转化为物质力量的行动。生态文明制度建设,既涉及资源系统与环境系统的重新耦合,还涉及经济制度、文化制度和社会制度等方面的重新构建。因此,它既要求重新认识与协调生态文明制度建设与其他制度建设之间的关系,又要求推进其他制度建设向生态文明方向转变,还要求以法律保障体系的方式力保生态文明建设方案的实施。显然,与其他制度建设比较起来,生态文明制度建设更具复杂性、艰巨性、创新性、探索性。从理论渊源看,新时代生态文明制度建设与科学社会主义理论一脉相承,也与人类文明演进趋势一致;最为重要的是,它把人类文明史上唯一持续了5000多年的中华文明与当代文明和未来文明实现了有效衔接,并使之成为推动中国特色社会主义事业永续发展至关重要的文明力量。

3. 进行新时代生态文明建设,应建立健全生态修复激励机制

当前,生态修复存在责任主体不易辨识、行政管理部门推卸推诿管理责任、生态修复利益分配不公等现实问题,建立健全生态修复激励机制,有利于激励生态修复责任主体积极履行生态修复义务,敦促政府职能部门积极履行生态修复管理职责,达到人为降低环境污染程度、加快修复生态系统的目的。政府应不断加大制定完善环境税费征收与返还机制力度,运用宏观调控政策加强生态修复的激励措施。"污染者付费、受益者补偿"是生态修复机制的原则要求。事实上,污染者常常逃避或推诿生态修复责任,转移或转嫁生态修复成本费用。政府应加大宏观政策调控力度保证和促进多元主体积极参与生态修复,建立多元化的生态修复资金投入机制,有效保障生态修复资金的长期充足供给,从而保障生态修复的可持续性发展。

4. 进行新时代生态文明建设,应构建多元主体协同参与的共治机制

生态文明建设和生态环境保护涉及经济社会的方方面面,需要社会各界积极参与、协同共治。各级政府及其所属职能机构是生态文明建设的推动者,政府政策主导是生态

环境保护的“火车头”,起着指引方向的作用,但仅仅依靠政府及各职能机构的力量远远不够,必须构建一个政府、市场和社会公众协同参与的生态文明建设和生态环境保护网络工程,发挥好生态市场的利益牵引力作用、社会公众的外在推动力作用,建立一整套科学的、可操作的、长效的管理机制。

参考文献

[1]王鲁玉,林晶,魏国强.生态文明从制度优势向治理效能转化的法治路径论析[J].延边大学学报(社会科学版),2021,54(4):120-126,144.

[2]习近平.习近平谈生态文明 10 大金句[EB/OL](2023-06-23)[2018-05-23].jhsjk.people/article/30007903.

数字经济驱动城乡产业链深度融合的现实基础、阻碍与策略研究*

杨梦洁

摘要:

站在全面实施乡村振兴战略的历史节点上,加快形成新发展格局对推动城乡融合、形成新型城乡关系、畅通城乡经济循环提出了更为迫切的现实要求。产业融合是城乡融合的基础,数字经济为实现城乡产业链深度融合与升级提供新要素、注入新动力,能够深化城乡产业分工,产生数字重生赋能效应、数字融生平台效应、数字增生长尾效应、数字新生蝶变效应,渐进式实现城乡产业链从流程、产品升级到范围、结构层面的功能升级,最终实现系统性链条升级。目前,我国数字经济驱动城乡产业链深度融合的现实基础已初步具备,针对一些薄弱环节,亟待培育城乡产业链协同发展新模式、探索城乡产业链数字化深度融合新场景。

一、导言

2021 年 2 月,中央一号文件《中共中央国务院关于全面推进乡村振兴加快农业农村现代化的意见》提出:“加快形成工农互促、城乡互补、协调发展、共同繁荣的新型工农城乡关系。”目前中国脱贫攻坚战取得全面胜利,但距离协调发展、共同繁荣的目标仍然存在较大差距。深化城乡产业分工、推动城乡产业链深度融合是形成新型城乡关系、实现城乡融合的产业基础。近年来数字经济快速渗透经济社会的各个方面,以其独特属性有

---

* 项目介绍:河南省软科学研究计划项目(编号:212400410120)。作者简介:杨梦洁,女,河南洛阳人,博士,河南省社会科学院助理研究员,研究方向为产业经济、网络经济。本文原载《中州学刊》2021 年第 9 期,本文有删节,原题为《数字经济驱动城乡产业链深度融合的现状、机制与策略研究》。

效破解了资源错配、时间错配、空间错配等问题，不断优化供给、撬动内需，为促进城乡产业链深度融合创造了新机遇。《数字乡村发展战略纲要》指出，数字乡村“既是乡村振兴的战略方向，也是建设数字中国的重要内容”。如何运用数字化力量弥合城乡发展鸿沟，成为具有现实意义的热点命题。本文的研究旨在抓住数字经济发展机遇，推动城乡资源要素流通，形成功能互补、联系紧密的城乡产业分工体系，实现城乡产业链的深度衔接和协同升级，打造价值链水平更高、供应链韧性更强、空间链布局有序、企业链协同驱动的城乡产业链条。

二、数字经济驱动城乡产业链深度融合的现实基础

当前我国经济社会发展正处在全面转型的关键时期，对于数字经济驱动城乡产业链深度融合有着非常迫切的需求，加之多年实践探索经验的不断积累，深度融合的现实基础已经初步具备。

1. 深度融合的现实需求紧迫

全面实施乡村振兴战略的历史任务与加快形成新发展格局的时代命题对城乡融合关系提出了更高要求，数字经济驱动城乡产业链深度融合具有重要意义。

(1)农村发展亟待转型的升级需求。新时期农村发展转型面临更大挑战。①农村劳动力结构调整压力增强。近年来中国经济外循环账户呈现缩减态势，承接国际产业转移步伐放缓，部分农村劳动力向城市二、三产业转移进程受阻。同时农村人口老龄化问题较之城市更为严重。④根据《中国人口年鉴(2020)》公布的数据，2019 年全国城市、镇、乡村 60 岁及以上人口数量在总人口中占比分别达到 16.08%、16.79%、20.84%，65 岁及以上人口该比例分别达到 10.95%、11.55%、14.69%，乡村占比明显更高，老龄化增速也快于城镇。数字经济能够缓解劳动力结构调整下的城乡发展矛盾，为解决农村地区创新创业提供更多可能。②传统要素投入矛盾日益凸显。根据《第三次全国农业普查公报》公布的数据，中国经营耕地 10 亩以下的小农户占农业经营主体数量的 98% 以上，占农业从业人员比重的 90% 以上，不利于农业生产种植标准化推广和机械化作业。化肥等要素对于生产效率的改进效应也进一步减弱，超量的化肥投入违背绿色化发展要求。数字经济能够为组织小规模生产对接大体量市场、提高农业生产效率创造关键契机。

(2)畅通城乡经济循环的变革需求。城乡经济循环是国内大循环的重要组成部分。2021 年中央一号文件指出：“构建新发展格局，潜力后劲在‘三农’，迫切需要扩大农村需求，畅通城乡经济循环。”但由于城乡二元体制改革不彻底、资源要素流通受限等因素阻碍，城乡经济循环不通不畅问题依然较为突出。数字经济具有融合创新特质，能够从技

术性和经济性上驱使城乡要素流通和分工深化,密切城乡经济联系,同时“互联网+医疗”“互联网+教育”等数字经济在民生领域的应用也助推了城乡公共服务均等化,进一步发掘了农村地区的消费潜力。

(3)数字经济纵深发展的增长需求。中国信通院发布的《中国数字经济发展白皮书(2021)》数据显示,2020 年中国数字经济规模为 39.2 万亿元,占 GDP 比重的 38.6%,较 2005 年增加了 24.4%,产业数字化在数字经济规模中占比已经超过 80%,成为数字经济发展主阵地。未来中国数字经济的发展面临国际贸易保护主义抬头和传统互联网业务周期性增速衰减等多重压力,农村成为数字经济纵深发展的潜力地区。国家统计局发布的《2019 年国民经济和社会发展统计公报》数据显示,从总量上看,2019 年中国农村登记的常住人口有 5.52 万亿人,存在数以亿计的潜在消费群体没有实现有效的数字接入,海量规模市场有待开发。从结构上看,农村居民多样化利用数字经济的能力存在提升空间,如依托互联网进行学习、培训、从事商业活动等。智慧农业、智慧旅游等新业态有待在农村进一步普及,释放县乡数字消费潜力大有可为。

2. 深度融合实践的逐步推进

强化农村信息网络基础设施建设为数字经济驱动城乡产业链深度融合创造了现实可能,数字乡村建设不断提速,城乡资源要素加速流通,城乡产业链深度融合实践经验不断积累。

(1)深度融合基础日益强化。随着《中共中央国务院关于实施乡村振兴战略的意见》《乡村振兴战略规划(2018—2022 年)》等一系列重要文件的发布,数字乡村建设不断提速,为农村地区参与城乡产业链分工、分享数字经济发展红利创造了可能。“宽带中国”战略已经完成从城市到农村的全面下沉,《中国宽带发展白皮书(2020)》的数据显示,2019 年年底城市农村同网同速已基本实现,全国 98% 以上的行政村实现 4G 网络覆盖,贫困村通宽带率、行政村通光纤率也达到 98%。2021 年中央一号文件中明确提出推动农村 5G 与城市同步规划建设。根据工信部运行监测协调局发布的年度数据计算,截至 2020 年 12 月底,中国农村宽带接入用户数量已经达到 14 190 万户,与 2016 年的 7 454 万户相比,增长了 90.4%,信息基础设施的不断完善为数据、商品、服务、人才、技术等资源在城乡之间流动奠定了基础。

(2)深度融合成效初步显现。随着深度融合基础不断夯实,数字经济跨城乡垂直整合农业生产、农产品加工、仓储物流、销售等环节的能力不断增强,纵向一体化的程度不断加深。数字经济运用先进制造业发展思路重塑现代农业生产种植模式,提高农产品竞争力;用现代服务业发展思路延长农业链条,培育新型农业经营主体,充分激发农村地区创新创业活力，城乡产业联系空前加强。根据中国商务部公布的年度数据计算，2020 年中国农村网络零售额达到 1.79 万亿元，较 2016 年增长 100%，同时，根据国家统计局 2013 年与 2020 年《国民经济和社会发展统计公报》数据，2013—2020 年，全国城镇农村地区居民人均可支配收入差距比从 2.81% 降低到 2.56%，始终呈现稳定缩减态势。

（3）深度融合模式不断创新。经过多年积极探索，智慧农业、农业物联网、农业电商平台等新业态不断出现，农业内部有机融合模式、全产业链发展融合模式、产业链延伸融合模式等纷纷落地推广。2019 年国家首批认定 20 个国家现代农业产业园，将其打造成为集"生产+加工+科技+品牌"等环节于一体的连接城乡全产业链的开发体系。上海的"都市农业"项目实践多年，建成叮咚买菜实验基地，坚持互联网远程监控标准化生产，生产完成后按需转包，手机完成订购销售并送货上门，形成集标准生产、精深加工、冷链配送为一体的"龙头企业+合作社+基地"的农产品全产业链体系。京东等互联网企业也积极开展科技助农活动，京东围绕陕西苹果产业，联合龙头企业成立"京东云数字果业联盟"，提供 AI 农技服务、搭建苹果大数据平台等。

三、数字经济驱动城乡产业链深度融合面临的阻碍

当前，在数字经济驱动城乡产业链深度融合方面，我国已经进行了一系列积极探索并取得了一定成效，但是与城乡产业链全链条优化升级的蝶变目标还存在着不小差距，现实阻碍较为突出。

1. 城乡信息基础设施建设水平悬殊

数字经济发展具有周期长，前期投入成本高的特点，不同地区对网络信息技术的拥有程度差异巨大。工信部运行监测协调局网站发布的数据显示，2020 年中国农村接入宽带用户数量虽然达到 14 190 万户，但仅占全国接入用户总量的 29.3%，且近年来一直在 30% 左右徘徊，没有明显改善。对国家互联网信息办公室等联合发布的《第 45 次中国互联网发展状况统计报告》的数据进行整理，2020 年 3 月，城镇和农村地区互联网普及率分别为 76.5% 和 46.2%，与 2013 年相比，农村地区互联网普及率提高了 14.1%，但是和城镇互联网普及率仍然相差 30.3%，不仅不利于农业农村农民共享数字经济繁荣发展带来的增长红利，同时也制约了数字经济在农村地区的应用和城乡产业的进一步融合发展。

2. 城乡数字化转型应用程度差距大

随着数字经济发展的不断提速，与城市发达地区相比，农村地区在数字化转型和应用方面存在的弱项逐步暴露。一是一、二、三产业数字化进程差距大。2020 年中国产业数字化在数字经济中占比超 80%，中国信通院发布的《中国数字经济发展白皮书

(2021)》显示,2020 年服务业数字经济增加值占行业增加值比重为 40.7%,第二产业数字经济增加值占比为 21.0%,而农业数字经济增加值占比仅为8.9%,数字经济在农业中渗透率明显偏低。二是农业机械化、现代化水平低。多数地区农业机械设备落后,大型现代化农机数量少,数字化改造基础不强。2019 年我国小麦、玉米、水稻三类主要农作物的耕种收综合机械化率为 69%,设施农业机械化率仅达到31%~33%,畜禽养殖业机械化率为 35%,不利于数字经济与一、二产业深度融合。

3. 城乡数字信息技术供给不均衡

农村数字经济发展起步较晚,信息基础设施建设相对滞后,导致农村地区数字技术供给明显不足。农村地理位置偏僻,宽带建设、装维成本较高,宽带价格高、质量低等问题影响了数字经济的现实应用。

新冠肺炎疫情防控期间全国 2.65 万亿学生接受线上授课,实现了在线学习,其中,城市未受到明显影响,但不少农村地区学生不能稳定地接收到信号以维持基本的教育需求。根据北京大学中国社会科学调查中心 CFPS(中国家庭追踪调查)2018 年调查统计数据,农村地区利用互联网学习、从事商业活动的人口数量分别仅占农村人口的 28.38%、32.98%。2019 年 6 月末,农村地区仍有 5600 个行政村没有基础金融服务,支付、清算、结算体系与城市相比明显落后。第三次全国农业普查数据显示,中国农村仍然有近 70% 的地区没有电子商务配送点,严重影响了城乡产业链条的完整性。

四、数字经济驱动城乡产业链深度融合的策略路径

要打破城市的先进制造业、现代服务业与农村的传统农业之间的发展壁垒,实现城乡产业链深度融合,畅通城乡经济循环,必须抓住数字经济发展机遇,克服农村发展弱项,加强城乡互动,打造融合创新、协同升级的城乡产业链体系。

1. 协同推进城乡数字经济基础设施新建设

(1)合理布局城乡新型基础设施建设。在规划城市新型基础设施建设的同时,根据城乡产业链发展需求,在农村地区相关重点领域有计划地引入 5G、移动物联网等新一代信息技术。引导农村企业与城市互联网企业与金融机构联合,利用区块链、大数据等数字技术完善农村数字普惠金融体系,提高普惠金融服务支撑力度。

(2)持续强化农村信息网络基础设施建设。深入实施"数字乡村"工程,以市场化手段完善普遍电信服务补偿机制,将 4G 网络和光纤宽带建设覆盖最后 2% 的行政村。分段推进农村基础通信网络升级扩容工程,推动农村千兆光网建设,扭转农村电信网络服务价格高、质量差的现象,解决互联网深度普及面临的现实阻碍,满足农业生产、农村发展、

农民生活日益增长的数字需求，保障城市农村享有均等的“数字机会”。

2. 积极培育城乡产业链协同发展新模式

（1）打造城乡产业协同发展数字平台。借助城乡产业协同发展数字平台深度盘活城乡产业资源，发动城市二、三产业的科技、信息、人才等资源下乡，引导城市消费互联网平台向农业生产领域延伸，支持工业互联网平台向农产品加工制造行业覆盖。积极建设各类数字化运营的特色小镇、城乡融合示范基地等，带动技术流、人才流、资金流等要素集聚融合。

（2）积极推动县域地区现代化农业园区建设。县城作为我国经济社会协调运行的基本单元，是连接城乡产业链的关键环节，具有辐射城乡双向发展的区域便利性。依托不同县域现代化农业园区，建设一批优势各异、设施先进、链接广泛、带动有力的城乡产业链深度融合实践基地。

（3）打通城乡产业数字化供应链。发挥城市综合性电商产业平台对产业链的引领整合作用，上游推动农产品数字化标准生产或养殖，中游组织智能加工制造，下游协同发展现代化物流、多元化营销、普惠性金融等各类现代服务业，形成稳定性更高，跨城乡全产业链的生态闭环。

3. 探索城乡产业链数字化深度融合新场景

（1）出台数字经济城乡产业链深度融合应用场景报告和发展规划。梳理全国数字经济驱动城乡产业链深度融合的各项研究，总结具有代表性和发展潜力的新业态、新模式。推介一批如青岛浩丰食品集团有限公司“龙头企业+基地+合作社+家庭农场+新农人”的创新模式供城乡企业传播学习。

（2）建设数字经济城乡产业链深度融合应用场景创新示范区。网易“智慧养猪”，京东“京鲜坊”“京喜农场”等新模式不断落地；杭州萧山、广西玉林、四川眉山等地先行先试建设创新示范区，也积累了一定的发展经验。从这些企业和地区中挑选一批示范项目，选择数字技术在城乡产业链不同领域深度融合的优势品牌建设示范区，给予优秀企业和地区税收补贴政策、土地优惠等扶持措施，形成培育新市场，带动新产业的良好循环。

4. 完善城乡深度融合政府数字治理新机制

（1）重建城乡数字化治理体系。梳理建立集农村党建、集体资产、公共事务、农村管理、公民生活等为一体的、全方位的信息数据和数字系统，在此基础上，依托智慧城市建设的成熟经验，提升智慧城市的数据融合与算力支撑能力，将智慧城市管理建设模式进行改造，使之适用于农村管理，继而探索建设城乡融合大数据管理平台等载体，实现城乡管理的信息化、标准化，为客观分析城乡产业链融合程度和融合进程提供有效数据。

（2）强化城乡综合性公共信息服务平台建设。建立城乡居民的社会性、专业性、普惠性公共服务云平台，统筹提供汇集各类在线教育、技能培训、信息交易、远程医疗、科普信息等专业模块于一体的公共服务，鼓励农村居民主动对接城市发展资源与市场空间，寻求并抓住城乡产业链融合发展机遇，帮助政府掌握城乡数字经济应用现状相关的数据，及时优化调整政策供给。

参考文献

[1]杨志恒.城乡融合发展的理论溯源、内涵与机制分析[J].地理与地理信息科学,2019,35(4):111-116.

[2]陈笑.西安白鹿原地区城乡融合发展研究[D].西安:西北大学,2020.

[3]马建富.乡村振兴背景下城乡融合职业教育体制机制的建构[J].江苏教育,2021(29):6-13.